陕西省普通高等学校优势学科建设项目资助出版

喷动床反应器过程强化原理与技术

吴 峰 著

科 学 出 版 社

北 京

内 容 简 介

喷动床作为高效气固反应器，已广泛应用于各种单元操作过程中。针对常规喷动床内气固混合及传热传质不充分的缺陷，作者提出了纵向涡喷动床、多喷嘴喷动-流化床和旋流器喷动床。本书通过实验分析与理论数值模拟方法对以上新型喷动床内的流体力学特性及传热传质特性展开系统研究。实验研究纵向涡喷动床、多喷嘴喷动-流化床、旋流器喷动床和常规喷动床内气固两相流特性及颗粒干燥性能；模拟分析新型强化构件的几何参数对床内气固相流动特性的影响，分析喷动床操作参数对水汽化和脱硫过程的影响及不同新型强化构件对水汽化过程的影响。本书对新型高效喷动床的案例研究工作，可为喷动床的优化设计与放大提供实验及理论依据。

本书可作为化学工程与工艺、能源化工专业领域高年级本科生与研究生的教学参考书，也可作为相关领域研究与设计人员的参考资料。

图书在版编目(CIP)数据

喷动床反应器过程强化原理与技术/吴峰著. —北京：科学出版社，2023.3
ISBN 978-7-03-073950-6

Ⅰ. ①喷…　Ⅱ. ①吴…　Ⅲ. ①流化床反应器-化工过程　Ⅳ. ①TQ051.1

中国版本图书馆 CIP 数据核字（2022）第 222882 号

责任编辑：宋无汗　郑小羽 / 责任校对：崔向琳
责任印制：张　伟 / 封面设计：迷底书装

科学出版社 出版
北京东黄城根北街 16 号
邮政编码：100717
http://www.sciencep.com
北京中石油彩色印刷有限责任公司 印刷
科学出版社发行　各地新华书店经销
*
2023 年 3 月第　一　版　开本：720×1000　1/16
2023 年 3 月第一次印刷　印张：14 1/4
字数：287 000

定价：165.00 元
（如有印装质量问题，我社负责调换）

前　言

现代工业在全球迅速发展的同时，环境问题随之而来。煤炭作为我国最重要的能源之一，在能源消费结构中占比很大。然而，煤炭中含有大量硫元素，燃烧后排放的SO_2、NO_x等有害物易造成酸雨、温室效应等环境问题，降低废气中SO_2、NO_2的排放已成为亟待解决的环境问题。针对SO_2减排问题，国内外研究者先后提出了数百种脱硫技术，其中燃烧后脱硫，即烟气脱硫，因具有诸多优势而被广泛采用。针对燃烧后脱硫的半干法烟气脱硫技术——喷动床半干法烟气脱硫技术应运而生。对粉-粒喷动床特有的流动结构特性进行研究使得该技术在物料干燥、化学反应、新能源开发与环境保护等领域极具应用价值。此外，喷动床由于具有高效稳定的气固接触效率，应用范围从最初的干燥、造粒逐步拓展到了低品质煤炭的燃烧和气化，垃圾、生物质气化，二氧化碳去除及废弃塑料热解等领域，保持着独特的研究热度与应用广度。

围绕喷动床技术，每年都会涌现出大量的研究成果，研究方法包括实验分析与理论模拟。研究内容主要建立在常规喷动床结构的基础上，而有关喷动床结构改进与过程强化方面的研究相对较少，且较为零散，没有形成针对性与系统性的分析工作。作者针对常规喷动床内环隙区颗粒分层、柱椎区颗粒堆积所引起的颗粒缺少径向混合问题，设计了多种喷动床改进结构并开展了相关研究，旨在保持喷动床稳定三区喷动结构的基础上，强化喷动床内气体、颗粒的径向混合，进而提升喷动床的整体效率。

本书共 7 章。第 1 章介绍喷动床技术的发展概况、CFD 数值模拟技术与软件计算方法。第 2 章介绍喷动床气固两相流实验测量 PIV 技术原理及测量方法。第 3 章介绍不同结构喷动床在干燥性能方面的差异。第 4 章介绍纵向涡发生器强化传递的设计原理，以及其对喷动床内气固两相流动过程强化的应用研究。第 5 章介绍整体式多喷嘴喷动-流化床的设计原理与方法。第 6 章介绍旋流器喷动床设计原理及其过程强化应用。第 7 章介绍粉-粒喷动床内水汽化和脱硫反应过程模拟与优化，并就三种强化构件对喷动床内水汽化和脱硫反应过程的影响进行了数值模拟及对比分析。

本书总结了作者及所在课题组近年来有关喷动床反应器过程强化技术的研究成果。作者的部分博士研究生和硕士研究生参与了喷动床反应器过程强化研究的实验与数值模拟工作，参与人员包括博士研究生车馨心，硕士研究生张洁洁、牛方婷、尚灵祎、张旋、黄振宇、高伟伟、杜加丽、段豪杰和赵胜宁。在此向为本书出版做出贡献的课题组博士研究生和硕士研究生表示诚挚的谢意。

感谢国家自然科学基金项目（22178286、21878245、21476181）给予的连续支持，感谢陕西省普通高等学校优势学科建设项目资助出版。

由于作者水平有限，特别是对一些理论问题的研究尚属于探索阶段，书中难免有不足之处，敬请有关专家和读者不吝指正，以便今后完善与提升。

目 录

第 1 章　绪　　论

1.1　粉-粒喷动床研究概述

喷动床（spouted bed）起源于 20 世纪 50 年代中期，最初是由加拿大科学家为干燥小麦等设计研发的一类干燥器[1]。喷动床的设计是以传统的流化床为基本模型，但将传统流化床中的气体分布器去掉，并在床层底部中心位置加设一个通气管。由于喷动床在工业、农业、机械加工、环境保护等领域的广泛应用和使用潜能，越来越多的科研工作者投身于喷动床的开发和研究工作，如日本、美国、阿根廷、巴西等国家的研究人员[2]。在我国，不少高等院校和科研院所，如清华大学、华东理工大学、江苏大学、西北大学等，对不同类型喷动床的应用和流体力学特性进行了逐步深入的研究。喷动床为气固高效接触器，广泛应用于高黏性颗粒、浆料及溶液的干燥、造粒，低品质煤的燃烧和气化，燃煤烟气脱硫，二氧化碳的去除等[1-9]。

在喷动床系列技术中，粉-粒喷动床半干法烟气脱硫技术是一种新型脱硫技术，相对于湿法脱硫技术在设备投资费用、操作费用、废水处理等方面具有综合优势，同时具有比干法脱硫技术效率高、脱硫剂利用率高等优点，在工业、农业、制造业、冶金业等行业得到广泛的应用[2-14]。粉-粒喷动床半干法烟气脱硫技术同时脱除垃圾焚烧烟气中酸性气体 SO_2 和 HCl 的流程如图 1-1 所示。

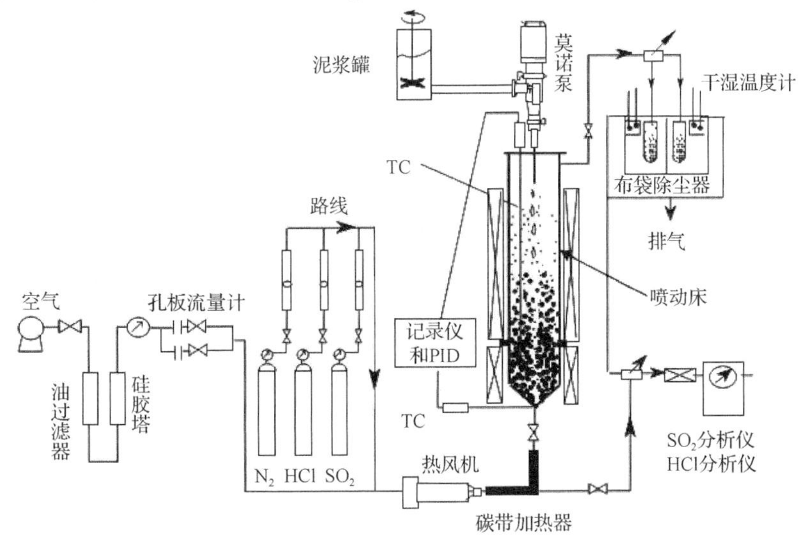

图 1-1　粉-粒喷动床半干法烟气脱硫技术同时脱除垃圾焚烧烟气中酸性气体 SO_2 和 HCl 的流程

粉-粒喷动床脱硫过程：粉末状的 SO_2 吸收剂与水混合，以料浆形式从床的顶部喷入，与床内粗颗粒发生碰撞，同时含 SO_2 的烟道气从喷动床底部加入，两者与床内喷动介质混合均匀。在混合的过程中，料浆从烟道气和介质表面吸收大量的热量，并与 SO_2 发生脱硫反应。最后，脱硫剂和产物从颗粒表面脱落并以干粉形式被喷射气体带出喷动床反应器。有关粉-粒喷动床的研究工作集中在实验的测试及分析方面[1-11]，而关于粉-粒喷动床脱硫过程数值模拟分析的研究工作则鲜有报道[14-17]，特别是针对粉-粒喷动床内传递过程强化方面的研究分析。粉-粒喷动床半干法烟气脱硫过程是一个复杂的多相反应过程，与常规喷动床接触器的主要不同之处在于粉-粒喷动床内存在大量的细粉、粗大颗粒和料浆，各相间存在复杂的多尺度、多相传递及化学反应过程的耦合[18]。

1.2　过程强化喷动床概述

根据不同工业生产的需求，在常规粉-粒喷动床的基础上，研究人员研究设计了许多不同结构的过程强化喷动床，主要包括导向管喷动床、多喷嘴喷动床、内循环喷动床、喷动-流化床等。

1.2.1　导向管喷动床

在传统喷动床内安插一根导向管就构成了导向管喷动床，如图 1-2 所示[19]。导向管的引入极大程度降低了喷射区与环隙区内部的相对流动，降低了床层中的固

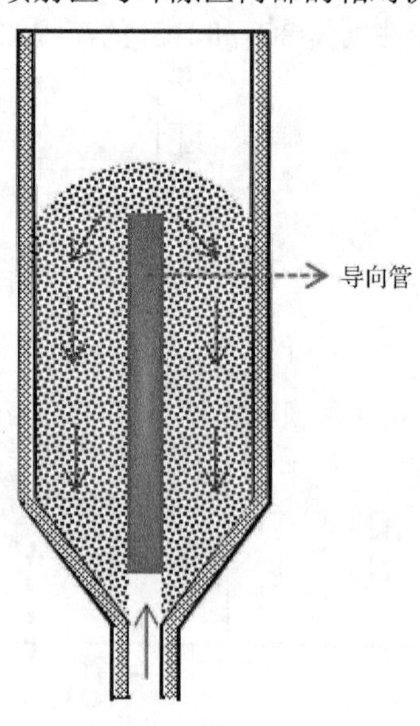

图 1-2　导向管喷动床

体循环速率和压降，从而提高了气固两相流的均匀性[20]。Yang 等[21]通过欧拉-拉格朗日耦合计算，发现导向管的引入在一定程度上提高了气固间的相对速度，并减少了床层的整体循环。在导向管喷动床中，声场能够降低流型的临界过渡速度和环隙区的最小流化速度，增加带流尾管喷动床的操作灵活性[22-23]。同时，采用数值模拟的方法将欧拉双流体模型与声场模型进行耦合，分析床内超细粉聚团的流动特性。模拟发现，声场的振荡作用使环隙区颗粒在气流中的分散进一步均匀，抑制流化气的旁路，减小流化气旁路分率[24]。

1.2.2　多喷嘴喷动床

多喷嘴喷动床就是在传统喷动床的底部设置多个可供流体进入的喷嘴，从而增加流体流量，提高对物料的处理能力。多喷嘴喷动床的形式主要分为两类[25]：一类是每个床室内设置一个喷嘴，各个床室之间相互连通，如图 1-3（a）所示；另一类是在一个床室内设置多个喷嘴，如图 1-3（b）所示。喷嘴数目的增加及多室的存在，可以减小喷射区直径的限制，从而增加喷动床的处理能力，提高热效率，此类喷动床尤其适用于小颗粒的造粒系统。多喷嘴喷动床，对于需要进行多级操作的物料，可以省略很多中间环节，如固体的输送等；针对涉及湿物料粘壁的工况，也可以减少物料与墙壁之间的接触。吴静等[26]通过实验得出，在双喷嘴矩形喷动床内，最小喷动速度与粒径、床高及温度有关，并获得了喷动床以最小喷动速度工作时雷诺数的经验关联式。Murthy 等[27]通过实验验证，喷动床喷口处气流的最小速度与材料的特性有关，与喷嘴的数目无关。

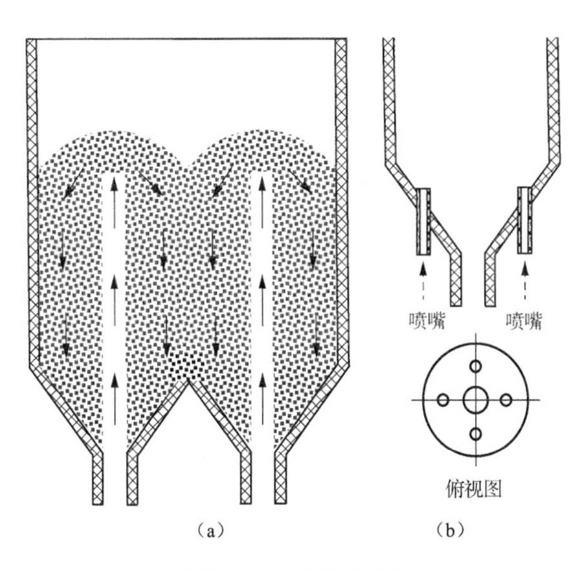

图 1-3　多喷嘴喷动床

1.2.3　内循环喷动床

内循环喷动床就是将喷动床底部气体入口喷嘴与导向管相连接，在导向管的侧壁上开设若干小孔供固体颗粒穿过，增加颗粒间的混合运动，其结构如图 1-4 所示[28]。颗粒在气体流化作用下运动至导向管的顶端，导向管顶端的“T”形分离装置对气体与颗粒进行惯性分离。内循环喷动床的特点是能够促进内部颗粒局部混合流动，提高床内固体颗粒间的循环[29]。基于欧拉-拉格朗日耦合计算的方法，陶敏等[30]模拟分析了不同进料方式对内循环喷动床内颗粒混合流动的影响。面饲进料和底饲进料的方式可使物料在床层截面上（尤其是底部喷水增湿区域）分布得更加均匀，气固混合更充分；采用底饲进料系统可获得更佳改善效果，进一步优化反应器内流场分布，均匀气体径向速度[31-32]。

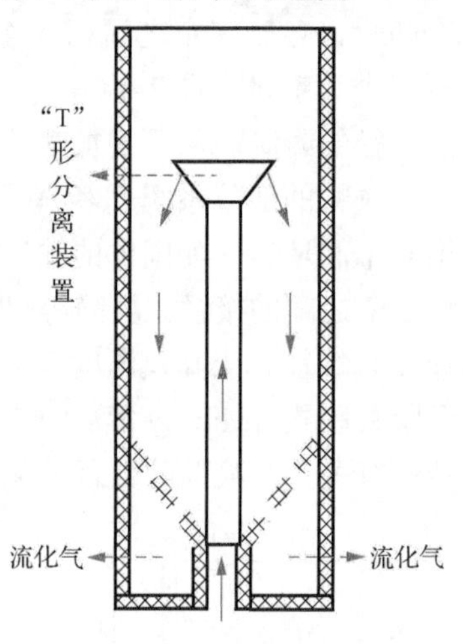

图 1-4　内循环喷动床

1.2.4　喷动-流化床

为了防止喷动床底部锥体区域出现流动“死区”或颗粒聚团现象，在锥体区域侧壁处增设分布器。从喷动床底部进入的喷动气与从喷动床侧壁进入的流化气共同流化颗粒，形成喷动-流化床[33]，如图 1-5 所示。分布器的加入促进了环隙区颗粒与气体的混合，减少了颗粒局部聚集[34-35]，改善了流化床存在分层或节涌的情况。付爽等[36]基于矩形喷动-流化床，采用不同物料进行最大喷动压降的实验研究。赵俊楠等[37]采用欧拉双流体模型对喷动-流化床内的气固流动过程进行数值模拟，获得了不同速度下的流动形态和不同区域内颗粒拟温度的分布规律。Zhong 等[38-39]实验研究了高压圆柱形喷动-流化床中的流体动力学特性，系统分析了压降、最小喷动速度和喷泉高度的影响机制。

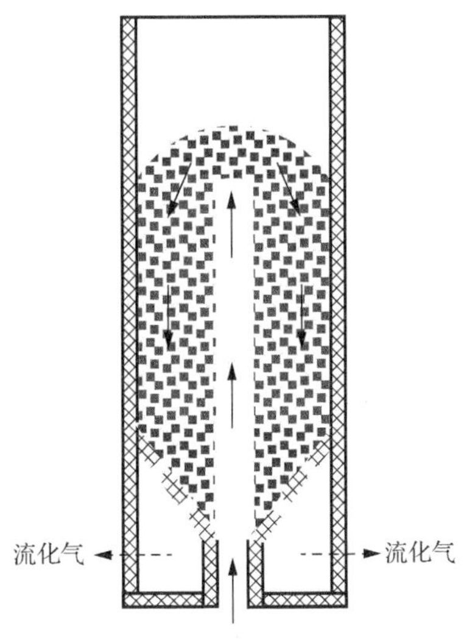

图1-5　喷动-流化床

1.3　计算流体力学概述

在自然界、工业生产过程和人类活动过程中两相流及多相流的现象随处可见，如夹带泥沙的海潮、管道中石油天然气的输送、沸腾的水在水壶中的循环、沙漠风沙等。由于两相流及多相流比单相流有更多变的现象和更复杂的流动状态，单纯的实验方法或者理论分析是无法精确、详尽地描述两相流及多相流的，计算流体力学（computational fluid dynamics，CFD）正是为了解决这一难题于20世纪60年代发展起来的。在对自然界的流动现象进行模拟时，计算结果不仅取决于数值方法，还取决于描述系统的数学模型[40-42]，然而由于流动现象的复杂性，数学模型很难精确描述，因此模拟结果很可能是无效的。

1.3.1　拟流体模型基本守恒方程

目前气固两相流的数值模拟模型主要有三种：拟流体模型、离散相模型、流体拟颗粒模型。本书研究体系采用拟流体模型，下面详细介绍其中基本的控制方程[43-45]。

1）质量守恒方程

质量守恒方程即连续性方程，该方程的含义：在一个流体微元体中，单位时间内流入该微元体的净质量等于同一时间间隔内该微元体质量的增加量。由此得出ω相的连续性方程为

$$\frac{\partial}{\partial t}\left(\alpha_{\omega}\rho_{\omega}\right)+\nabla\cdot\left(\alpha_{\omega}\rho_{\omega}\vec{u}_{\omega}\right)=0 \tag{1-1}$$

式中，ρ为密度；t为时间；α为体积分数；下标ω为气相（g）或固相（s）；$\vec{u}_\omega$为ω相的速度矢量。

2）动量守恒方程

动量守恒定律实质是牛顿第二定律，其表达式为

$$\frac{\partial}{\partial t}(\alpha_\omega\rho_\omega\vec{u}_\omega)+\nabla\cdot(\alpha_\omega\rho_\omega\vec{u}_\omega\vec{u}_\omega)=-\alpha_\omega\nabla p+\nabla\cdot\overline{\overline{\tau}}_\omega+\alpha_\omega\rho_\omega\vec{g} \tag{1-2}$$

式中，p为压力；$\overline{\overline{\tau}}$为应力张量；$\vec{g}$为重力加速度矢量。其中应力张量$\overline{\overline{\tau}}$的表达式为

$$\overline{\overline{\tau}}_\omega=\alpha_\omega\mu_\omega\left(\nabla\overline{\overline{v}}_\omega+\nabla\vec{v}_\omega{}^{\mathrm{T}}\right)-\frac{2}{3}\alpha_\omega\mu_\omega\left(\nabla\vec{v}_\omega\right)\overline{\overline{I}} \tag{1-3}$$

式中，μ_ω为剪切黏度；$\overline{\overline{I}}$为单位张量。

3）能量守恒方程

能量守恒方程的表达式为

$$\frac{\partial}{\partial t}(\alpha_\omega\rho_\omega h_\omega)+\nabla\cdot(\alpha_\omega\rho_\omega\vec{u}_\omega h_\omega)=-\alpha_\omega\frac{\partial p_\omega}{\partial t}+\overline{\overline{\tau}}:\nabla\vec{u}_\omega-\nabla\vec{q}_\omega \tag{1-4}$$

式中，q_ω为传热通量［J/（m^2·s）］；h为焓（J/kg），h_ω为ω对分的焓（J/kg），其表达式为

$$h_\omega=\int_{T_{\mathrm{ref}}}^{T}C_{P,\omega}\mathrm{d}_T \tag{1-5}$$

式中，T_{ref}=298.15K。

4）对分质量守恒方程

对分质量守恒方程又称对分运输方程。在一个特定的研究体系中，系统内的每个对分都应遵循质量守恒定律，ω对分的对分质量守恒方程表达式为

$$\frac{\partial}{\partial t}(\alpha_\omega\rho_\omega Y_\omega^i)+\nabla\cdot(\alpha_\omega\rho_\omega Y_\omega^i\vec{u}_\omega)=-\nabla\cdot\alpha_\omega J_\omega^i+\nabla\alpha_\omega R_\omega^i+\alpha_\omega S_\omega^i \tag{1-6}$$

式中，上标i表示第i相；Y_ω^i表示第i相中ω对分湍流脉动对第i相耗散率的影响；R_ω^i表示单位体积内第i相中ω对分生成的摩尔速率；S_ω^i表示反应产生的第i相中ω对分的质量；J_ω^i表示ω对分扩散项，湍流时的表达式为

$$J_\omega^i=-[\rho D_\omega^i+\mu_t/(Sc_t)]\nabla Y_\omega^i \tag{1-7}$$

5）湍流方程

对于单相流的湍动，目前应用最广泛的湍流模型为标准k-ε模型。标准k-ε模型是典型的两方程模型，一个是描述湍动能的k方程，另一个是描述湍动耗散

率的ε方程。对于多相流湍动的描述，应用最广泛的是多相流标准 k-ε分散湍流模型[46]。

湍动能 k 方程表达式为

$$\frac{\partial}{\partial t}\left(\alpha_\omega\rho_\omega k_\omega\right)+\nabla\cdot\left(\alpha_\omega\rho_\omega k_\omega\vec{u}_\omega\right)=\nabla\cdot\left(\alpha_\omega\frac{\mu_{t,\omega}}{\sigma_k}\nabla k_\omega\right)+\alpha_\omega G_{k,\omega}-\alpha_\omega\rho_\omega\varepsilon_\omega+\alpha_\omega\rho_\omega\Pi_{k_\omega}\tag{1-8}$$

式中，k_ω 表示ω对分湍流脉动动能，其表达式为

$$k_\omega=\frac{1}{2}\left(\vec{u}_\omega'^2+\vec{v}_\omega'^2+\vec{w}_\omega'^2\right)\tag{1-9}$$

式中，$\vec{u}_\omega'$、$\vec{v}_\omega'$、$\vec{w}_\omega'$ 分别表示ω相在 x、y、z 三个方向的脉动速度。

$\mu_{t,\omega}$ 表示湍流黏度，其表达式为

$$\mu_{t,\omega}=\rho_\omega C_\mu\frac{k_\omega}{\varepsilon_\omega}\tag{1-10}$$

式中，ε_ω 为湍流中ω对分脉动动能的耗散率；C_μ=0.09。

$G_{k,\omega}$ 表示湍动动能的产生量，其表达式为

$$G_{k,\omega}=\mu_{t,\omega}\left[\nabla\vec{v}_\omega+\left(\nabla\vec{v}_\omega\right)^{\mathrm{T}}\right]:\ \nabla\vec{v}_\omega\tag{1-11}$$

湍动耗散率ε方程表达式为

$$\begin{aligned}&\frac{\partial}{\partial t}\left(\alpha_\omega\rho_\omega\varepsilon_\omega\right)+\nabla\cdot\left(\alpha_\omega\rho_\omega\varepsilon_\omega\vec{u}_\omega\right)\\&=\nabla\cdot\left(\alpha_\omega\frac{\mu_{t,\omega}}{\sigma_k}\nabla\varepsilon_\omega\right)+\alpha_\omega\frac{\varepsilon_\omega}{k_\omega}\left(C_{1\varepsilon}G_{k,\omega}-C_{2\varepsilon}\rho_\omega\varepsilon_\omega\right)+\alpha_\omega\rho_\omega\Pi_{\varepsilon_\omega}\end{aligned}\tag{1-12}$$

式中，$C_{1\varepsilon}$ 取值为 1.44；$C_{2\varepsilon}$ 取值为 1.92。

Π_{k_ω} 为离散相对连续相的影响，可根据连续相瞬态方程推导得到，Π_{k_ω} 的表达式为

$$\Pi_{k_\omega}=\sum_{p=1}^{n}\frac{K_{p\omega}}{\alpha_\omega\rho_\omega}\left(K_{p\omega}-2k_\omega+\vec{u}_{p\omega}\cdot\vec{u}_{\mathrm{dr}}\right)\tag{1-13}$$

式中，$K_{p\omega}$ 为ω对分相与 p 对分相速度的协方差；$\vec{u}_{p\omega}$ 为ω对分相与 p 对分相相对速度；$\vec{u}_{\mathrm{dr}}$ 为漂移速度。

Π_{ε_ω} 的表达式为

$$\Pi_{\varepsilon_\omega}=C_{3\varepsilon}\frac{\varepsilon_\omega}{k_\omega}\Pi_{k_\omega}\tag{1-14}$$

式中，$C_{3\varepsilon}$ 取值为 1.2。

1.3.2 CFD 求解过程

计算流体力学（CFD）主要研究怎样建立和求解描述流体流动的各类方程对，求解过程如图 1-6 所示[47]。

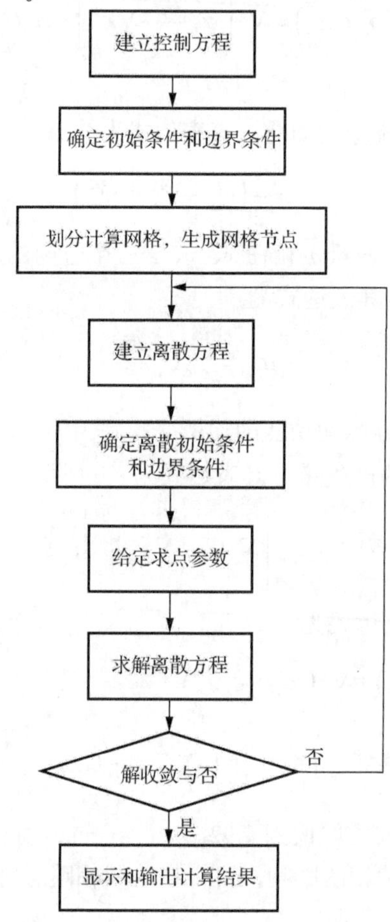

图 1-6 CFD 求解过程示意图

1.3.3 多相流模型

多相流模型包括流体体积（volume of fluid, VOF）模型、混合（mixture）模型和欧拉（Euler）模型，其主要适用范围：离散相体积分数超过 10%的气泡、液滴、粒子负载流动；栓塞流、泡状流；分层/自由面流动；气动运输；流化床内粒子流；泥浆流和水力运输；沉降等。当离散相体积分数小于 10%的气泡、液滴和粒子负载流动时采用离散相模型；当离散相体积分数远远大于 10%时，选择欧拉双流体模型。

1）VOF 模型

VOF 模型主要适用于分层流、射流破碎、流体大泡运动、自由表面流动等。解决瞬态问题时也可以利用该模型。VOF 模型通过求解单独的动量方程和处理穿过区域流体的容积比来模拟不能混合的流体[47]，当需要模拟几种互不混合的流体或者互不融合的界面时可以选择 VOF 模型。

2）mixture 模型

mixture 模型用于模拟具有不同速度的流体或颗粒，可以是两相的也可以是多相的。相对于多相流模型，mixture 模型更加简单，是一种简化的多相流模型。mixture 模型可用于混合相能量方程等的求解，也可用于模拟有强烈耦合的各向同性多相流和各相以相同速度运动的多相流[47]。mixture 模型包括粒子负载流、沉降和旋风分离器等。

3）Euler 模型

Euler 模型适用范围比较广，可以是两相间相互作用，也可以是多相流问题。在欧拉模型中，每一相都是用欧拉法处理。欧拉模型没有液体与液体、液体与固体之间的差别，把颗粒的运动也视为一种流动[48]。

1.3.4 CFD-DEM 求解过程

CFD-DEM 求解过程如图 1-7 所示[49]。

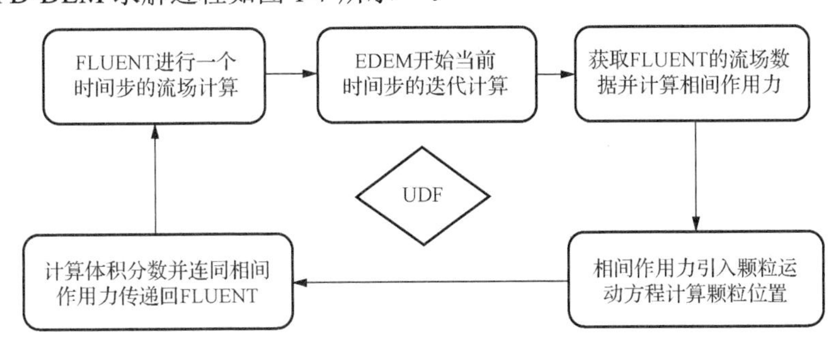

图 1-7 CFD-DEM 求解过程（UDF 为用户自定义函数）

1.4 FLUENT 简介

FLUENT 软件是目前常用商业 CFD 软件之一，因其成本低、计算速度快、仿真效果好、适用范围广等优点，已被广泛应用于模拟各种流体流动、相间传质传热、燃烧和机械设计等领域，特别适用于模拟和分析复杂区域的流体流动及相间热量交换问题。

1.4.1 FLUENT 体系结构

从本质上讲，FLUENT 只是一个求解器，其本身包含的功能模块有网格导入模型、数值计算的物理模型、边界条件及材料参数设置模型、数值计算模型、后处理模型等[50]。此外，FLUENT 提供了各类 CAD/CAE 软件（如 ANSYSY、I-DEAS、NASTRAN、PATRAN 等）与 GAMBIT 的接口。图 1-8 为 FLUENT 程序结构图。

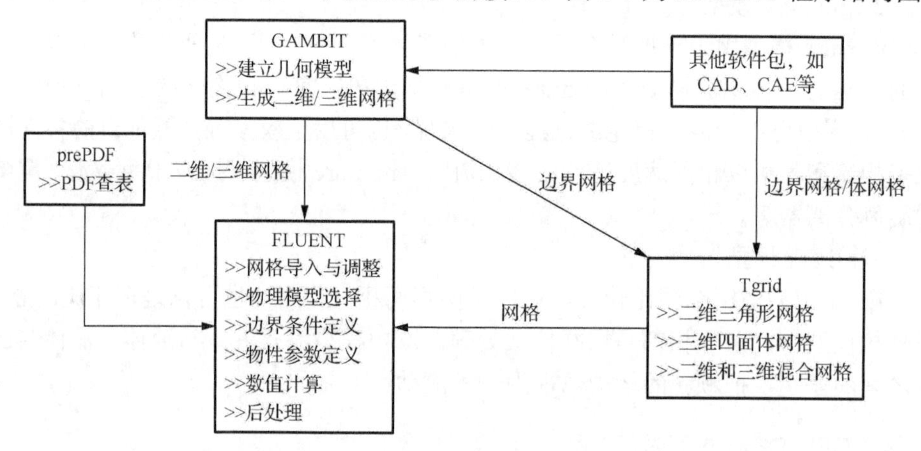

图 1-8 FLUENT 程序结构图

各个部分的具体功能如下。

GAMBIT：建立几何模型及生成网格文件；Tgrid：体网格生成软件；FLUENT：CFD 求解器；prePDF：PDF 燃烧过程模拟软件。

FLUENT 软件可以采用三角形网格、四边形网格、四面体网格、六面体网格及其混合网格。FLUENT 软件可以计算二维和三维流动问题，在计算过程中，网格可以自适应调整。FLUENT 软件的应用范围非常广泛，主要范围：①可压缩与不可压缩流动问题；②稳态与瞬态流动问题；③层流与湍流问题；④牛顿流体与非牛顿流体；⑤对流换热问题（包括自然对流和混合对流）；⑥导热与对流换热耦合问题；⑦辐射换热；⑧惯性坐标系和非惯性坐标系下的流动问题模拟；⑨用 Lagrangian 轨道模型模拟稀疏相（颗粒、水滴、气泡等）；⑩一维风扇、热交换器性能计算。

1.4.2 FLUENT 流场迭代方法

FLUENT 软件通过采用原始变量法可以对求解的物理场进行迭代求解，其迭代求解步骤如下：

（1）利用现有的压力值分别解出 u、v、w，以更新速度场；

（2）由第（1）步得到的速度可能不满足质量守恒定律，由线性化的运动方程和连续方程得到一个类似泊松方程的压力修正方程，然后解这个压力修正方程以得到满足连续方程必要的压力和速度的修正量；

（3）利用求得的速度解 k-ε 方程（湍流专用）；

（4）利用求得的值解附加的方程，如焓方程（即能量方程）等；

（5）更新流体物性；

（6）判断是否收敛；

（7）如不收敛，重复上述各步。

在 FLUENT 中，可以很方便地随时中断运算，修改条件后仍然可以接着迭代下去，还可以随时调整松弛因子的大小。在流场迭代算法中，SIMPLE 算法是由 Patankar[51]于 1972 年提出来的，是目前应用最为广泛的流场计算方法之一，是 FLUENT 软件中的基本算法，其核心是“猜测—修正”。

1.4.3　收敛判断准则

收敛判断准则公式为

$$R = \sum_i \left| A_E \Phi_E + A_W \Phi_W + A_N \Phi_N + A_S \Phi_S + S_C - A_P \Phi_P \right| \tag{1-15}$$

相对残差为

$$\overline{R} = \frac{R}{\sum \left| A_P \Phi_P \right|} \tag{1-16}$$

在运动方程中相对残差表示为

$$\overline{R} = \frac{R}{A_P \sqrt{u_P^2 + v_P^2 + w_P^2}} \tag{1-17}$$

在 FLUENT 中可以自定义收敛判断准则，默认收敛判断准则：对连续方程相对残差小于 10^{-3}，对 u、v、w 方程相对残差小于 10^{-6}，对能量方程相对残差小于 10^{-6}。

1.4.4　FLUENT 整体计算过程与 UDF 技术

1）FLUENT 整体计算过程

FLUENT 软件分为两部分，第一部分为建立几何模型及网格文件的生成，称为 GAMBIT。在这一部分，用户可以利用基本的要素，如点、线、面、体，建立所需要的几何模型。建立几何模型后，划分网格。在划分网格时，可以选择所需要的几何体和几何体的网格划分方式。在生成网格文件时，用户可以自定义网格的疏密程度。一般来说，网格生成是由一个端面上的边线开始，首先生成该面上的网格，然后沿着与该面垂直的方向一个面一个面地生成网格，再由外向内生成整个几何体的网格，也就是用代数法生成网格。在生成网格文件后，还需要定义几何体的基本边界条件。最后将生成的网格文件输出给 FLUENT，由 FLUENT 来做进一步的计算。

进入 FLUENT 后，首先定义一些求解所需要的必要参数，如流速、温度、尺寸比例、物性等具体的边界条件。其次定义所需要求解的方程，以及计算所采用的模型。再次对流体的物性进行定义，FLUENT 有现成的物性库，用户可以从其中选取所需要的流体，也可以根据实际情况定义新的流体，并将其保存到物性库中。定义完物性后，接下来选择离散方程时所采用的格式，以及迭代收敛的准则、精度和迭代步数，最后进行计算。FLUENT 的计算结果可以用图形或者数字来表示，也可以通过其他相应的软件（如 TECPLOT 或者 ORIGIN）进行后处理，从而得到用户所需要的计算结果。

2）UDF 技术

用户自定义函数（user-defined function，UDF）是一个在 C 语言基础上扩展了 FLUENT 特定功能后的编程接口。借助 UDF，用户可以使用 C 语言编写扩展 FLUENT 的程序代码，然后动态加载到 FLUENT 环境中，供 FLUENT 使用[46]。UDF 的主要功能如下所述。

（1）定制边界条件、材料属性、表面和体积反应率、FLUENT 输运方程的源项、用户自定义的标量方程的源项、扩散函数等。

（2）调整每次迭代后的计算结果。

（3）初始化流场的解。

（4）UDF 的异步执行（在需要时）。

（5）强化后处理功能。

（6）强化现有 FLUENT 模型（如离散模型、多相流模型等）。

（7）向 FLUENT 传送返回值，修改 FLUENT 变量，操作外部案例文件和数据文件。

有两种将 UDF 导入 FLUENT 的方式，即编译 UDF（compiling UDF）和解释 UDF（interpreting UDF）。编译 UDF 的执行速度较快，也没有源代码限制，可以使用所有的 C 语言功能，一般用于大型的、对计算速度要求高的应用场合；解释 UDF 使用较为简单，但执行速度较慢，且只支持部分 C 语言功能，一般用于小型的、对执行速度要求不高的简单问题[52]。

1.5　EDEM 软件计算过程

EDEM 由三个功能模块组成，它们分别是模型创建（creator）模块、仿真计算（simulator）模块和数据分析（analyser）模块。

（1）模型创建。利用 EDEM 前处理建模工具建立仿真模型，其步骤：①设置参数、物理属性和材料属性；②定义原型颗粒；③定义几何体；④设定仿真区域；⑤创建颗粒工厂。

（2）仿真计算。进行仿真计算的一般步骤：①设定时间步长和仿真时间；②定义网格尺寸；③仿真运行。

（3）数据分析。仿真结果的后处理可以帮助用户对模型的仿真结果进行分析，仿真结果分析与数据的后处理步骤：①观察仿真过程；②设置显示方式；③进行颜色标识；④检查网格单元组；⑤截断分析；⑥设置选择组集；⑦选择其他工具；⑧绘制图表；⑨分析导出数据；⑩生成截图，制作视频。

参考文献

[1] 祝京旭, 洪江. 喷动床发展与现状[J]. 化学反应工程与工艺, 1997, 13(2): 207-222.

[2] 刘军. 稻草与煤粉在三种喷动床中的流体力学性能和气化流程初步试验[D]. 镇江: 江苏大学, 2009.

[3] GUO Q, HIKIDA S, TAKAHASHI Y, et al. Drying of microparticle slurry and salt-water solution by a powder-particle spouted bed[J]. Journal of Chemical Engineering of Japan, 1996, 29(1): 152-158.

[4] MA X, KANEKO T, GUO Q, et al. Removal of SO_2 from flue gas using a new semidry flue gas desulfurization process with a powder-particle spouted bed[J]. The Canadian Journal of Chemical Engineering, 1999, 77(2): 356-362.

[5] MA X, KANEKO T, TASHIMO T, et al. Use of limestone for SO_2 removal from flue gas in the semidry FGD process with a powder-particle spouted bed[J]. Chemical Engineering Science, 2000, 55(20): 4643-4652.

[6] MA X, KANEKO T, XU G, et al. Influence of gas components on removal of SO_2 from flue gas in the semidry FGD process with a powder-particle spouted bed[J]. Fuel, 2001, 80(5): 673-680.

[7] MA X, NAKAZATO T, XU G, et al. Use of different sorbents in the semidry FGD process with a powder-particle spouted bed[J]. Circulating Fluidized Bed TechnologyVIII, 1994: 786-793.

[8] MA X, CAO B, NAKAZATO T, et al. Fundaments and application of powder-particle spouted bed[J]. Applied Chemical Industry, 2006, 35: 166-172.

[9] 金涌, 祝京旭, 汪展文, 等. 流态化工程原理[M]. 北京: 清华大学出版社, 2001.

[10] HAGHNEGAHDAR M R, HATAMIPOUR M S, RAHIMI A. Removal of carbon dioxide in an experimental powder-particle spouted bed reactor[J]. Separation and Purification Technology, 2010, 72(3): 288-293.

[11] XA J Y, WASHIZU Y, NAKAGAWA N, et al. Hold up of cohesive fine particles in a powder-particle spouted bed under continuous fines feeding[J]. Journal of Chemical Engineering of Japan, 1998, 31(1): 61-66.

[12] TOSHIFUMI I, HIROSHI N, MITSUHARU I. Behavior of cohesive powders in a powder-particle spouted bed[J]. The Canadian Journal of Chemical Engineering, 2004, 82(1): 102-109.

[13] HE Y L, LIM C J, GRACE J R, et al. Measurements of voidage profiles in spouted beds[J]. The Canadian Journal of Chemical Engineering, 1994, 72(2): 229-234.

[14] SEYYED H H, GOODARZ A, MARTIN O. CFD simulation of cylindrical spouted beds by the kinetic theory of granular flow[J]. Powder Technology, 2013, 246: 303-316.

[15] SEYYED H H, MOHSEN F, GOODARZ A. Hydrodynamics studies of a pseudo 2D rectangular spouted bed by CFD[J]. Powder Technology, 2015, 279: 301-309.

[16] DU J L, YUE K, WU F, et al. Numerical investigation on the water vaporization during semi dry flue gas desulfurization in a three-dimensional spouted bed[J]. Powder Technology, 2021, 383: 471-483.

[17] 周云龙, 杨宁. 喷动床颗粒粒径对提升管团聚特性影响的三维数值研究[J]. 热力发电, 2014, 43(10): 30-34.

[18] FRIES L, ANTONYUK S, HEINRICH S, et al. DEM-CFD modeling of a fluidized bed spray granulator[J]. Chemical Engineering Science, 2011, 66(11): 2340-2355.

[19] 杨春玲. 三维整体式多喷嘴喷动-流化床内气固两相流动实验与数值模拟研究[D]. 西安: 西北大学, 2020.

[20] 赵杏新, 刘伟民, 罗惕乾, 等. 喷动床技术研究进展[J]. 农业机械学报, 2006, 37(7): 189-193.

[21] YANG S L, LUO K, FANG M M, et al. Discrete element simulation of the hydrodynamics in a 3D spouted bed: Influence of tube configuration[J]. Powder Technology, 2013, 243: 85-95.

[22] GU W, LI H N, LIU S, et al. Influence of a sound field on the flow pattern of hollow microbeads in a spout-fluidized bed with a draft tube[J]. Powder Technology, 2019, 354: 211-217.

[23] 郭婷, 何川, 李海念, 等. 声场对导向管喷流床环隙区流化质量的影响[J]. 化学反应工程与工艺, 2019, 35(6): 501-508.

[24] 雷玉庄, 李海念, 顾伟, 等. 声场导向管喷流床流动特性的数值模拟[J]. 化学反应工程与工艺, 2018, 34(1): 1-10.

[25] 刘舜, 顾伟, 何川, 等. 液固导向管喷动流化床中颗粒流动特性的数值模拟[J]. 化学工程与装备, 2019, 4(5): 1-4.

[26] 吴静, 张少峰, 刘燕. 双喷嘴矩形喷动床中最小喷动速度的实验研究[J]. 化工机械, 2005, 4(6): 350-352, 366.

[27] MURTHY D V R, SINGH P N. Minimum spouting velocity in multiple spouted beds[J]. The Canadian Journal of Chemical Engineering, 1994, 72(2): 235-239.

[28] 张立栋, 王子嘉, 李少华, 等. 导向管直径对喷动床流动特性影响的计算颗粒流体力学数值模拟[J]. 化工进展, 2018, 37(1): 14-22.

[29] 黄群星, 马增益, 池涌, 等. 循环流化床内局部颗粒混合特性的研究[J]. 动力工程, 2004, 24(1): 13-17.

[30] 陶敏, 金保升, 杨亚平, 等. 底饲进料循环喷动床气固两相流数值模拟[J]. 锅炉技术, 2010, 41(2): 43-47.

[31] 陈浩, 金保升, 杨亚平, 等. 底饲进料循环喷动床流场分布特性研究[J]. 能源研究与利用, 2009(2): 22-24.

[32] 陶敏, 金保升, 杨亚平, 等. 底饲进料循环喷动床颗粒分布特性[J]. 中国电机工程学报, 2009, 29(11): 57-62.

[33] 李晋, 李丹. 喷动流化床在四氯化硅氯氢化工艺的应用研究[J]. 广东化工, 2016, 43(17): 141-143.

[34] PATIL A V, PETERS E A J F, KUIPERS J A M. Computational study of particle temperature in a bubbling spout fluidized bed with hot gas injection[J]. Powder Technology, 2015, 284: 475-485.

[35] GRYCZKA O, HEINRICH S, MITEVA V, et al. Characterization of the pneumatic behavior of a novel spouted bed apparatus with two adjustable gas inlets[J]. Chemical Engineering Science, 2008, 63(3): 791-814.

[36] 付爽, 王东祥, 俞建峰, 等. 喷动流化床最大喷动压降的多因素影响与关联[J]. 过程工程学报, 2021, 21(8): 918-925.

[37] 赵俊楠, 王会宁, 戈朝强, 等. 基于双流体模型的喷动-流化床不同流动形态的模拟研究[J]. 节能技术, 2020, 38(5): 412-417, 441.

[38] ZHONG W Q, CHEN X P, ZHANG M Y. Hydrodynamic characteristics of spout-fluid bed: Pressure drop and minimum spouting/spout-fluidizing velocity[J]. Chemical Engineering Journal, 2006, 118(1): 37-46.

[39] ZHONG W Q, LI Q J, ZHANG M Y, et al. Spout characteristics of a cylindrical spout-fluid bed with elevated pressure[J]. Chemical Engineering Journal, 2008, 139(1): 42-47.
[40] 陈保卫. 鼓泡塔内液相流体流动和返混现象的 CFD 模拟[D]. 天津: 天津大学, 2004.
[41] 张建文, 杨振亚, 张政. 流体流动与传热过程的数值模拟基础与应用[M]. 北京: 化学工业出版社, 2009.
[42] 陶文铨. 数值传热学[M]. 2 版. 西安: 西安交通大学出版社, 2001.
[43] 龚明. 粉-粒喷动床半干法烟气脱硫多相传递、反应特性与多尺度效应数值模拟研究[D]. 西安: 西北大学, 2011.
[44] 陈晓敏. 粉-粒喷动床半干法烟气脱硫反应的数值模拟[D]. 西安: 西北大学, 2012.
[45] 边文娟. 粉粒喷动床气固两相流及半干法烟气脱硫反应的数值模拟[D]. 西安: 西北大学, 2015.
[46] SANTOS D A, ALVES G C, DUARTE C R, et al. Disturbances in the hydrodynamic behavior of a spouted bed caused by an optical fiber probe: Experimentaland CFD study[J]. Industrial and Engineering Chemistry Research, 2012, 51(9): 3801-3810.
[47] 王福军. 计算流体动力学分析——CFD 软件原理与应用[M]. 北京: 清华大学出版社, 2004.
[48] 黄振宇. 旋流效应下喷动床内气固两相流动规律数值模拟[D]. 西安: 西北大学, 2019.
[49] 雷琨. 基于 CFD - DEM 法的矩形喷动床内颗粒喷动特性研究[D]. 天津: 天津科技大学, 2017.
[50] 孙少华, 王俊. FLUENT 软件及其在植保机械方面的应用[J]. 农机化研究, 2006, 9(3): 187-188.
[51] PATANKAR S V. Numerical Heat Transfer and Fluid Flow[M]. Washington D. C.: Hemisphere, 1980.
[52] 胡国明, 等. 颗粒系统的离散元素法分析仿真——离散元素法的工业应用与 EDEM 软件简介[M]. 武汉: 武汉理工大学出版社, 2010.

第2章　喷动床气固两相流粒子图像测速技术

2.1　粒子图像测速技术在气固两相流中的应用

粒子图像测速（particle image velocimetry，PIV）技术是一种新型的光学测量技术，该技术不仅综合了单点测量技术和显示测量技术的优点，还避免了这两种测量技术的弱点，可以通过全场、无扰的测量得到研究对象在特别短时间内的运动信息，同时又可以对研究对象进行定性分析[1-2]。粒子图像测速技术起源于20世纪末，几十年后该技术的发展已较为成熟，在流体力学及空气动力学研究领域具有极高的学术意义和使用价值。

基于对流场内部物料运动状态的探究，国内外学者研究开发了多种测速技术，如光纤探针测速技术、激光扫频测速（laser speckle velocimetry, LSV）技术、数字粒子图像测速（digital particle image velocimetry, DPIV）技术、激光多普勒测速（laser Doppler velocity, LDV）技术、超声波多普勒测速（ultrasonic Doppler velocimetry, UDV）技术等。

Atibeni等[3]利用PIV技术，研究了搅拌罐中连续相的局部特性，以及固体浓度和非中心轴位置对流体场的影响。实验测量是在带挡板的圆柱形容器中进行的，它底部平坦，配备一个四叶片的水翼叶轮泵。容器的直径、叶轮的直径和底部的垂直间隙分别为0.192m、0.075m和0.064m。在不同浓度和不同轴位置下低密度聚乙烯粒子被用作浮动粒子。PIV的测量结果显示，在最偏向轴轮处，速度增加了大约50%。利用荧光粒子对载体液相的轴向和径向平均速度进行了测量。结果表明，随着浮动粒子浓度的增加，在主流量方向上的速度降低了约16%。此外，流动的行为不受浮动粒子的影响。曹晓东[4]借助客机座舱仿真平台，搭建了二维的测量系统，通过PIV技术测得不同工况下模拟舱内的流场信息，研究参数有流动准则数、热浮力、惯性力、送风参数、射流特性等。结果表明：模拟舱内流场主要受惯性力影响，射流内外两侧的卷吸能力在热浮力的作用下显著增强，热浮力在清除乘客区域的污染物方面发挥了有利作用。舱内射流发展过程受流动限制影响较大。张凯等[5]采用粒子图像测速仪测量不同类型的三角孔多孔板下游空化流场的流动特性，并分析了不同孔大小（边长a= 2.6mm、4.0mm、5.1mm和6.7mm）、孔数（n = 9、16、25和64）和孔板安排（棋盘式和交错式）下的时均速度、湍流强度、湍流流动的剪切应力。

2.2　PIV 系统概述

2.2.1　实验系统

PIV 实验系统如图 2-1 所示，主要包括光源系统、成像系统、图像采集与处理系统。

图 2-1　PIV 实验系统

1）激光器

实验采用 Mini-YAG 双脉冲激光器（Solo 200XT-15Hz）。表 2-1 为激光器主要技术参数。

表 2-1　激光器主要技术参数

参数	数值
最高输出电压	240V
输出功率	900W
最大脉冲频率	21Hz
最大输出能量	200MJ
发射激光波长	532nm

2）同步器

同步器控制实验过程中激光束的射出与电荷耦合器件（charge coupled device，CCD）相机对数据采集的同步进行。

3）CCD 相机

CCD 相机用来采集数据，实验过程中所用的相机为 CCD 高速相机。表 2-2 为 CCD 相机成像相关参数。

表 2-2　CCD 相机成像相关参数

参数	描述
型号	Flow Sense 4MMkII
成像机理	CCD
全帧像素分辨率	2048px×2048px

4）Dynamic Studio 软件

将相机捕捉到的图片传送给电脑，利用 Dynamic Studio 软件对图片进行数据处理以获得所需的颗粒运动流场和矢量图。

2.2.2　PIV 测量原理

PIV 数据采集系统主要由以下几部分组成：光源系统、成像系统、图像采集和处理系统。

光源系统：PIV 系统采用脉冲激光器作为光源。脉冲激光器单个脉冲激光宽度小于 0.25s，间隔一定时间工作一次，输出功率较大。常见的脉冲激光器主要有氮分子激光器、准分子激光器等。

成像系统：成像系统由高速摄像机（CCD 相机）和同步器组成。CCD 相机经同步器控制同步拍摄被测流场，并将流场信息传送至电脑。

图像采集和处理系统：电脑软件图像采集和处理系统控制相机拍摄采集信息，并对采集结果进行定性和定量分析。PIV 系统基本组成如图 2-2 所示。

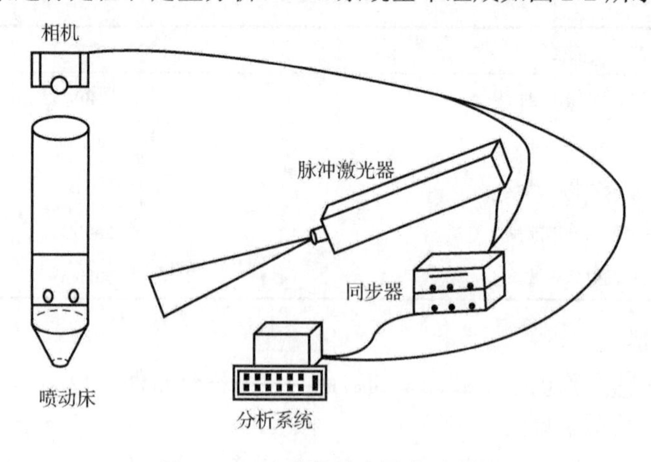

图 2-2　PIV 系统基本组成示意图

PIV 的基本原理：在流场内加入符合要求的示踪粒子，生成激光片光源调节激光器使其打在指定的某个截面，图像采集系统控制相机捕捉在特别短时间间隔（t_2-t_1）内流场中示踪粒子的运动情况。通过图像处理系统可得出示踪粒子的横向位移（x_2-x_1）及纵向位移（y_2-y_1），从而得到流场的速度分布情况，如图 2-3 所示。

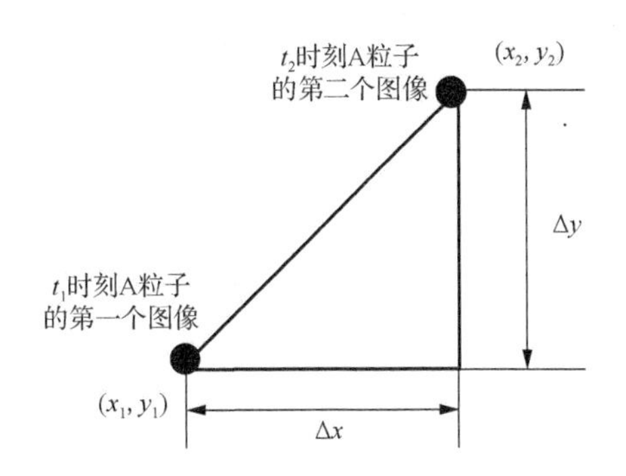

图 2-3　流场的速度分布情况示意图

PIV 图像处理算法多种多样，如快速傅里叶变换法、自相关算法、自适应化互相关算法、最小二次差法（minimum quadratic difference）等。

自相关算法将在连续两个时刻所拍摄到的粒子运动图像记录在同一张图片上，就某一个确定的粒子来查找与其相似度最高的粒子，计算它们的自相关系数。判定所选择的两个粒子实际为同一个粒子运动前后的标志是这两个粒子的自相关系数相比其他粒子来说最大。但此方法存在些许缺陷，如不能准确把握粒子的运动方向等，这就使得自相关算法不能被广泛地普及应用。

自适应化互相关算法是将在特别短时间内连续拍摄到的两个粒子运动情况记录在两张图片上，分别在拍摄到的两张图片上确定相对应的粒子，以消除自相关算法中粒子运动方向不确定的不足。互相关算法虽使计算精度大大提高，但其计算量巨大，故其应用也受到了一定的制约。自适应化互相关算法是在互相关算法的基础上加了验证和过滤。本章实验中对图像的分析采用自适应化互相关算法。

粉-粒喷动床：采用有机玻璃自制，喷动床床体内径为 100mm，床体高度为 700mm，底部倒锥顶角为 60°，气体入口喷嘴内径为 5mm。

空气压缩机：型号为 GX4FF-10，排气量为 0.47m^3/min，额定压力为 0.95MPa，额定功率为 4kW。

质量流量计：D07-60B 质量流量控制器，流量计两侧安装法兰，通过通气管分别与空气压缩机和喷动床连接。粉-粒喷动床 PIV 试验台系统及测试照片和实验用质量流量计及流量显示仪分别如图 2-4 和图 2-5 所示。

（a）PIV试验台系统

（b）测试照片

图 2-4　粉-粒喷动床 PIV 试验台系统及测试照片

（a）质量流量计

（b）流量显示仪

图 2-5　实验用质量流量计及流量显示仪

2.3　纵向涡喷动床内气固两相流 PIV 实验

2.3.1　纵向涡喷动床实验设备介绍

纵向涡发生器及导流板喷动床实验模具如图 2-6 所示。纵向涡发生器外形选择为圆柱体，圆柱体高度为 10mm，圆柱体直径为 20mm，圆柱体在导流板两侧面呈对称分布，带有不同纵向涡扰流件导流板及其设计尺寸详见图 2-7[6]。

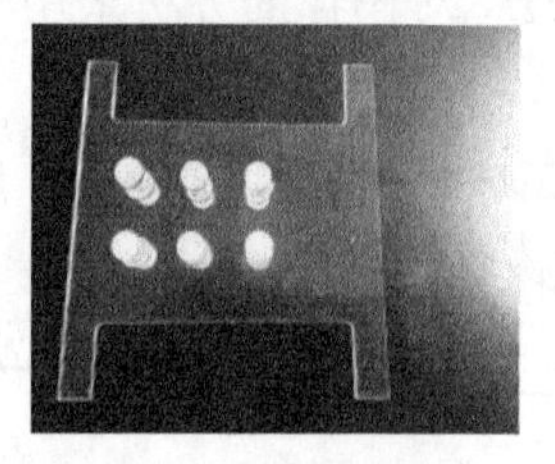

（a）三对圆柱正视图

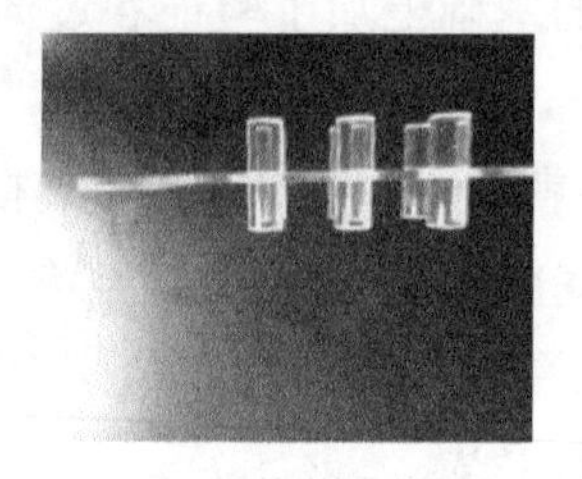

（b）三对圆柱侧视图

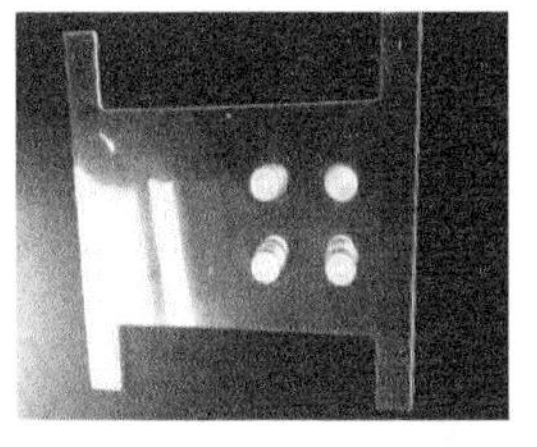

（c）两对圆柱正视图

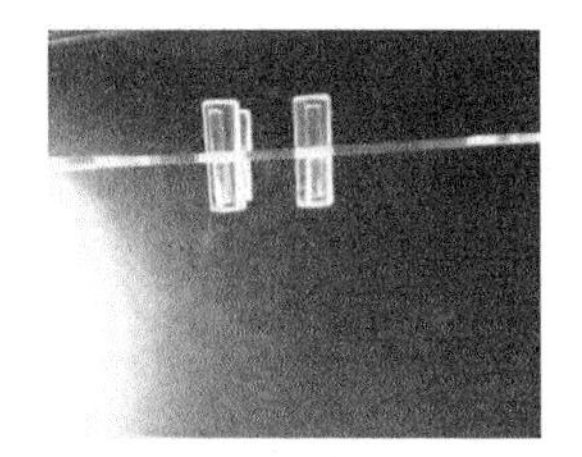

（d）两对圆柱侧视图

图 2-6　纵向涡发生器及导流板喷动床实验模具

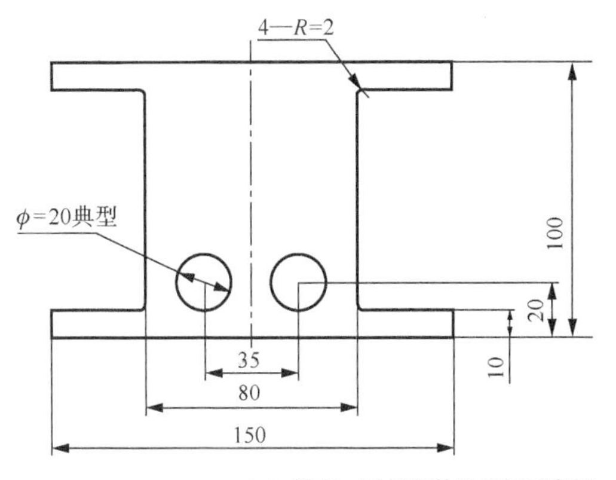

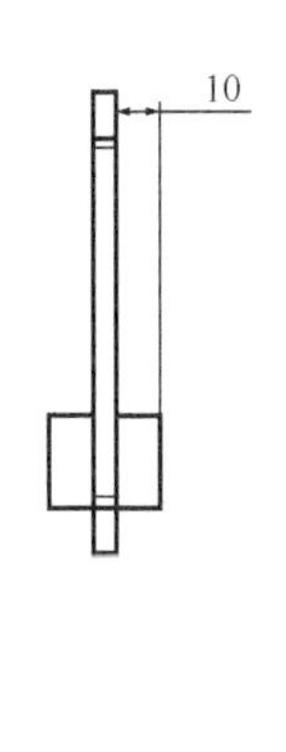

（a）带有一对扰流件导流板示意图

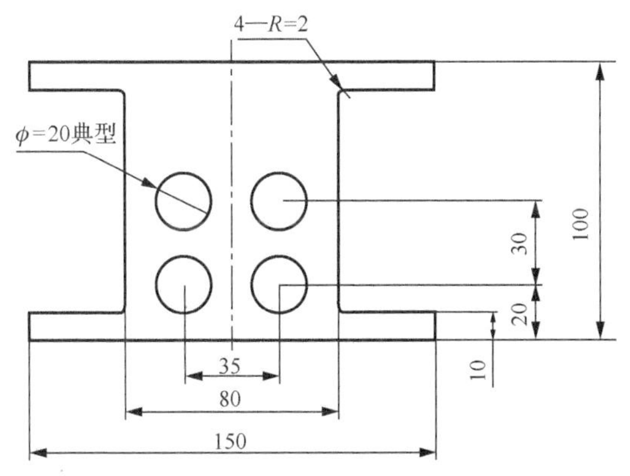

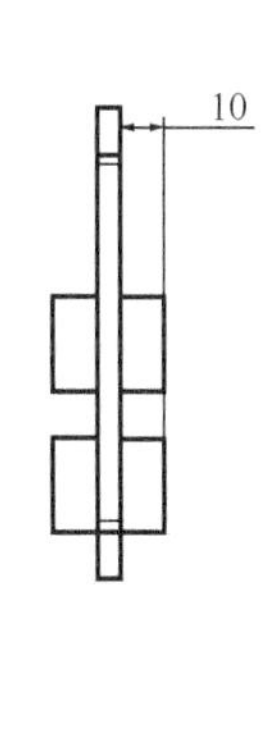

（b）带有两对扰流件导流板示意图

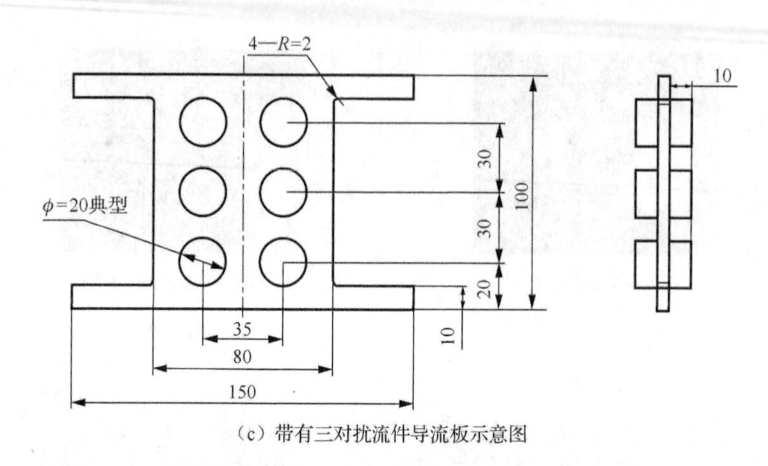

（c）带有三对扰流件导流板示意图

图 2-7　带有不同纵向涡扰流件导流板及其设计尺寸（单位：mm）

实验中采用的颗粒为玻璃珠。实验前，依次采用孔径为 1.60mm、1.25mm、0.80mm、0.63mm 的工程标准筛对玻璃珠进行筛分，取相邻两个标准筛孔径的平均值作为颗粒直径，喷动颗粒物理特性见表 2-3，颗粒采用 D 类颗粒（粒径大于 600μm）。

表 2-3　喷动颗粒物理特性

颗粒	密度 ρ_p/（kg/m^3）	直径 d_p/mm	Geldart 分类
玻璃珠 1	2200	0.72	D
玻璃珠 2	2200	1.43	D

2.3.2　结果分析及讨论

1. 单对纵向涡发生器

利用 PIV 实验装置分别对不加纵向涡发生器和加入纵向涡发生器时喷动床内颗粒稳定喷动进行测量，纵向涡发生器扰流件为单对球体。图 2-8 为实验测量喷动床横截面颗粒运动规律示意图，采用玻璃珠 1（直径为 0.72mm）进行实验分析，重点研究喷动床内纵向涡发生器下游横截面内颗粒相运动情况。

图 2-9 为有、无纵向涡发生器时喷动床横截面内颗粒速度矢量分布图。由图可知，加入纵向涡发生器后，气体运动产生的纵向涡流影响并带动颗粒相运动，打乱了原有颗粒相在喷动床横截面内轴对称的速度分布规律，喷射区及环隙区内颗粒相出现了大量的漩涡介尺度结构，强化了颗粒相在喷动床横截面内与气相及颗粒相本身的混合，这是在气相旋涡运动的带动下，颗粒相内部碰撞运动及颗粒与扰流件碰撞运动的综合结果。

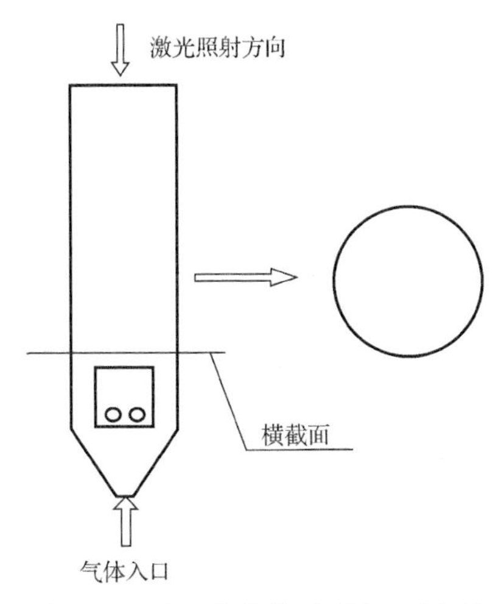

图 2-8　实验测量喷动床横截面颗粒运动规律示意图

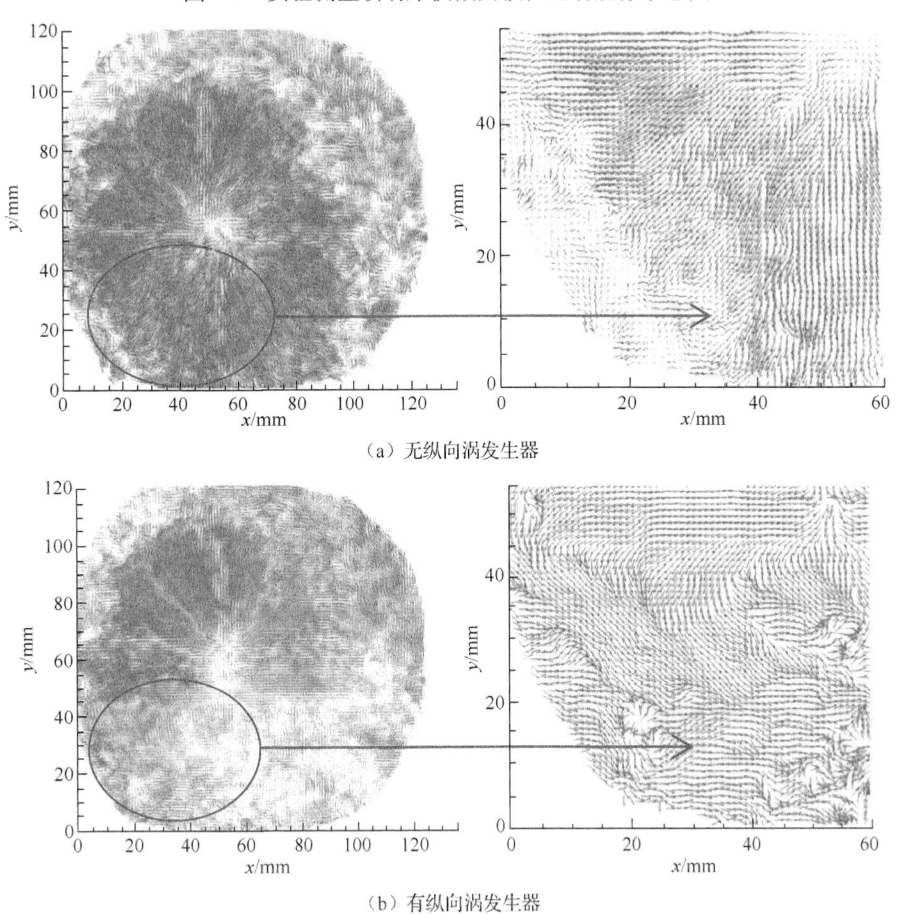

图 2-9　有、无纵向涡发生器时喷动床横截面内颗粒速度矢量分布图（球体扰流件）

进一步对喷动床内颗粒相运动速度进行定量分析，图 2-10 为喷动床横截面颗粒速度选取位置示意图，由于在喷动床横截面内颗粒速度出现了非轴对称分布规律，故在横截面内三条与导流板平行的线上提取颗粒速度值，并对比分析颗粒相在此处的速度分布情况。图 2-11 为喷动床横截面内颗粒速度沿径向距离变化对比。从图 2-11 可以看出，颗粒速度在轴心左侧为负值，右侧为正值，表明颗粒速度在轴心左右两侧的运动方向相反。当加入纵向涡发生器后，喷动床内的颗粒速度，

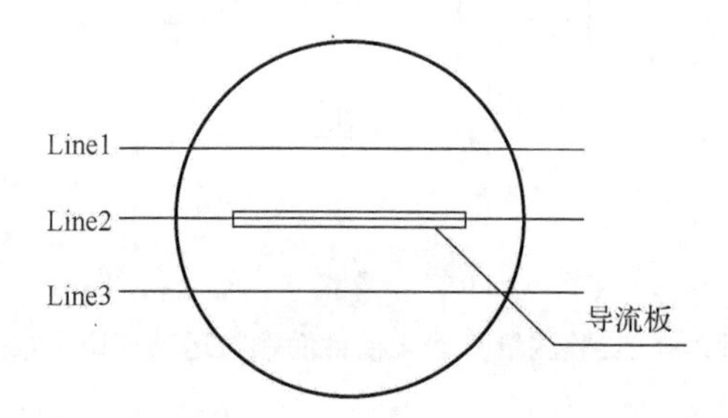

图 2-10　喷动床横截面颗粒速度选取位置示意图

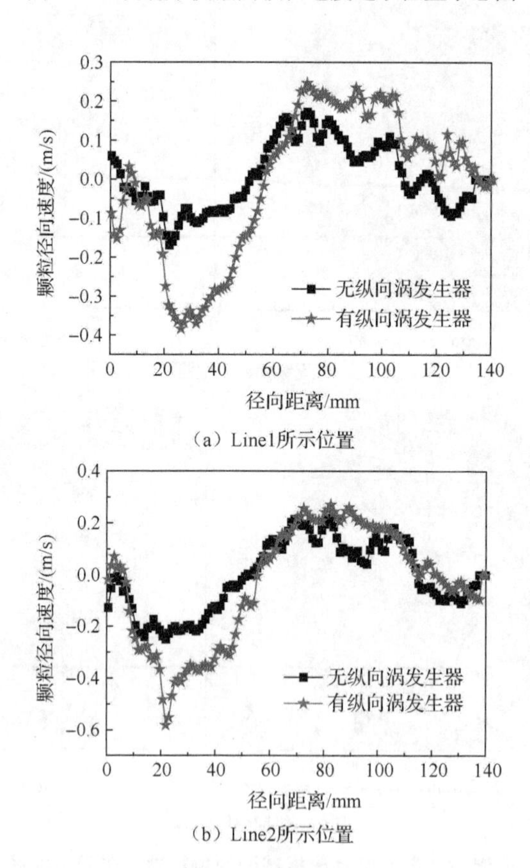

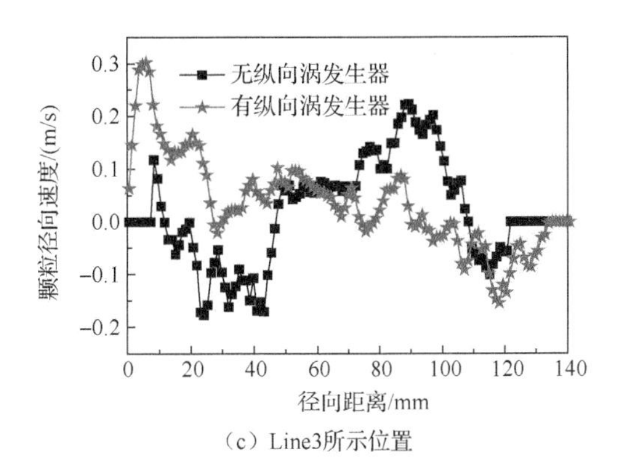

（c）Line3所示位置

图 2-11　喷动床横截面内颗粒速度沿径向距离变化对比（球体扰流件）

特别是环隙区附近的颗粒速度峰值显著增加，从而在一定程度上增强了喷射区、环隙区内颗粒的径向运动及混合能力，其颗粒运动强化规律与从图 2-9 所得到的颗粒速度矢量分布规律相吻合。

进一步分析研究不同扰流件形状对纵向涡发生器效应的影响，在相同的直径取值下选取球体和圆柱体（圆柱体高度等于圆柱体直径）两种扰流件进行对比分析，图 2-12、图 2-13 分别给出了不同扰流件形状下横截面颗粒速度矢量图、颗粒径向速度在横截面处随不同形状扰流件的变化图。由图 2-12 可知，扰流件为球体和圆柱体时均能在喷动床内产生纵向涡流，从而改变了颗粒的运动方向，相比较于圆柱体扰流件而言，球体扰流件对颗粒径向速度的强化作用更加显著，颗粒径向速度值及其旋涡运动强度明显增加。

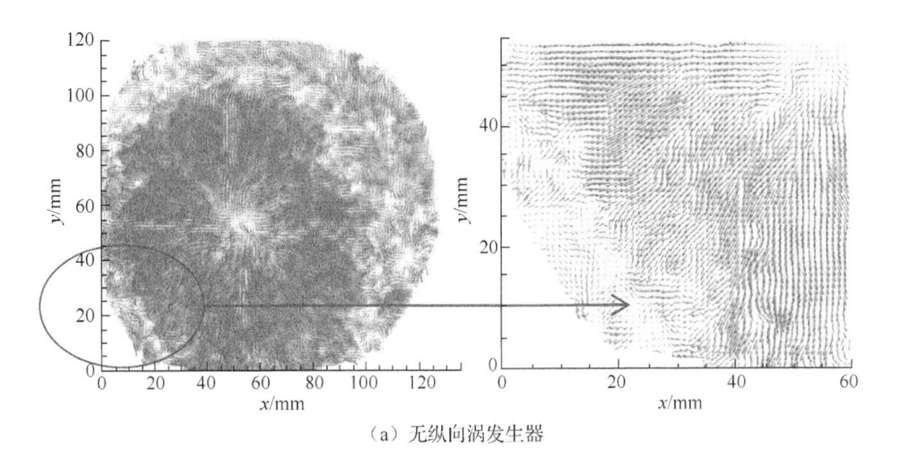

（a）无纵向涡发生器

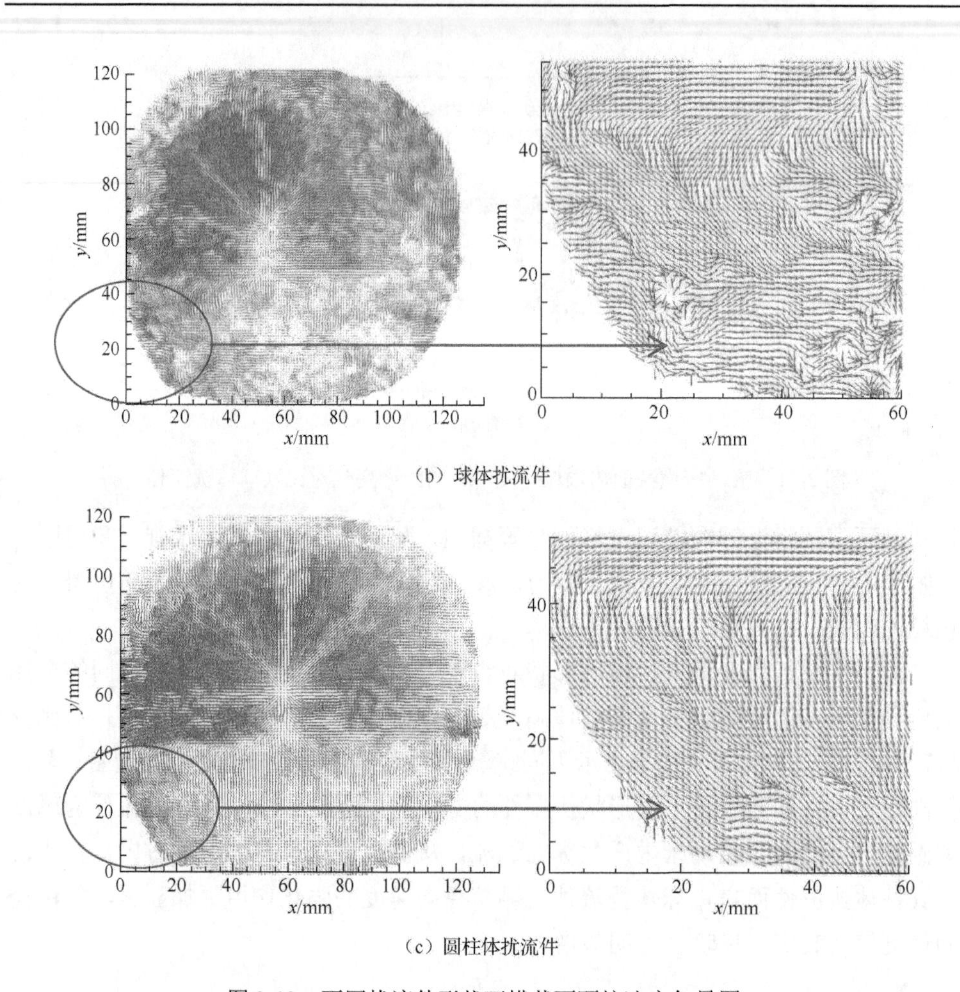

（b）球体扰流件

（c）圆柱体扰流件

图 2-12　不同扰流件形状下横截面颗粒速度矢量图

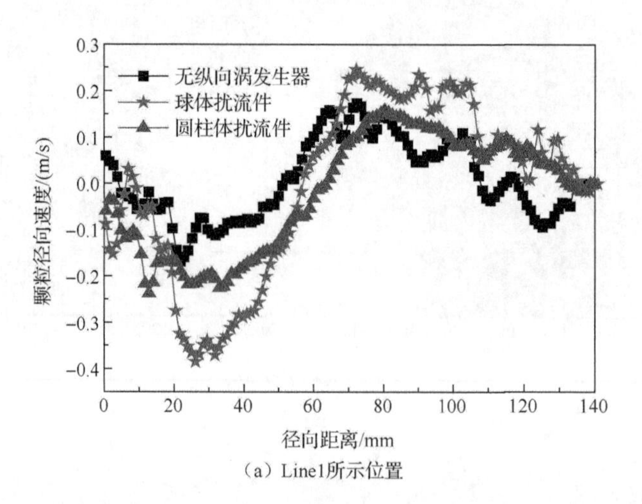

（a）Line1所示位置

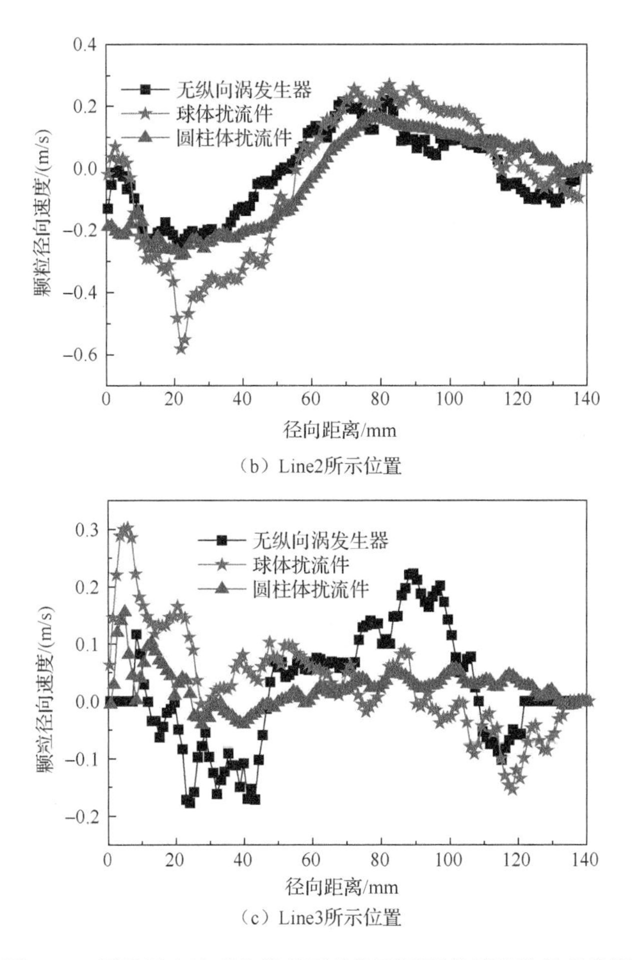

（b）Line2所示位置

（c）Line3所示位置

图 2-13　颗粒径向速度在横截面处随不同形状扰流件的变化图

针对球体扰流件的设计尺寸（球体直径、球体安装间距）进行进一步的实验分析。图 2-14 给出了不同球体扰流件直径取值对横截面内颗粒速度矢量的影响，球体直径分别为 10mm、20mm、30mm。由图可知，随着扰流件直径的增加，喷动床横截面内的颗粒运动出现了复杂的变化，颗粒速度矢量出现了波动现象及局部值增大现象。

图 2-15 为球体扰流件直径取值对颗粒径向速度分布的影响规律。图 2-15（a）和（b）表明，加入纵向涡发生器后颗粒径向速度均大于不加纵向涡发生器的情况，并且当球体直径为 20mm 时颗粒径向速度值最大，球体直径为 30mm 时颗粒径向速度值次之，球体直径为 10mm 时颗粒径向速度值最小。说明当球体扰流件直径较小时（10mm），扰流件产生的纵向涡流效应对气体、颗粒的影响并不显著。随着扰流件直径的增加，颗粒运动的纵向涡流强化效应逐渐增强。当球体扰流件直

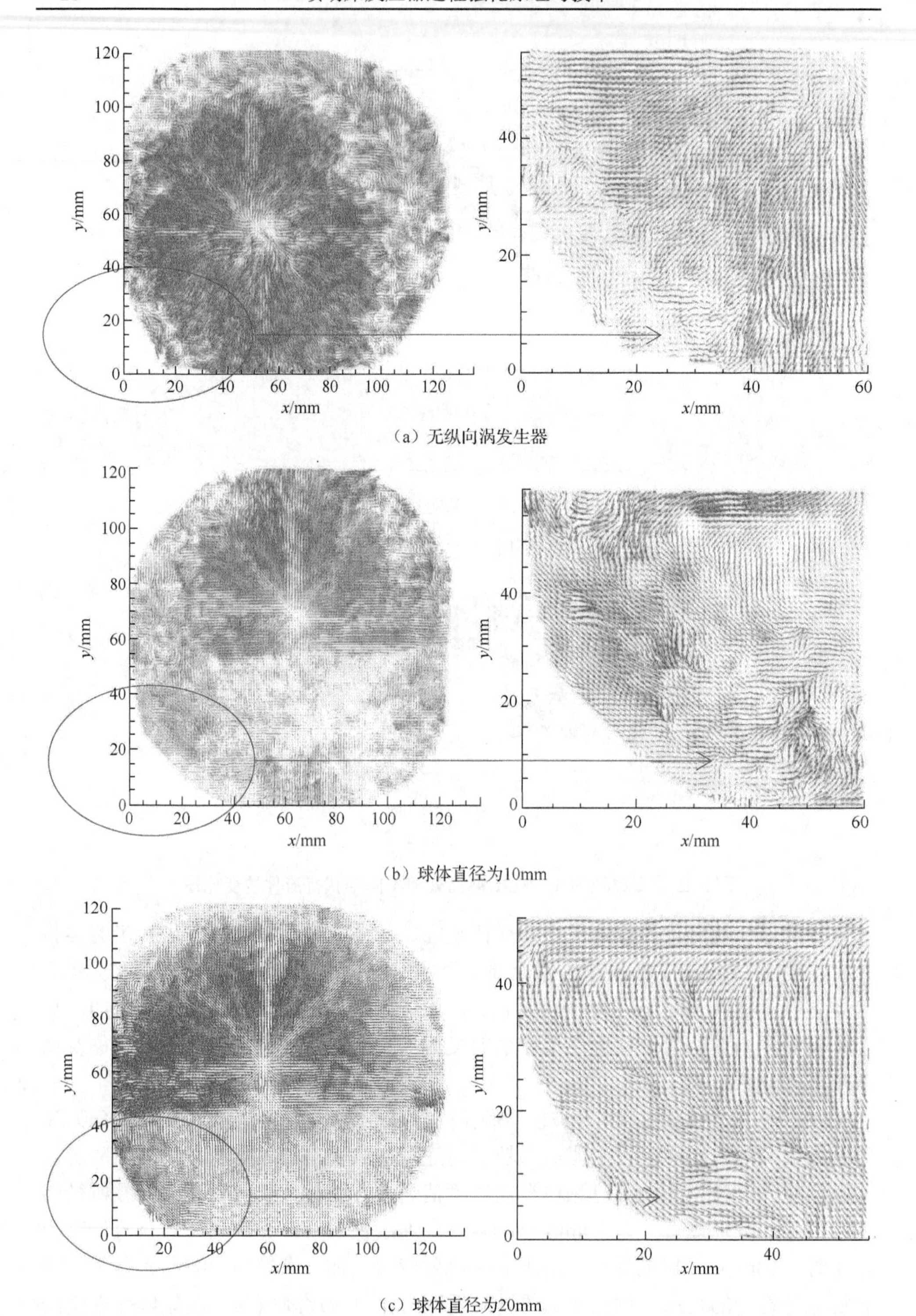

（a）无纵向涡发生器

（b）球体直径为10mm

（c）球体直径为20mm

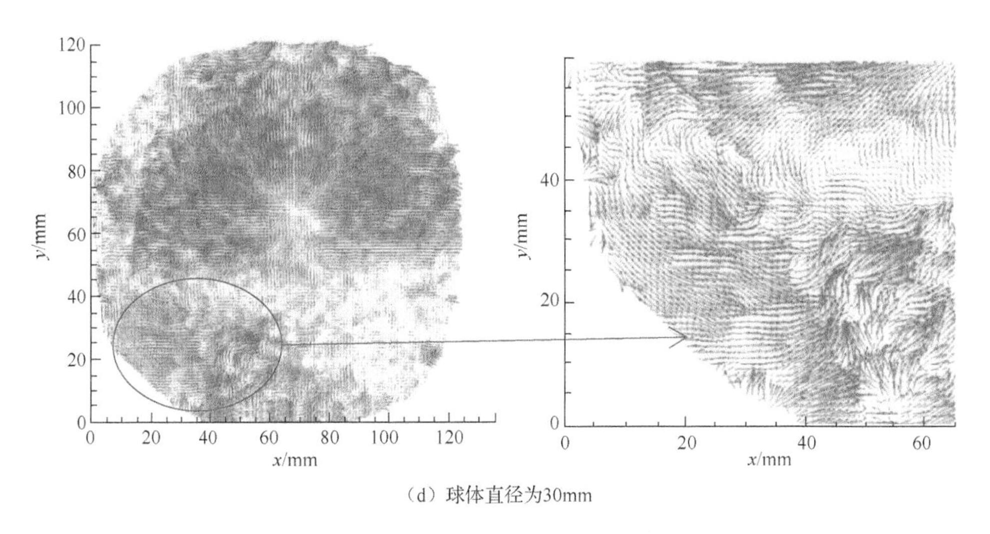

（d）球体直径为30mm

图 2-14　不同球体扰流件直径取值对横截面内颗粒速度矢量的影响

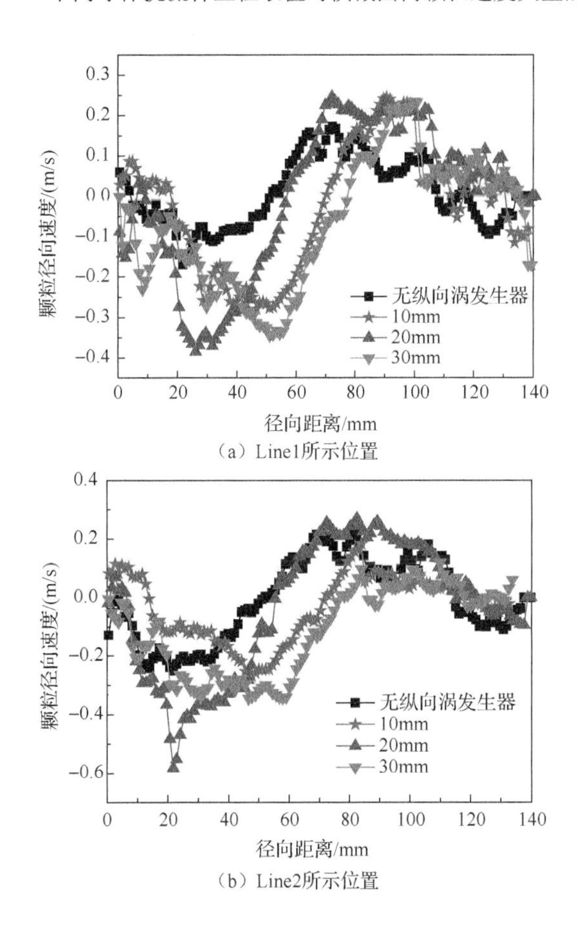

（a）Line1所示位置

（b）Line2所示位置

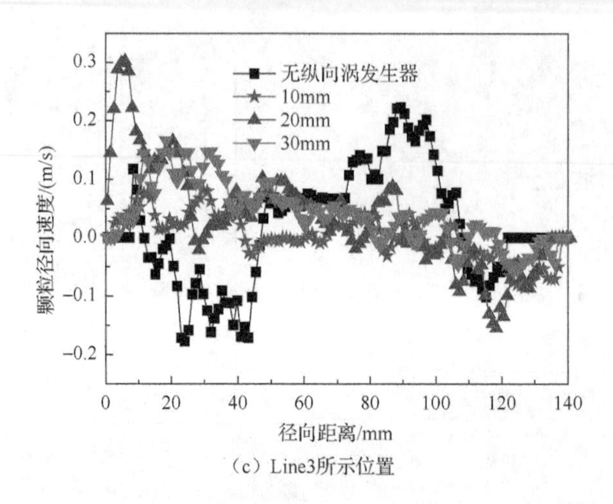

（c）Line3所示位置

图 2-15　球体扰流件直径取值对颗粒径向速度分布的影响规律

径取值过大时（30mm），扰流件表面对颗粒群运动的阻碍作用显著增加，即扰流件的阻力效应大于其产生的涡流强化效应，导致综合效果表现为颗粒运动速度的下降。图 2-15 表明存在一个最佳的球体扰流件直径值（约 20mm），使得喷动床内纵向涡流强化颗粒运动效果达到最佳。

图 2-16 为球体扰流件安装间距对颗粒径向速度分布的影响。由图可知，加入纵向涡发生器能够在一定程度上强化喷动床内颗粒相运动。当球体安装间距为 35mm 时，颗粒径向运动强化效果最好，且颗粒径向速度随着球体扰流件安装间距的增加而降低，表明扰流件间距的增加并不利于颗粒径向运动速度的提升。这是因为随着球体扰流件安装间距的增大，纵向涡发生器产生的涡流效应减弱，颗粒径向速度强化效应降低。实验数据表明：球体扰流件安装间距为 35mm 时纵向涡发生器强化颗粒径向运动效果最佳。

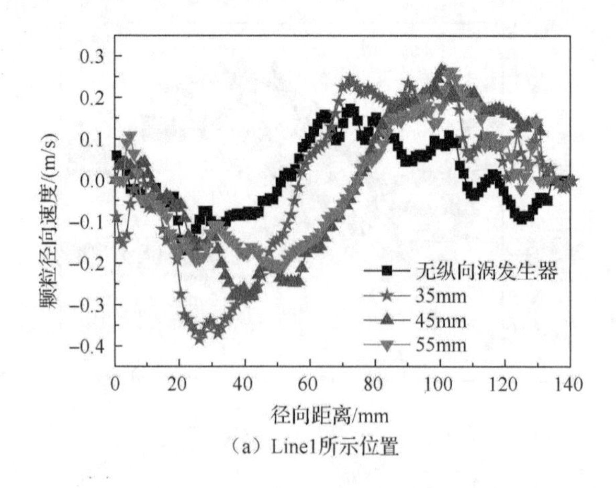

（a）Line1所示位置

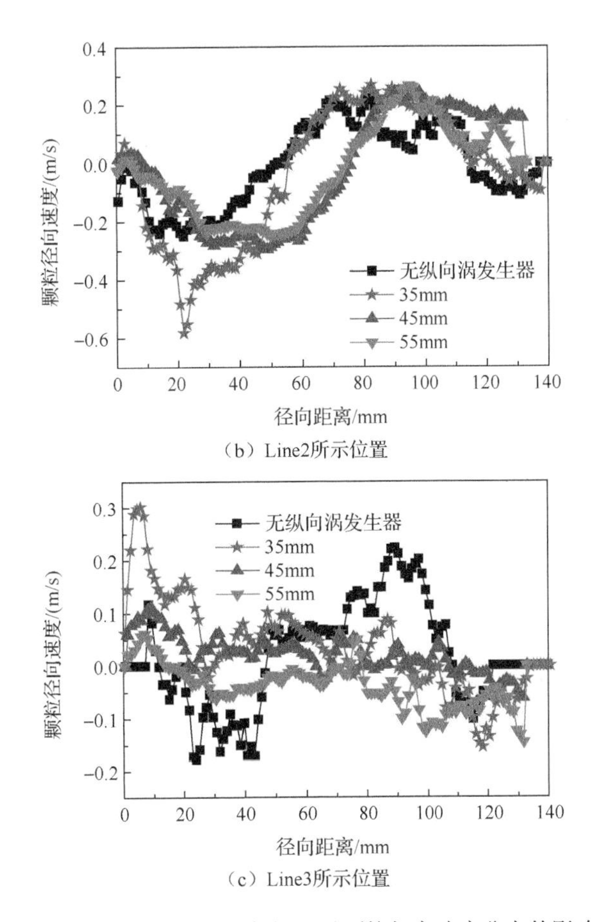

（b）Line2所示位置

（c）Line3所示位置

图 2-16　球体扰流件安装间距对颗粒径向速度分布的影响

进一步分析玻璃珠 2（直径为 1.43mm）的气固两相流动特性，导流板安装为球体扰流件，喷动床横截面内颗粒速度矢量图对比如图 2-17 所示。

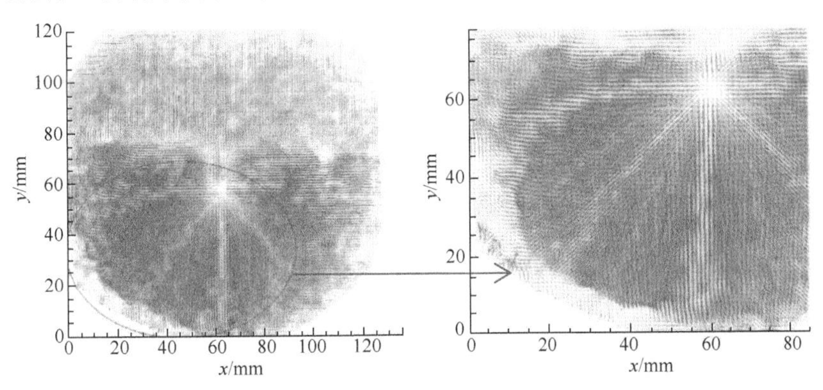

图 2-17　喷动床横截面内颗粒速度矢量图对比（球体扰流件，玻璃珠 2）

由图 2-17 可知，当颗粒直径取值较大时（1.43mm），颗粒相速度矢量图内没有出现局部涡流效应，表明较大直径颗粒具有较大的惯性力，随流体运动的响应能力较弱，故能形成有效的颗粒涡流结构。对不同结构喷动床横截面内颗粒相运动速度进行定量分析，图 2-18 为实验测量的两个纵向截面及横截面取值高度示意图。

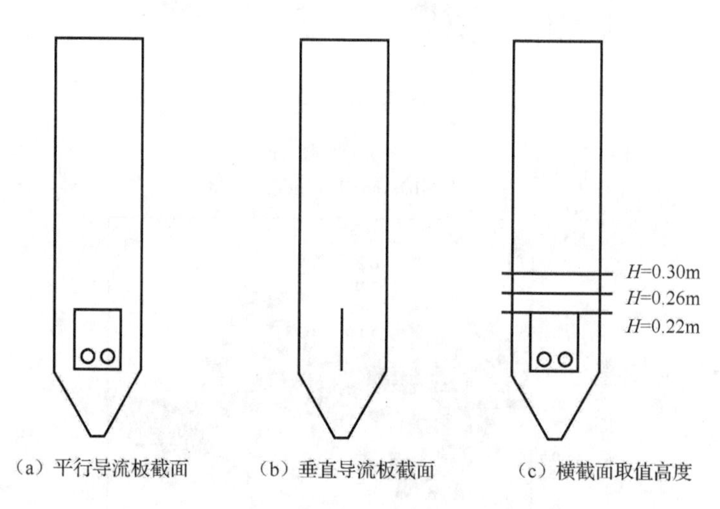

图 2-18　实验测量的两个纵向截面及横截面取值高度

实验分别选取图 2-18（c）所示的三个高度 0.22m、0.26m、0.30m，对喷动床内颗粒速度在不加和加入纵向涡发生器时进行分析对比。图 2-19 为所得对比图，图 2-19（a）、（c）、（e）为不同床高处颗粒轴向速度沿径向距离变化规律，图 2-19（b）、（d）、（f）为不同床高处颗粒径向速度沿径向距离变化规律。从图中可以看出，颗

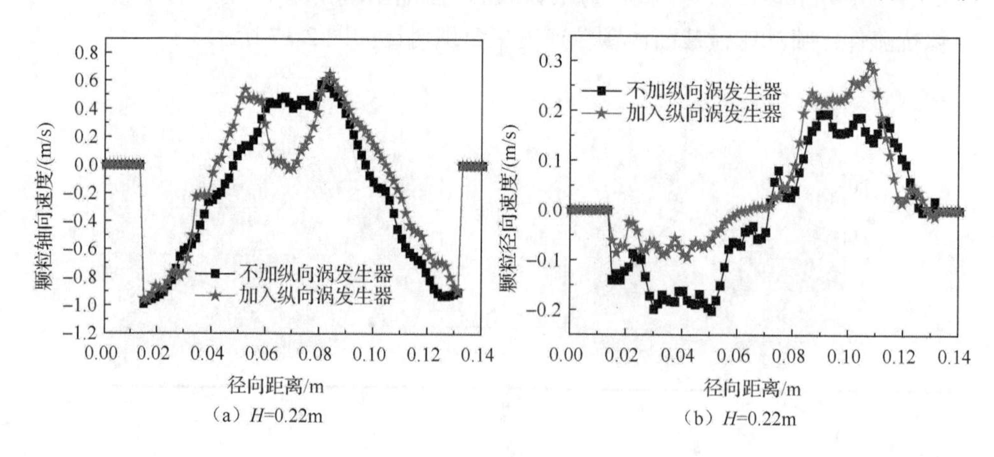

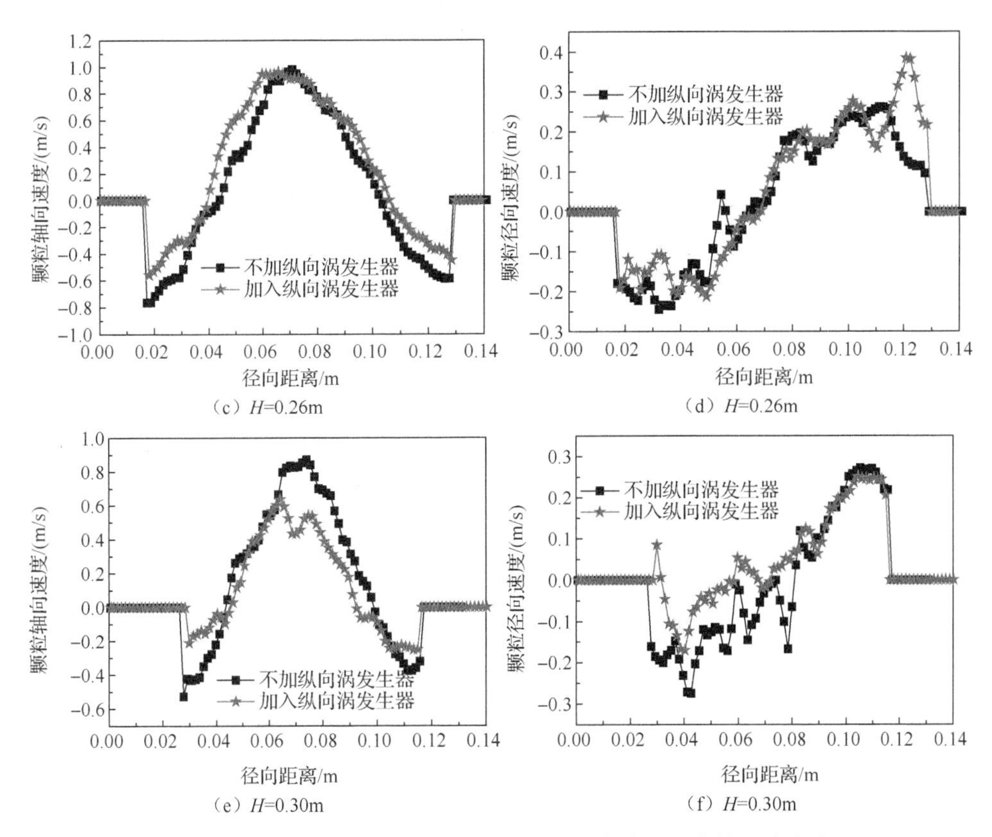

图 2-19　颗粒速度在不同床高处随加入纵向涡发生器的变化（玻璃珠 2）

粒的轴向速度在轴心处最大，为正值，说明颗粒在向上运动；在轴心两边轴向速度减小，为负值，说明颗粒在向下运动。在床高为 0.22m、0.26m 时，加入纵向涡发生器颗粒轴向速度与不加纵向涡发生器时相差不大，主要是因为纵向涡发生器产生的涡流效应受到了挡板的阻碍作用。在床高为 0.3m 时，加入纵向涡发生器后，颗粒轴向速度比不加纵向涡发生器时小，这是因为加入纵向涡发生器后，其对颗粒的阻碍作用增大，从而减小了颗粒的轴向速度。颗粒在轴心两边的径向速度最大，左边为负值，说明颗粒在向反方向运动；右边为正值，说明颗粒在向正方向运动。

2. 多对纵向涡发生器

以粒径为 0.72mm 颗粒为研究对象，分析多对纵向涡发生器对喷动床颗粒相运动规律的影响，不同扰流件个数喷动床如图 2-20 所示，具体为纵向涡发生器对数是 1、2、3 时，纵向涡发生器在导流板上的结构及布置形式。表 2-4 为多对纵向涡发生器实验参数，表 2-5 为 PIV 实验结果。

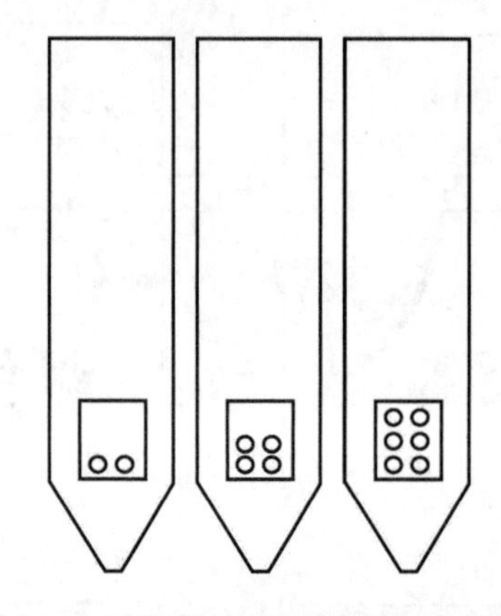

图 2-20　不同扰流件个数喷动床示意图

表 2-4　多对纵向涡发生器实验参数（球体扰流件）

扰流件	对数	粒径/mm	静床层高度/mm	入口气速/（L/min）	球体间距/mm	球体直径/mm
球体	1	0.72	150	380	35	20
球体	2	0.72	150	380	35	20
球体	3	0.72	150	380	35	20

表 2-5　PIV 实验结果（球体扰流件）

扰流件数量	粒径/mm	静床层高度/mm	入口气速/（L/min）	喷泉高度/mm
无扰流件	1.43	180	285	180
一对扰流件	1.43	180	285	150
两对扰流件	1.43	180	285	130
三对扰流件	1.43	180	285	100

图 2-21 给出了球体扰流件对数对颗粒径向速度分布的影响情况，为了使实验数据具有一定的代表性，在喷动床横截面内取平行于纵向涡发生器导流板的三条直线位置数据，如图 2-10 所示。图 2-21 表明当扰流件为两对时，其对颗粒径向运动的强化效果整体优于一对和三对，说明加入扰流件增强了颗粒的径向运动，并且当扰流件为两对时，效果最佳。在有限的喷动床运动空间内，增加纵向涡发生器的对数并不能不断改善喷动床内颗粒相的径向运动情况，使用一对或两对纵向涡发生器能够使得喷动床内颗粒相的横向混合运动达到较好的状态。图 2-22 及表 2-6 分别给出了扰流件为圆柱体时，扰流件对数对颗粒径向速度分布的影响及多对纵向涡发生器实验参数。由图 2-22 可知，在圆柱体扰流件条件下，纵向涡发生器对数对颗粒运动影响规律与球体扰流件类似。

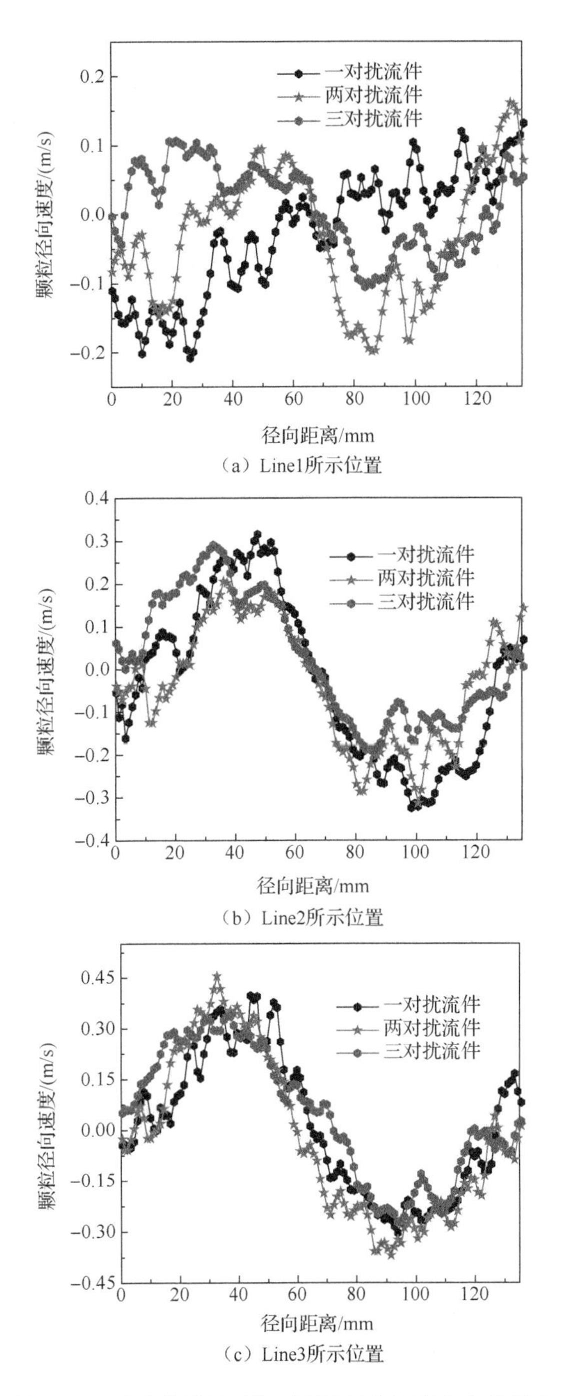

（a）Line1所示位置

（b）Line2所示位置

（c）Line3所示位置

图 2-21　球体扰流件对数对颗粒径向速度分布的影响

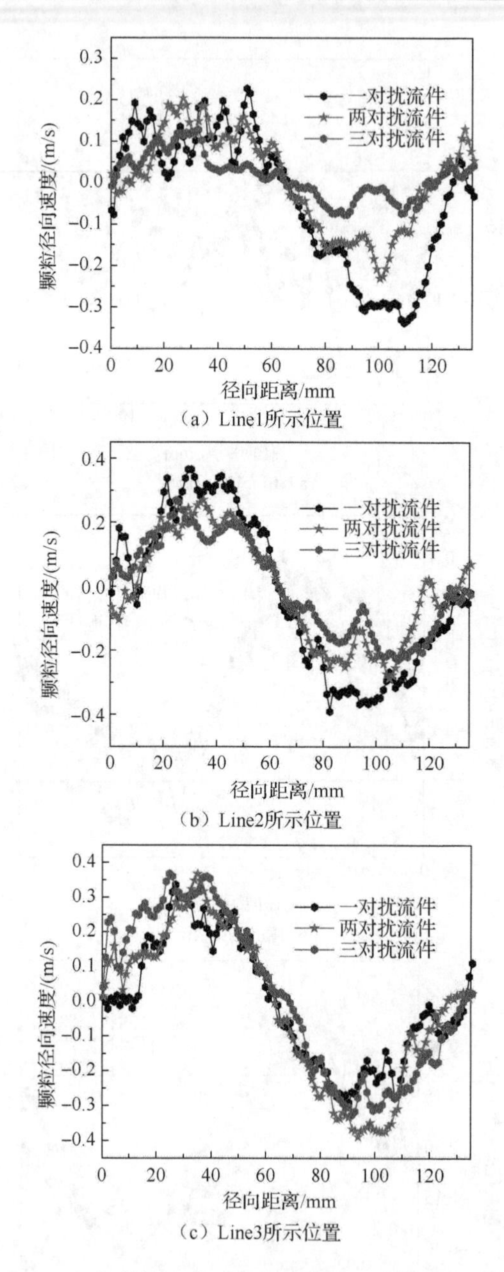

（a）Line1所示位置

（b）Line2所示位置

（c）Line3所示位置

图 2-22　圆柱体扰流件对数对颗粒径向速度分布的影响

表 2-6　多对纵向涡发生器实验参数（圆柱体扰流件）

扰流件	对数	粒径/mm	静床层高度/mm	入口气速/（L/min）	圆柱体间距/mm	圆柱体直径/mm
圆柱体	1	0.72	150	380	35	20

续表

扰流件	对数	粒径/mm	静床层高度/mm	入口气速/（L/min）	圆柱体间距/mm	圆柱体直径/mm
圆柱体	2	0.72	150	380	35	20
圆柱体	3	0.72	150	380	35	20

3. 静床层高度及扰流件对数影响

静床层高度不同时纵向涡发生器上扰流件对数对喷动床内稳定喷动产生影响，纵向涡发生器的加入，破坏了床内颗粒运动的规律性。在横截面内导流板附近及靠近环隙区位置取三条平行的线，分别提取这三条线上的颗粒径向速度值进行对比分析。

为了深入研究纵向涡发生器对颗粒速度的强化效应，定义一个纵向涡流颗粒径向速度强化因子 $\eta=\dfrac{\overline{|V_{\mathrm{L}}|}}{\overline{|V_{\mathrm{N}}|}}$，其中分子为纵向涡流条件下颗粒速度绝对值沿喷动床径向分布的平均值，分母为无纵向涡流条件下颗粒速度绝对值沿喷动床径向分布的平均值。

图 2-23 为静床层高度为 165mm 时，扰流件对数对颗粒径向速度分布的影响示意图。由图可知，H_0/D=1.08（静床层高度与床体直径之比）时，径向速度强化因子均大于 1，且单对扰流件的径向速度强化因子明显高于双对和三对扰流件，结合颗粒径向速度分布情况可得，扰流件为单对时对颗粒径向运动强化效果达到最佳。扰流件对数的逐渐增加使得颗粒径向速度逐渐降低，表明当颗粒处理量较小时，单对纵向涡发生器能够产生良好的颗粒运动径向强化作用。随着纵向涡发生器对数的增加，扰流件的流动阻力效应增强，即扰流件的阻力效应大于其产生的涡流强化效应，导致综合结果表现为颗粒径向运动速度的下降。

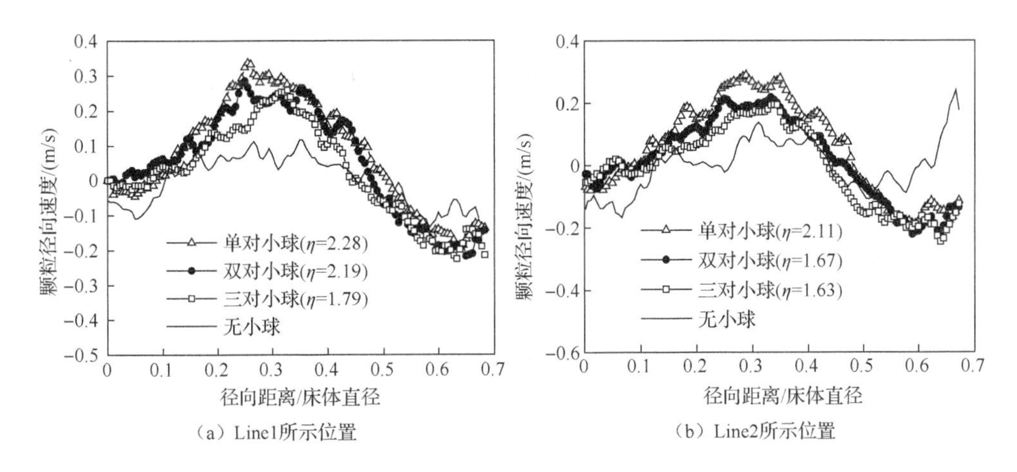

（a）Line1所示位置　　（b）Line2所示位置

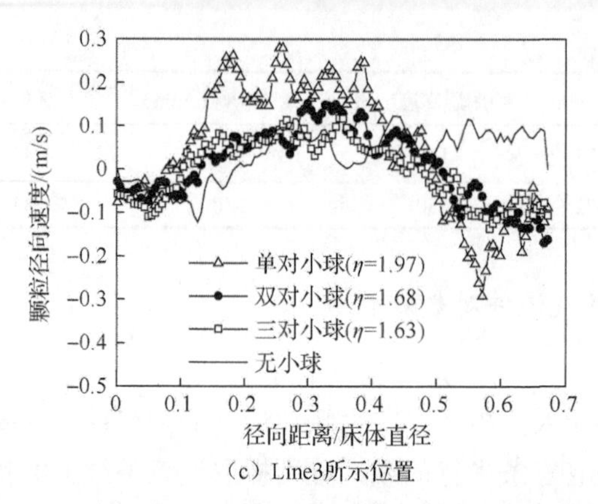

（c）Line3所示位置

图 2-23　扰流件对数对颗粒径向速度分布的影响（H_0/D=1.08）

图 2-24 给出了静床层高度为 195mm 时，扰流件对数对颗粒径向速度分布的影响。喷射区附近颗粒径向速度纵向涡流强化效果最好，扰流件为双对时对颗粒

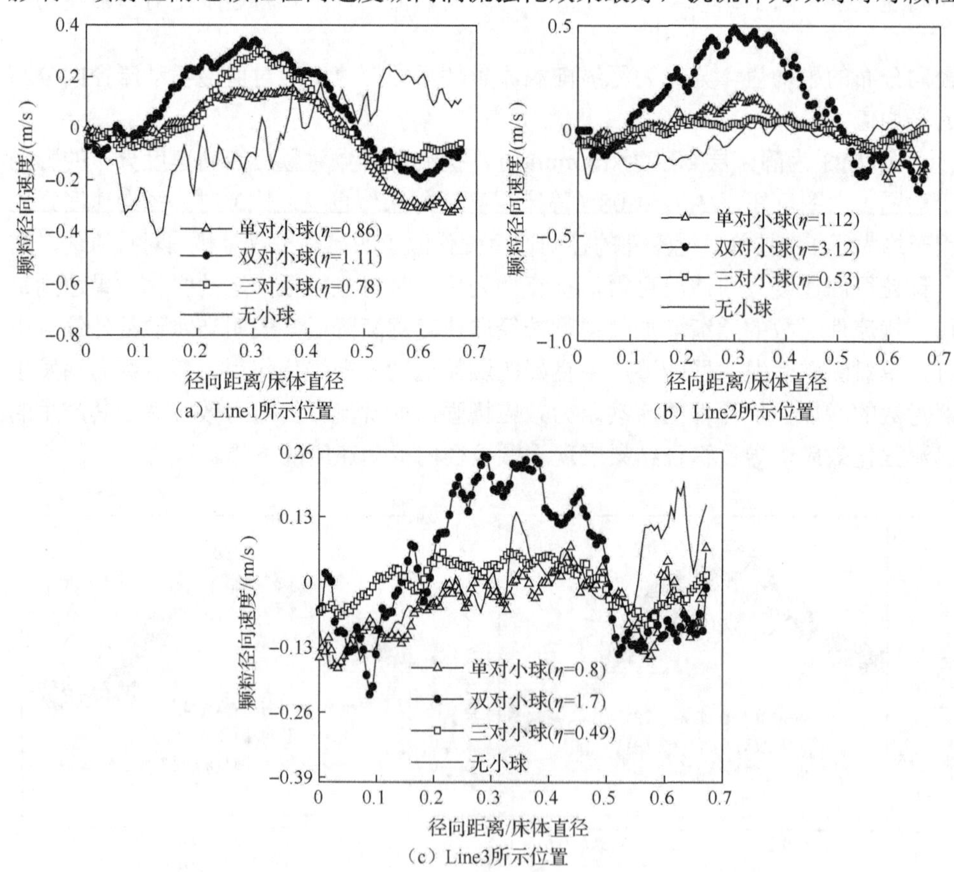

（a）Line1所示位置　（b）Line2所示位置

（c）Line3所示位置

图 2-24　扰流件对数对颗粒径向速度分布的影响（H_0/D=1.28）

径向运动整体强化效果最佳，在喷动床的喷射区三对小球对颗粒运动的整体强化效果优于单对小球，而在喷动床的环隙区单对小球对颗粒运动的强化效果优于三对小球。整体而言，当纵向涡发生器为双对时，对颗粒径向速度的强化效果最好，表明随着颗粒处理量的增加，多对纵向涡发生器的颗粒径向运动强化作用逐渐得到体现，但一味地增加纵向涡发生器的对数必然会导致颗粒流动阻力的迅速增加，对颗粒的整体运动产生不利影响。

进一步分析静床层高度为 225mm 时，扰流件对数对颗粒径向速度分布的影响，结果如图 2-25 所示。在喷射区三对小球对颗粒径向速度的强化效果优于单对和双对，而在环隙区单对小球的颗粒径向速度值最大。这是因为静床层高度所在的位置即三对小球所处的高度，三对小球对喷射区上升的颗粒产生扰动使其径向速度局部增大，且颗粒所受到的阻力也随着小球对数的增加而增大，故扰流件为单对时环隙区颗粒径向速度最大。

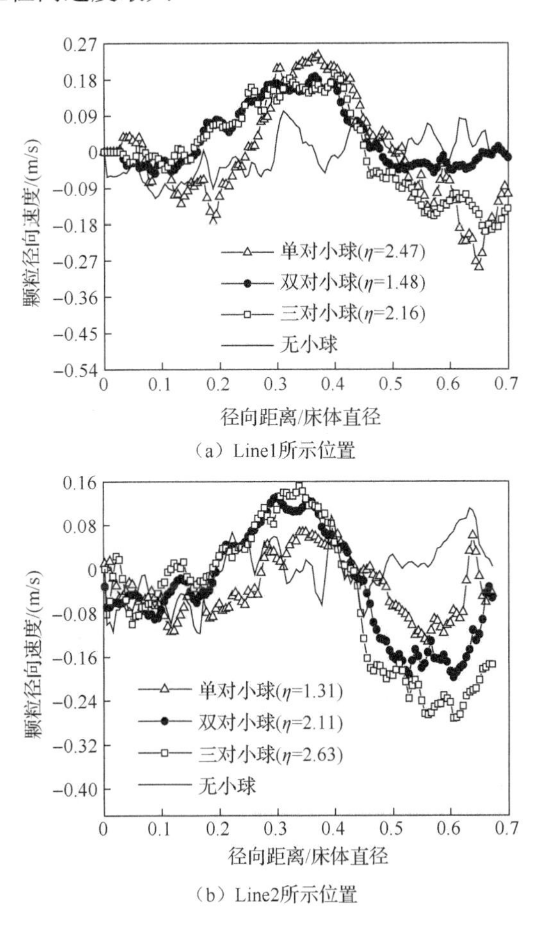

(a) Line1所示位置

(b) Line2所示位置

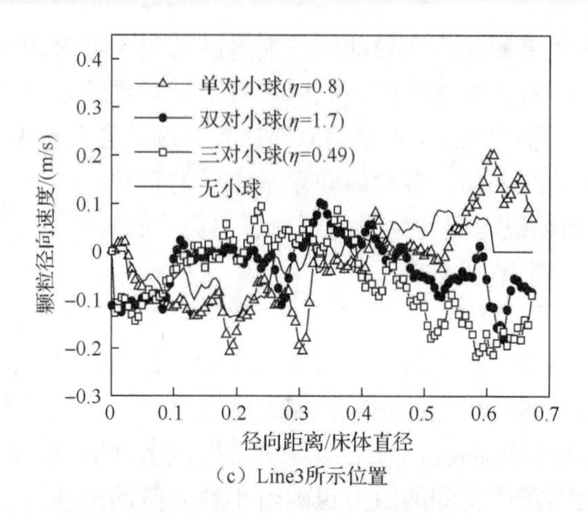

（c）Line3所示位置

图 2-25　扰流件对数对颗粒径向速度分布的影响（H_0/D=1.48）

静床层高度的变化使得纵向涡发生器对床内颗粒运动的强化存在不均匀性，随着静床层高度的增加，即颗粒整体数量的增加，多对（三对）纵向涡发生器对喷动床内整体颗粒径向速度的强化作用逐渐增加，即在颗粒处理量较大的情况下，多对纵向涡发生器对喷动床内颗粒运动具有更好的综合效应。

4. 颗粒直径对喷动床颗粒运动影响

进一步分析颗粒直径对带纵向涡发生器喷动床内颗粒运动的影响，在相同的密度下选取平均粒径不同的玻璃珠进行实验对比分析，图 2-26、图 2-27 分别给出了不同颗粒直径对横截面内颗粒径向速度矢量的影响和不同颗粒直径对颗粒径向速度分布的影响。进一步对喷动床内颗粒运动进行定量分析，分别对无纵向涡发生器及有纵向涡发生器时颗粒直径不同的情况下三条线上的颗粒径向速度的绝对值进行平均及对比，图 2-28 为不同颗粒直径下颗粒径向速度强化因子对比情况。

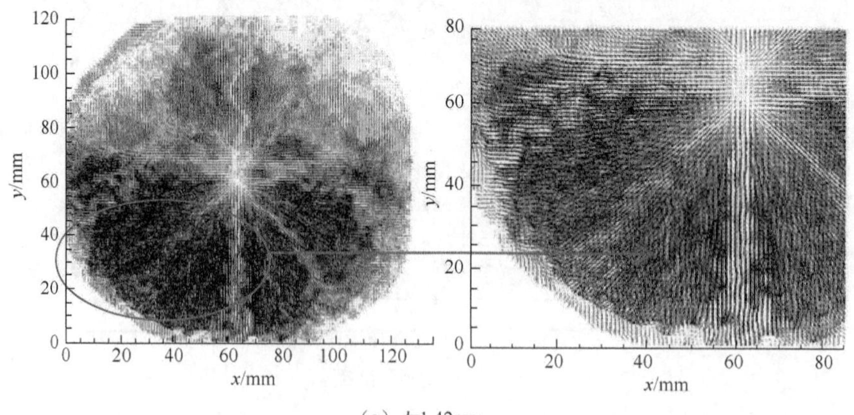

（a）d=1.42mm

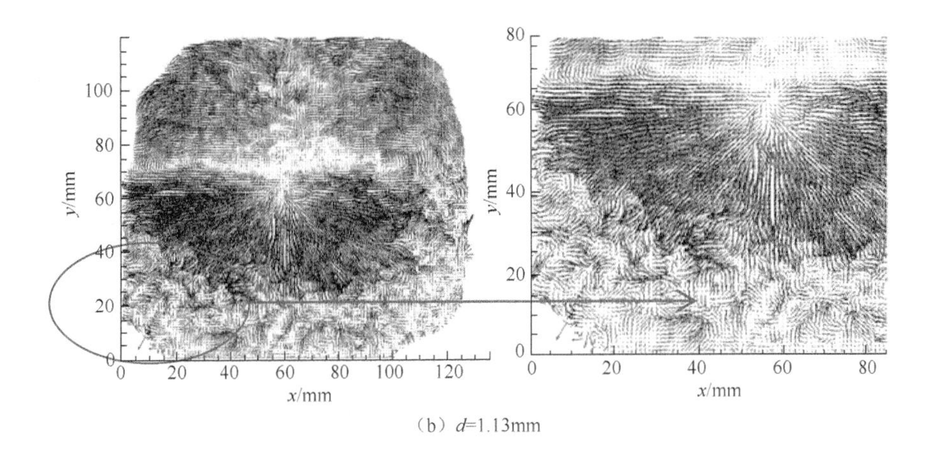

（b）d=1.13mm

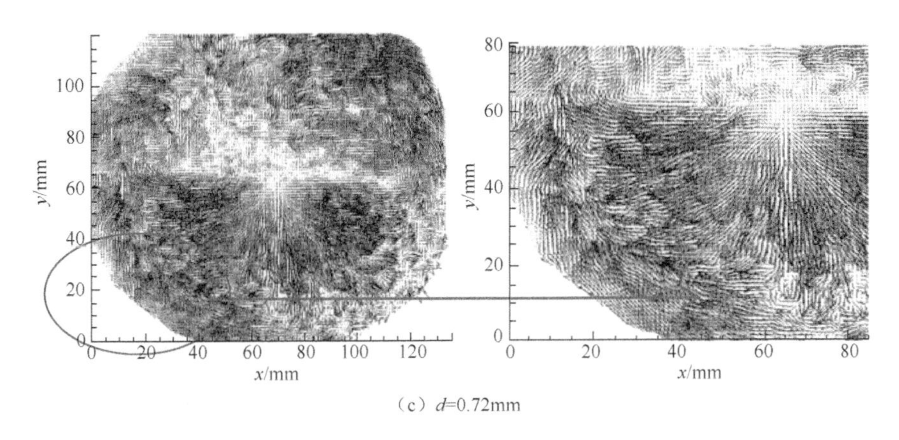

（c）d=0.72mm

图 2-26　不同颗粒直径对横截面内颗粒径向速度矢量的影响

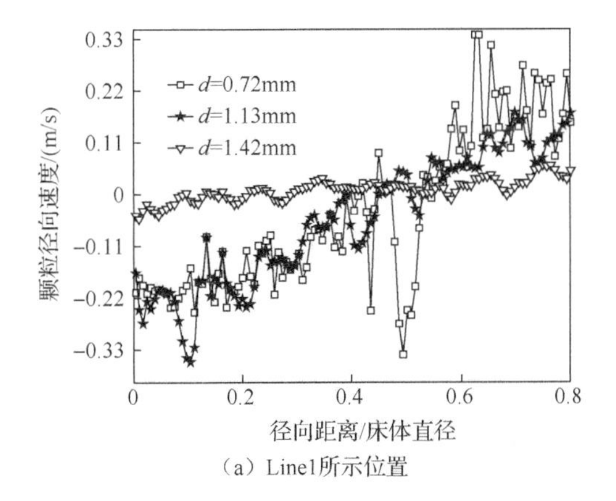

（a）Line1所示位置

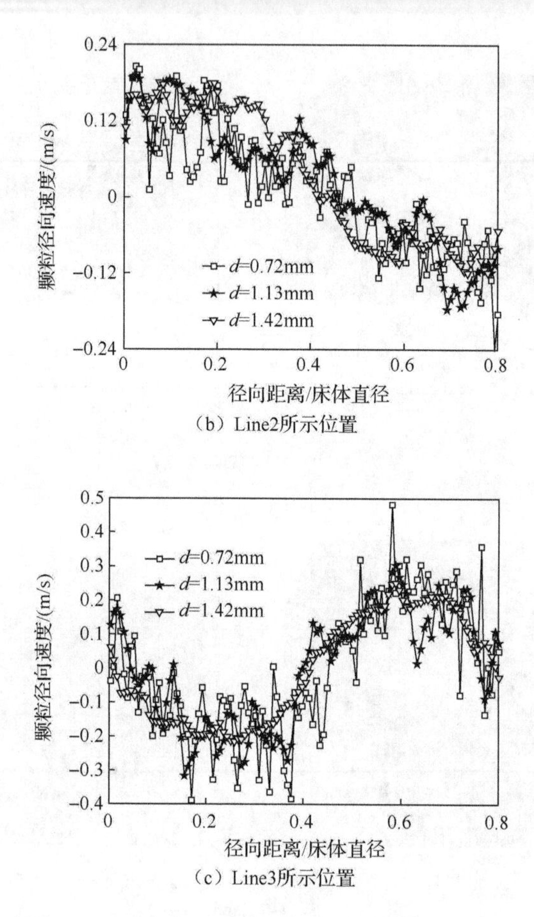

（b）Line2所示位置

（c）Line3所示位置

图 2-27　不同颗粒直径对颗粒径向速度分布的影响

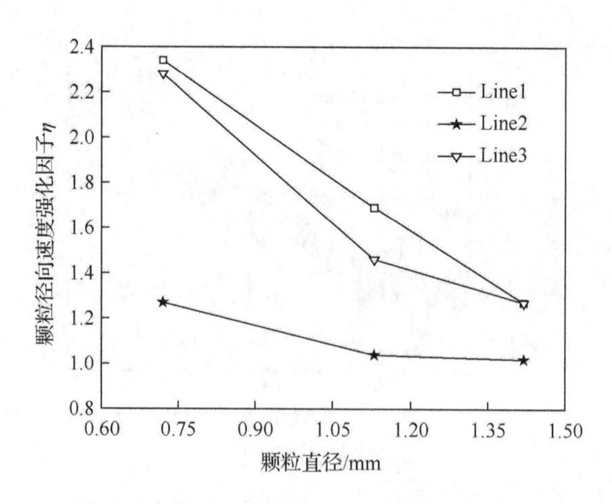

图 2-28　不同颗粒直径对颗粒径向速度强化因子的影响

由图可知，不同颗粒直径的颗粒径向速度强化因子均大于等于 1，平均直径为 0.72mm 时颗粒径向运动强化效果最好，且在喷动床稳定喷动范围内颗粒直径越小，产生纵向涡流的效果越显著，纵向涡流带动颗粒运动的效果越佳。这是因为随着颗粒直径的减小，一方面，颗粒的表面积增大，在相同气体速度下，气体对单位质量颗粒的作用力增大；另一方面，颗粒质量及其运动惯性力随着颗粒直径的减小而降低，从而导致气体带动颗粒运动的涡流效应增强。

2.4 多喷嘴喷动-流化床内气固两相流 PIV 实验

2.4.1 多喷嘴喷动-流化床实验设备介绍

多喷嘴喷动-流化床：自制的多喷嘴柱锥形喷动床，喷动床的床体直径为 152mm，床高为 700mm，底部倒锥角为 60°，气体的主喷嘴直径为 24mm，侧喷嘴开孔直径为 4mm。实验喷动床及多喷嘴结构示意图如图 2-29 所示[7]。

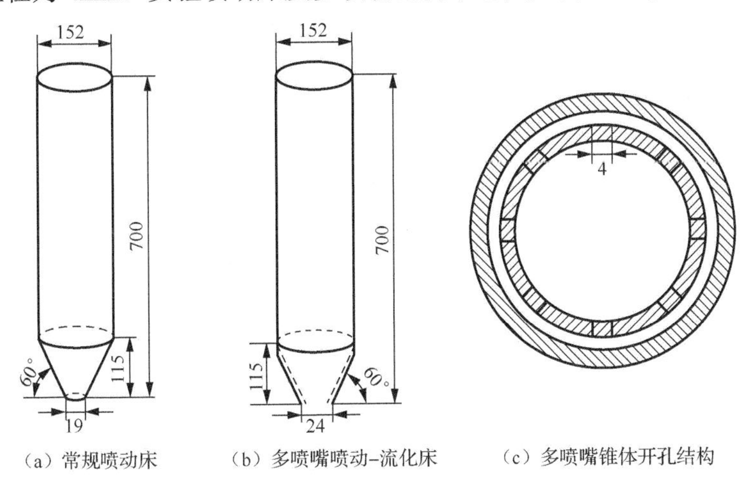

（a）常规喷动床　（b）多喷嘴喷动-流化床　（c）多喷嘴锥体开孔结构

图 2-29 实验喷动床及多喷嘴结构示意图（单位：mm）

2.4.2 多喷嘴喷动-流化床实验设计

实验分为以下三组进行。

第一组：研究常规喷动床与三维整体式多喷嘴喷动-流化床对床层内颗粒径向运动轨迹的影响。

第二组：在开有侧喷嘴反应器的前提下，研究不同的静床层高度对床层内颗粒径向运动轨迹的影响。

第三组：在开有侧喷嘴反应器的前提下，研究不同的颗粒直径对床层内颗粒径向运动轨迹的影响。

具体工况见表 2-7～表 2-9。

表 2-7 第一组实验工况

种类	颗粒直径/mm	静床层高度/mm	颗粒密度/（kg/m^3）	入口气速/（L/min）
常规喷动床	0.72	180	2200	380
多喷嘴喷动-流化床	0.72	180	2200	380

表 2-8 第二组实验工况

静床层高度/mm	颗粒密度/（kg/m^3）	颗粒直径/mm	入口气速/（L/min）
165	2200	0.72	380
195	2200	0.72	380
225	2200	0.72	380

表 2-9 第三组实验工况

颗粒直径/mm	静床层高度/mm	颗粒密度/（kg/m^3）	入口气速/（L/min）
0.57	180	2200	380
0.72	180	2200	380
1.13	180	2200	380
1.42	180	2200	380

2.4.3 结果分析及讨论

1. 不同结构喷动床对床内颗粒速度的影响

利用 PIV 实验装置分别对常规喷动床与多喷嘴喷动-流化床的颗粒径向速度进行测量分析，通过激光数据采集器着重研究喷动床横截面内三条线上的颗粒运动情况。图 2-30 为两种喷动床横截面内颗粒径向速度矢量图对比。由图可知，多喷嘴喷动-流化床的中心处颗粒的聚团明显比常规喷动床小，说明侧喷嘴的气体分流作用能够有效地加强喷射区和环隙区颗粒与气体的横向混合。

为了更加准确地分析出喷动床横截面内颗粒径向运动对床层内颗粒流动状态的影响，定量地分析了三条线上颗粒的径向速度。多喷嘴结构的应用，使喷动床内出现了气体、颗粒横向运动的情况，进而破坏了原有床层锥体区颗粒堆积状态。分别在床体喷泉区与环隙区取三条线，如图 2-10 所示，将这三条线上的颗粒径向

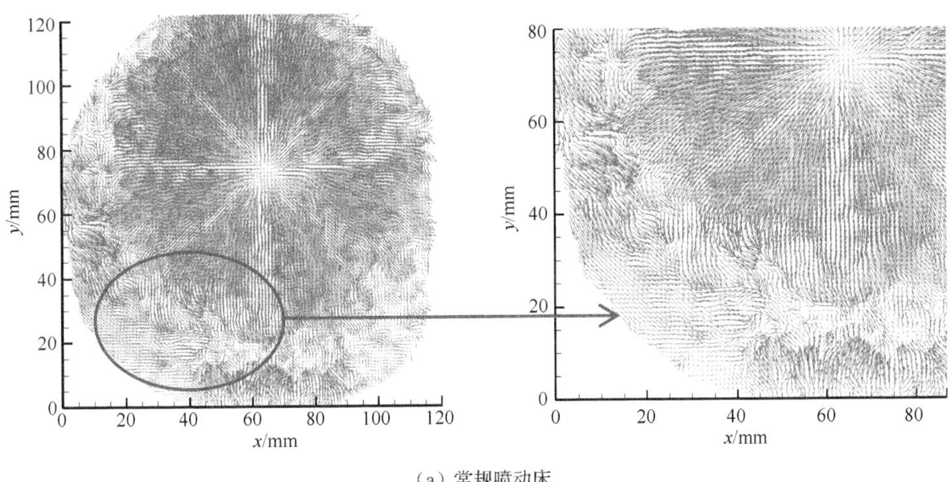

（a）常规喷动床

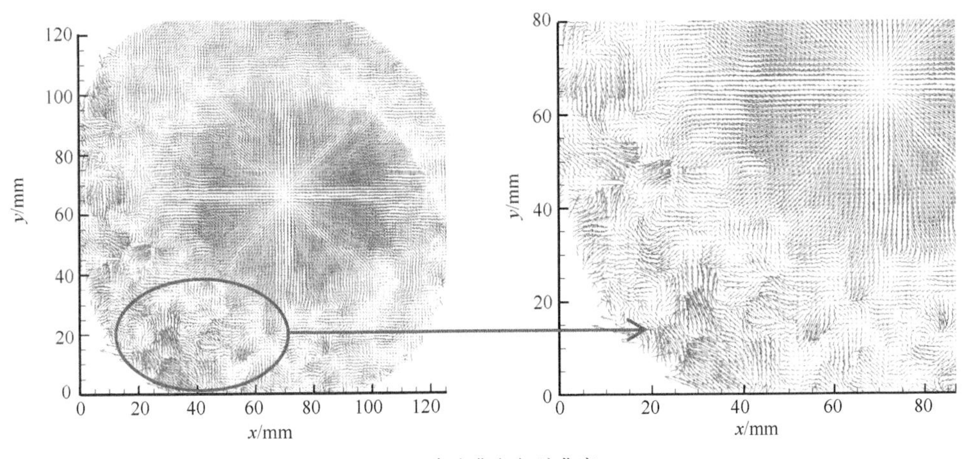

（b）多喷嘴喷动–流化床

图 2-30　两种喷动床横截面内颗粒径向速度矢量图对比

速度值进行对比分析。图 2-31 为三条线上两种喷动床横截面内颗粒径向速度测量值的对比。由图可知，颗粒径向速度在床体中心随着径向距离的增大呈现出先增大后减小的趋势，床体中心喷泉区多喷嘴喷动–流化床的颗粒径向速度明显比常规喷动床大，说明侧喷嘴气体的流化作用能够有效地加强环隙区颗粒与喷射区气体的横向混合，强化了锥体区的颗粒运动，使得颗粒径向速度明显增大。多喷嘴喷动–流化床强化规律与从图 2-30 所得到的颗粒径向速度矢量分布规律基本吻合，说明了该实验数据的可靠性。

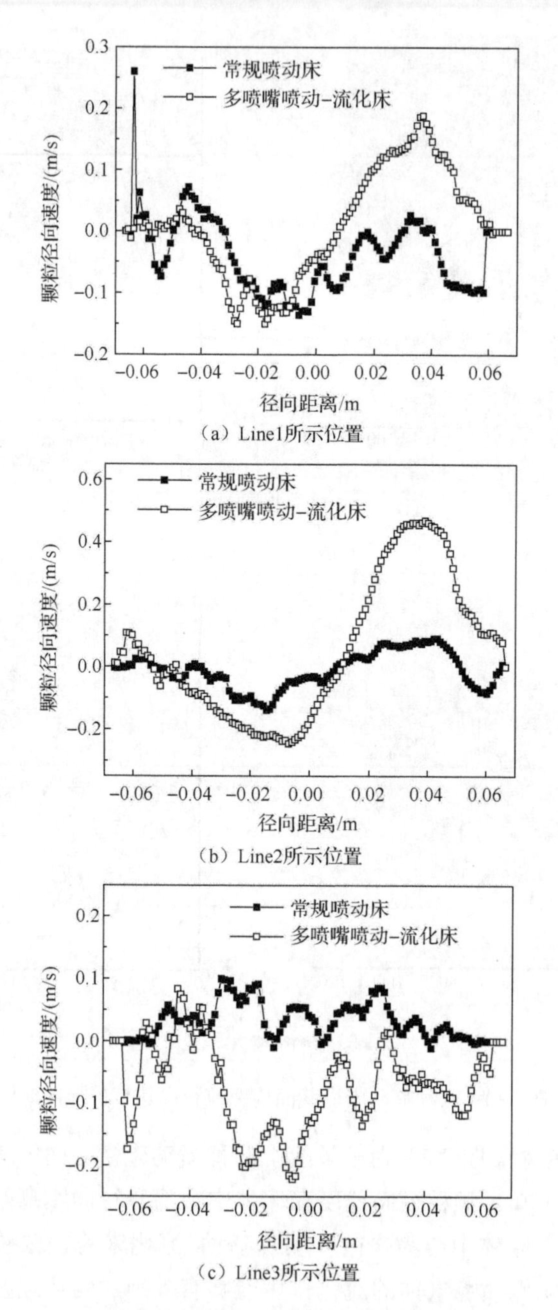

（a）Line1所示位置

（b）Line2所示位置

（c）Line3所示位置

图 2-31　两种喷动床横截面内颗粒径向速度测量值的对比

2. 静床层高度对多喷嘴喷动-流化床内颗粒速度的影响

进一步分析静床层高度对多喷嘴喷动-流化床内颗粒运动的影响，在保持数据采集横截面高度为 230mm 不变，颗粒直径为 0.72mm 的情况下，分析不同静床层高度（165mm、195mm、225mm）对多喷嘴喷动-流化床内颗粒运动的影响。图 2-32

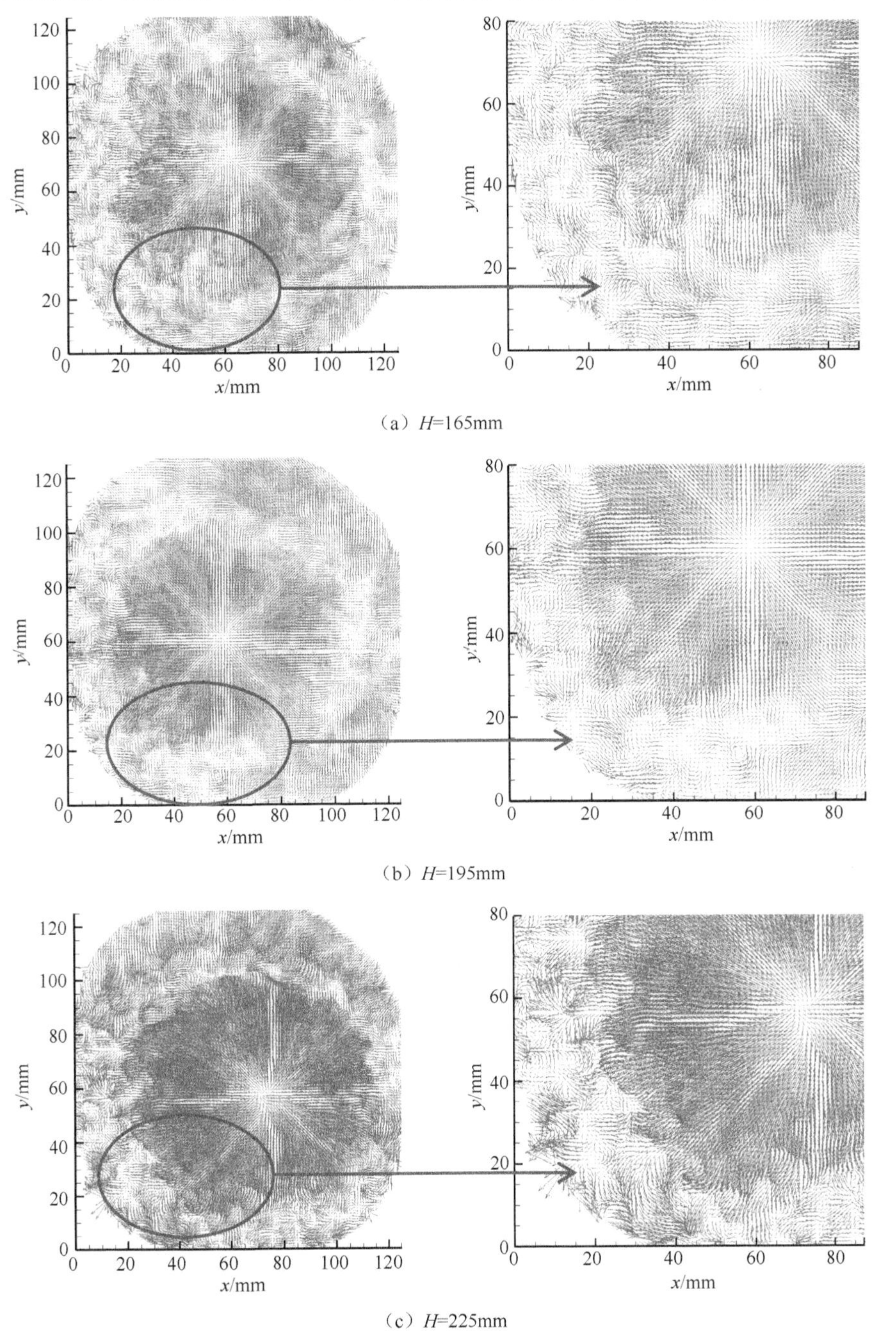

图 2-32　不同静床层高度对多喷嘴喷动-流化床横截面内颗粒径向速度矢量分布影响

为不同静床层高度对多喷嘴喷动-流化床横截面内颗粒径向速度矢量分布影响，由图可知，随着静床层高度的增加，喷泉区中心处颗粒与气体的流动接触逐渐减弱，床体中心颗粒逐渐密集。

图 2-33 为不同静床层高度对多喷嘴喷动-流化床横截面内颗粒径向速度分布影响，由图可知，颗粒径向速度随着静床层高度的增加呈现逐渐减小的趋势，说明静床层高度增大，颗粒的处理量增加，气体带动颗粒向上运动的能力逐渐减弱，当颗粒的处理量较小时，多喷嘴结构能够有效流化环隙区的颗粒堆积。当颗粒的静床层高度为 195mm 时，颗粒径向速度值的变化较为显著，说明在多喷嘴结构下存在最佳的颗粒处理量。总之，随着颗粒处理量的增加，气体带动颗粒向上运动的能力逐渐减弱，当颗粒处理量较小时，多喷嘴结构能够产生良好的颗粒运动径向强化作用。

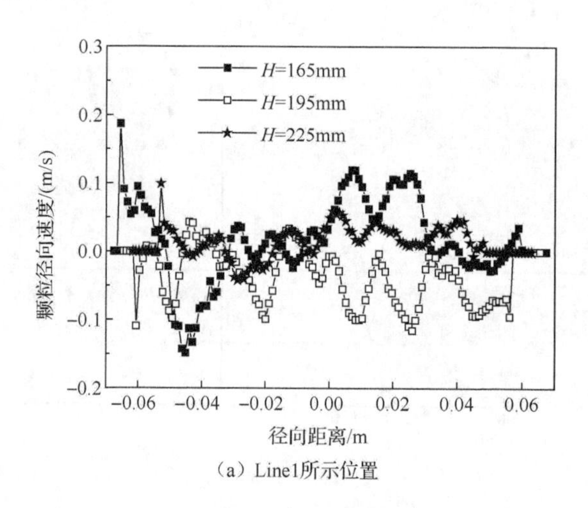

（a）Line1所示位置

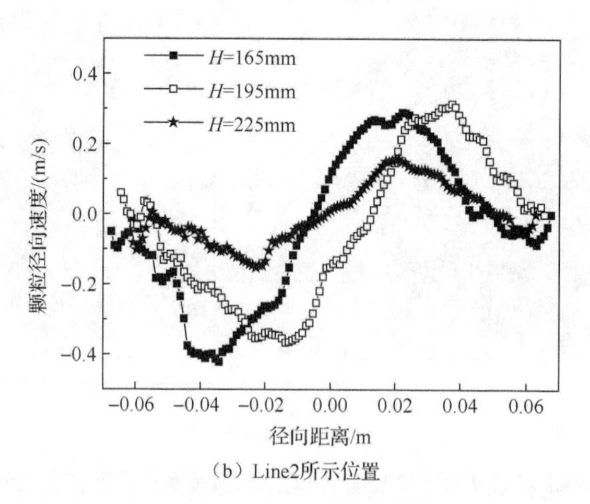

（b）Line2所示位置

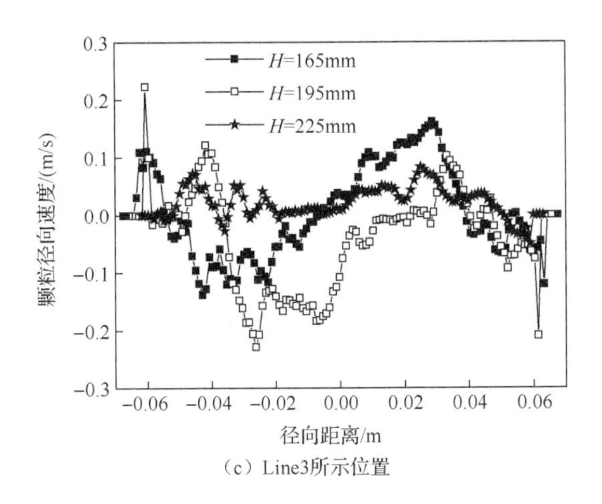

（c）Line3所示位置

图 2-33　不同静床层高度对多喷嘴喷动-流化床横截面内颗粒径向速度分布影响

3. 颗粒直径对多喷嘴喷动-流化床内颗粒速度的影响

为了验证多喷嘴喷动-流化床反应器结构的广度与适用性，进一步分析颗粒直径对多喷嘴喷动-流化床内颗粒速度的影响，在相同的颗粒密度和静床层高度下，选取不同的颗粒直径进行实验对比。图 2-34 给出了不同颗粒直径对多喷嘴喷动-流化床横截面内颗粒径向速度矢量分布影响。由图可知，平均直径为 0.72mm 时颗粒径向运动强化效果最好，且在多喷嘴喷动-流化床稳定喷动范围内颗粒直径越小，床体内颗粒与气体流动接触的效果越显著，带动颗粒运动效果越佳。

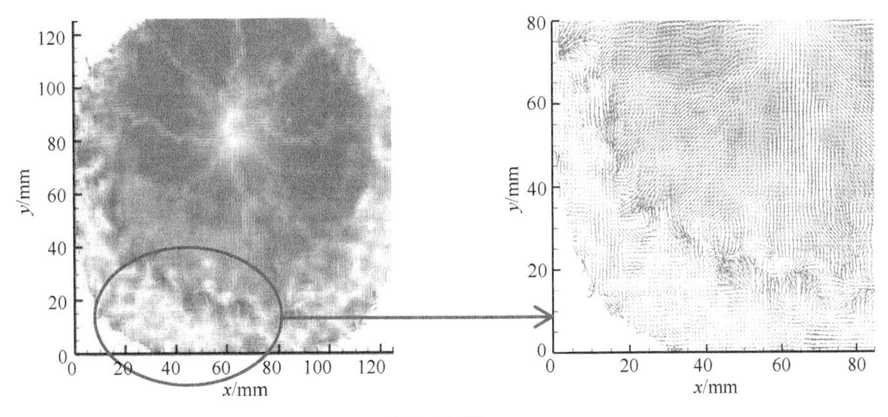

（a）d=0.57mm

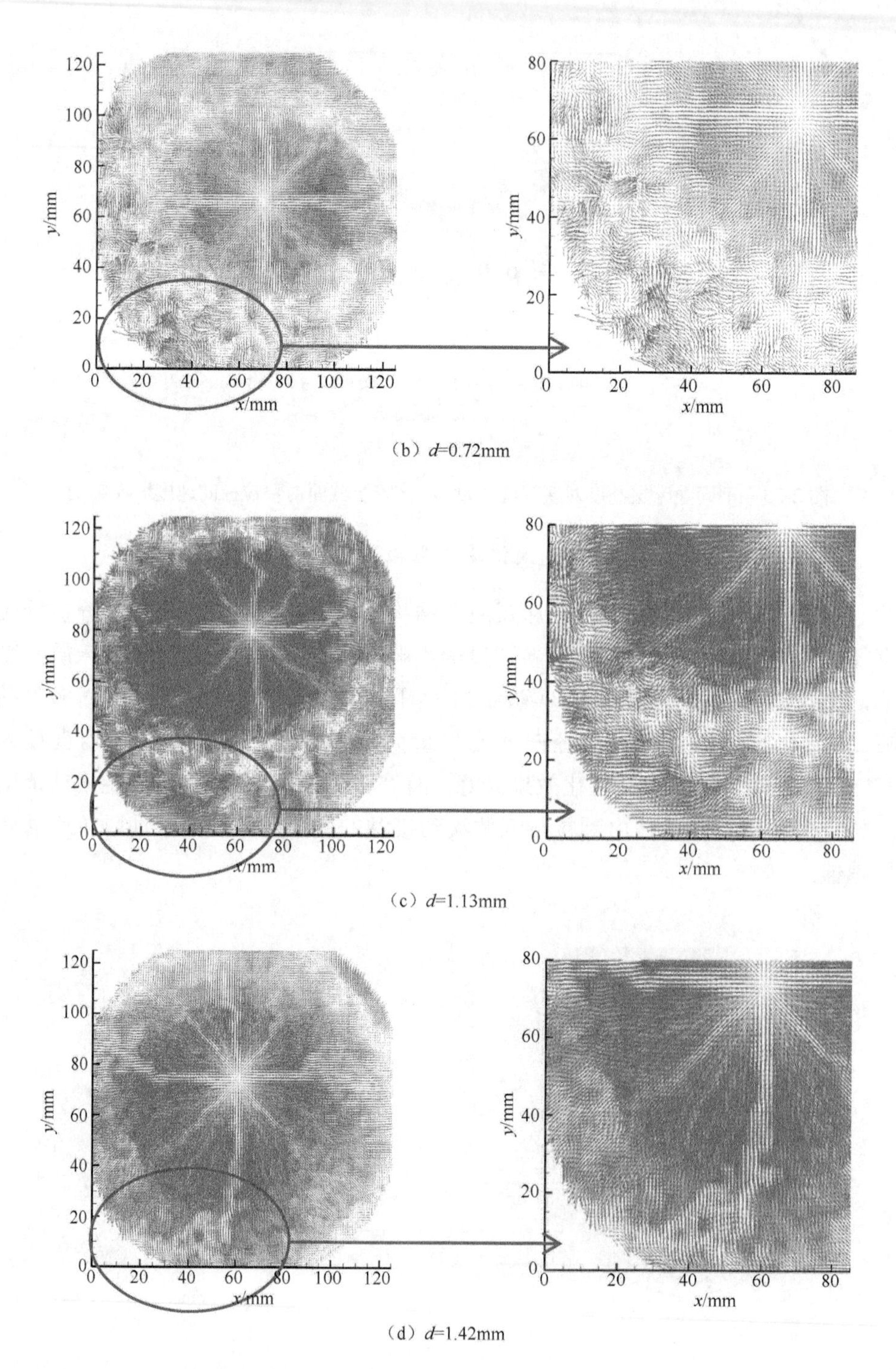

（b）d=0.72mm

（c）d=1.13mm

（d）d=1.42mm

图 2-34　不同颗粒直径对多喷嘴喷动-流化床横截面内颗粒径向速度矢量分布影响

图 2-35 给出了不同颗粒直径对喷动床横截面内颗粒径向速度分布影响，由图可知，第二条线下，颗粒直径为 0.72mm 时颗粒径向速度值明显高于其他颗粒直径下速度值，并且呈现先增大后减小的规律。这说明随着颗粒直径的减小，一方面，颗粒的表面积增大，在相同气体速度下，气体对单位质量颗粒的作用力增大；另一方面，颗粒质量及其运动惯性力随着颗粒直径的减小而降低。总之，直径越小的颗粒带动气体与颗粒横向混合运动能力越强，颗粒径向速度矢量的分布与颗粒径向速度值的对比分析越一致，定量地说明了该实验数据的可靠性。

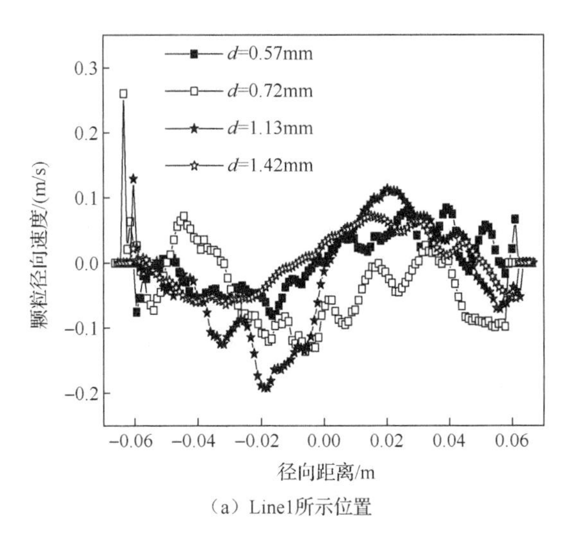

（a）Line1所示位置

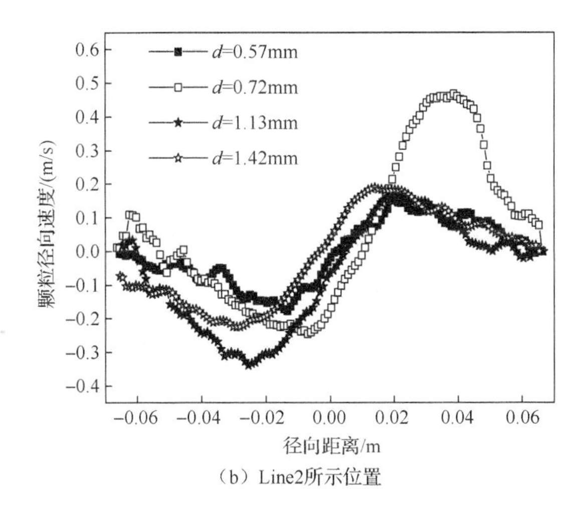

（b）Line2所示位置

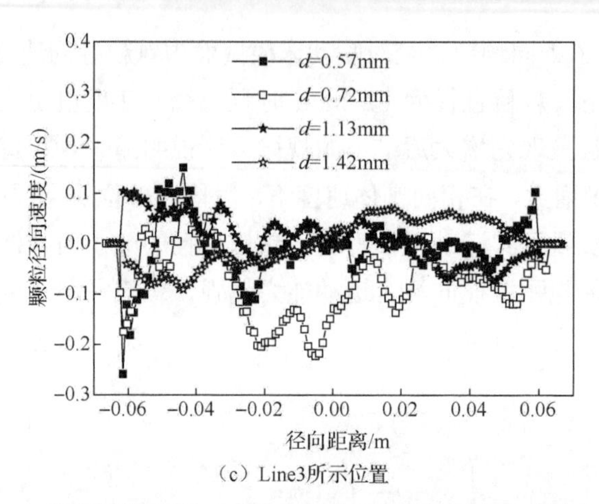

（c）Line3所示位置

图 2-35　不同颗粒直径对喷动床横截面内颗粒径向速度分布影响

2.5　旋流器喷动床内气固两相流 PIV 实验

2.5.1　旋流器喷动床实验设备介绍

实验用喷动床结构示意图如图 2-36 所示。

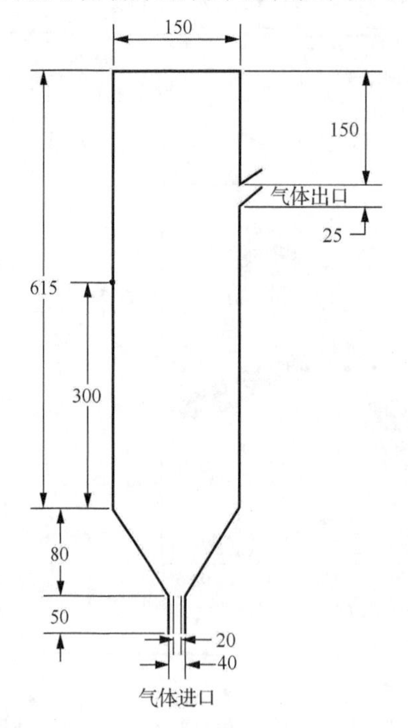

图 2-36　实验用喷动床结构示意图（单位：mm）

考虑到 PIV 技术需要标记物颗粒进行示踪，从而确定流场分布状况的特点，喷动颗粒选用颗粒直径 d 为 0.72mm、1.13mm、1.42mm 的高反光性石英砂。本小节着眼于传统喷动床内喷动流化时较大的进口气相流量，在气体入口处安装一个旋流器，如图 2-37 所示[8]。

图 2-37　喷动床旋流器

2.5.2 旋流器喷动床实验设计

实验中气体入口流量为 400L/min，所取数据采集横截面高度 H（所测横截面距入口喷嘴高度）为 230mm，纵截面为中心 76mm 处。探究颗粒直径对床内颗粒运动的影响规律时，设置静床层高度 H_0 为 165mm 的旋流器喷动床。探究不同静床层高度下，床内颗粒运动规律时，选用颗粒直径为 1.13mm 的玻璃砂。当床内喷动达到稳定状态时，利用 PIV 捕捉和记录喷射区、环隙区颗粒运动情况，并用 Dynamic Studio 软件对测量结果进行处理分析，获得运动颗粒的径向速度分布。

2.5.3 结果分析及讨论

1. 颗粒直径对喷动床颗粒运动的影响

利用 PIV 实验装置对颗粒直径不同时旋流器喷动床内喷动状态进行测量，如图 2-38 所示。

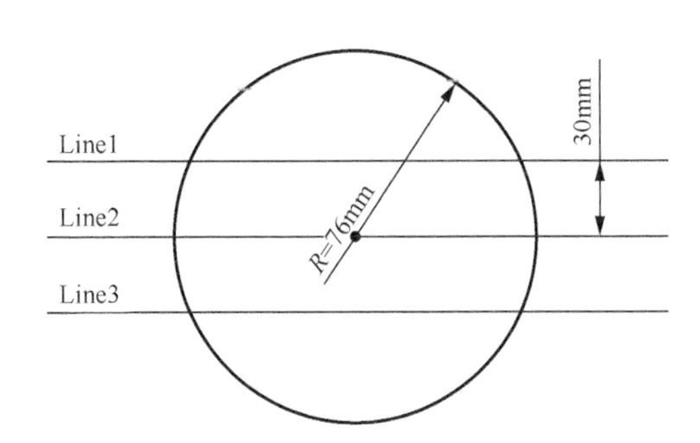

图 2-38　旋流器喷动床横截面内颗粒径向速度选取位置

图 2-39 为数据采集横截面高度 230mm、静床层高度 165mm、气速 400L/min 下 0.72mm、1.13mm、1.42mm 直径的颗粒径向速度矢量图。由矢量数目的变化可知，随着颗粒直径的增大，喷泉区颗粒体积分数逐渐减小。

总体看来，图 2-40 中 Line1、Line2、Line3 上颗粒径向速度随着颗粒直径的增大而减小；随着横截面位置向背离圆心的方向偏移，颗粒径向速度的变化也会减弱。

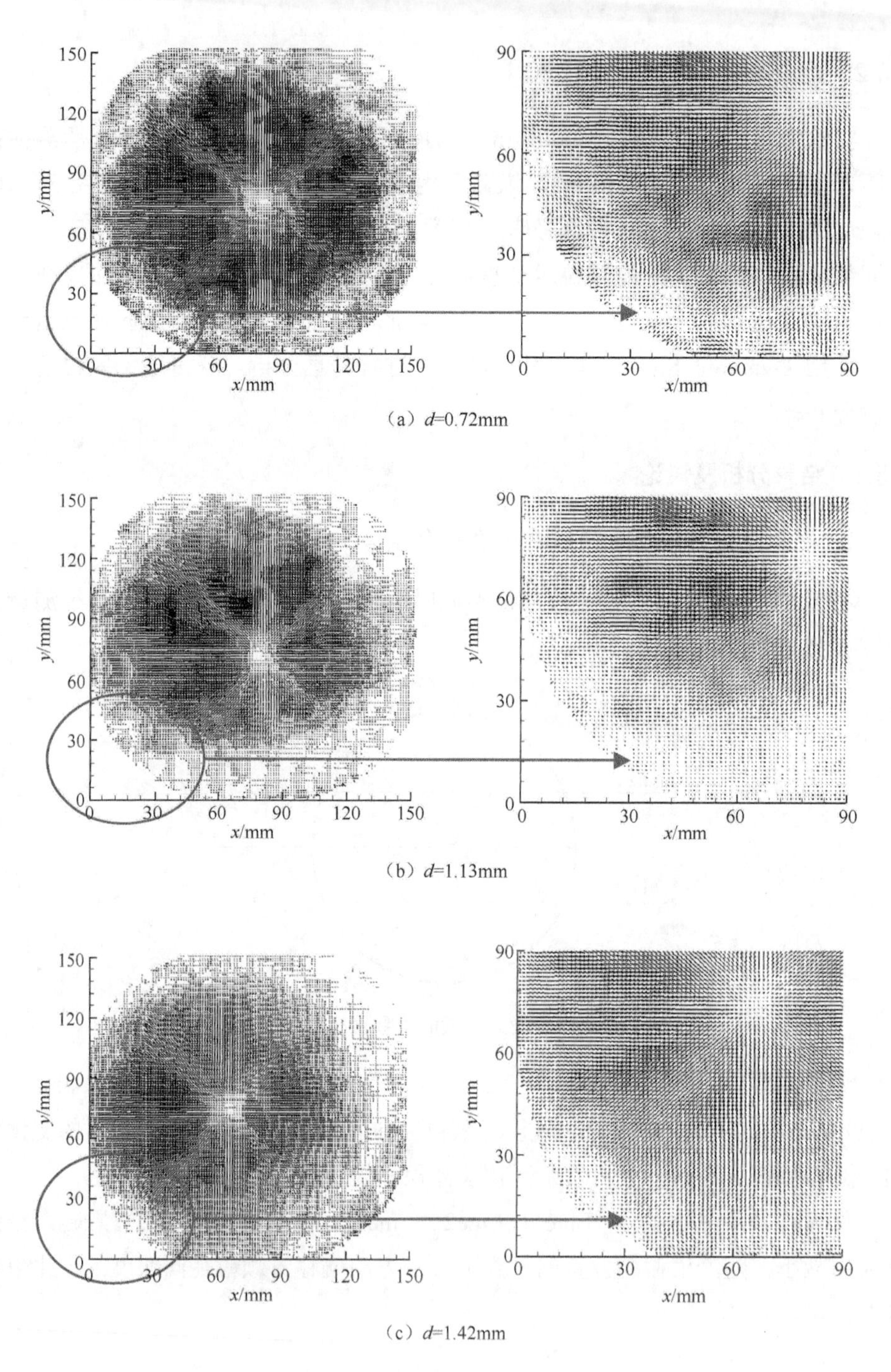

（a）d=0.72mm

（b）d=1.13mm

（c）d=1.42mm

图 2-39　旋流器喷动床横截面内颗粒径向速度矢量图

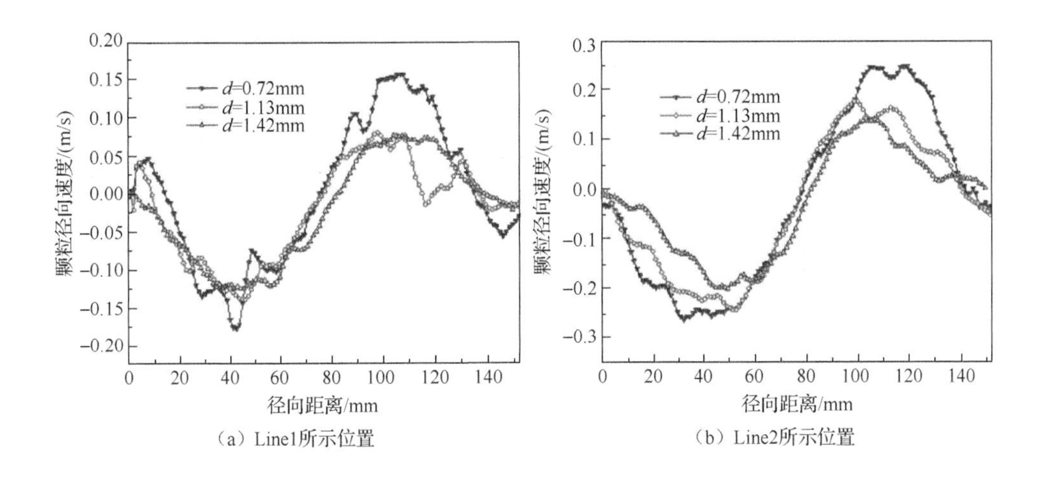

（a）Line1所示位置　　（b）Line2所示位置

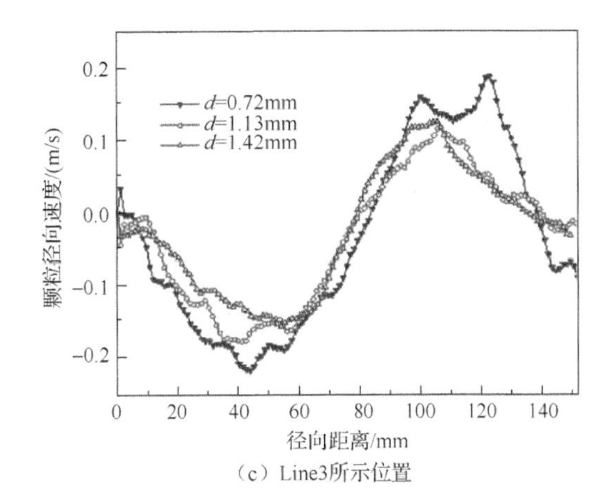

（c）Line3所示位置

图 2-40　颗粒直径对颗粒径向速度分布的影响

2. 不同静床层高度对旋流器喷动床内颗粒运动的影响

保持数据采集横截面高度为 230mm、颗粒直径为 1.13mm、气速为 400L/min 不变，分析不同静床层高度（135mm、165mm、195mm）对喷动床内颗粒运动的影响。图 2-41 为旋流器喷动床横截面内颗粒径向速度矢量图，由图可知，随着静床层高度的增加，旋流器喷动床喷射区逐渐减小，表现为矢量图中速度矢量数目的减少，即图中喷射区颜色由深入浅。图 2-42 为不同静床层高度对颗粒径向速度分布的影响，由图可见，随着静床层高度的增加，颗粒径向速度的绝对值呈整体下降趋势。

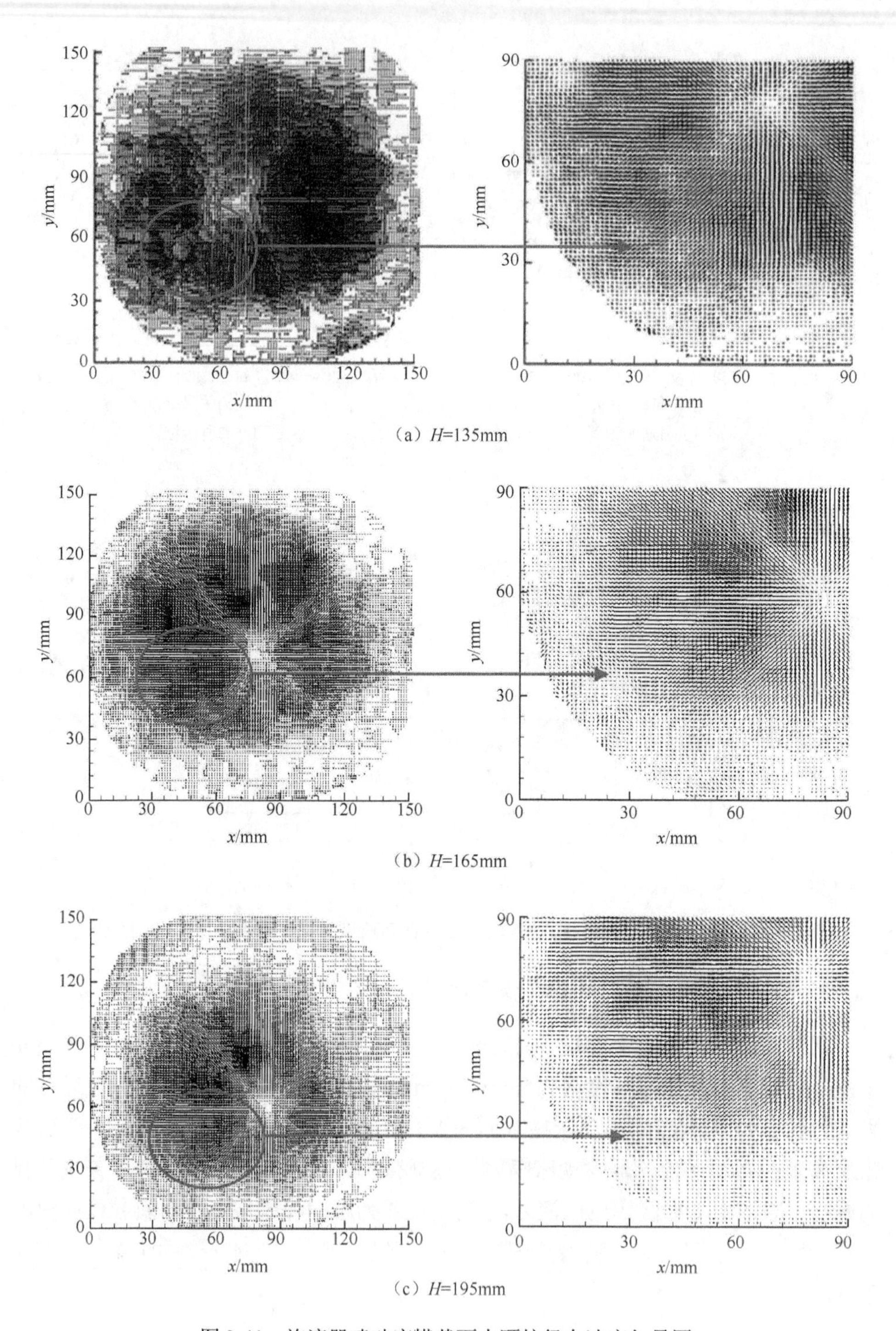

图 2-41　旋流器喷动床横截面内颗粒径向速度矢量图

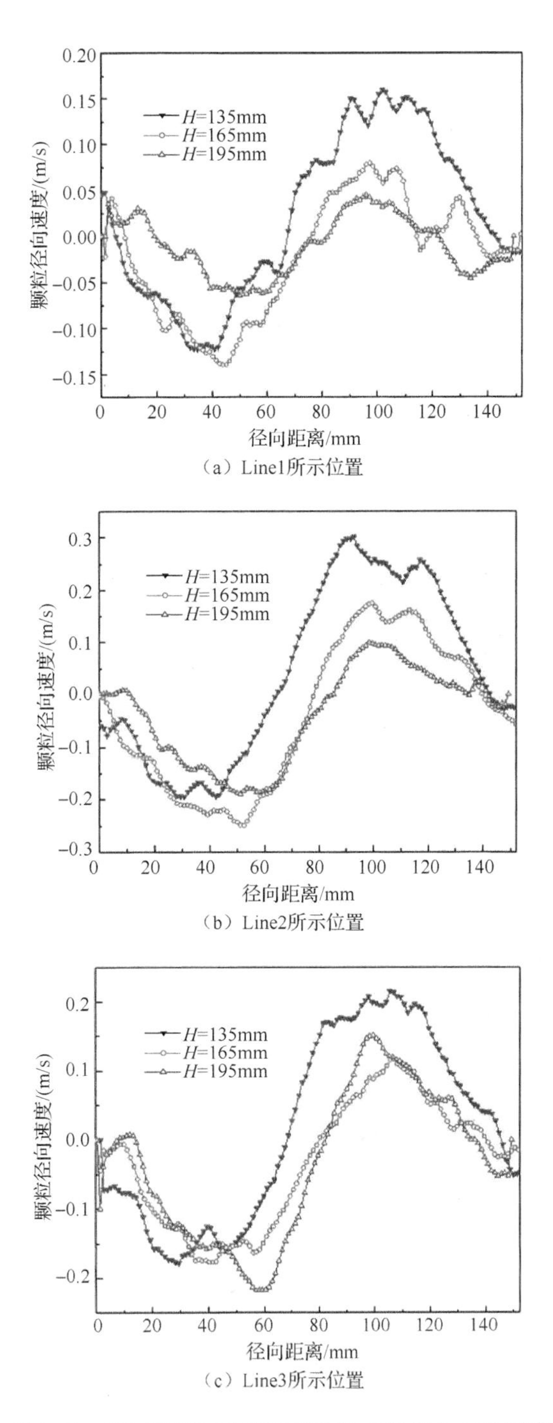

（a）Line1所示位置

（b）Line2所示位置

（c）Line3所示位置

图 2-42　不同静床层高度对颗粒径向速度分布的影响

3. 不同床结构对旋流器喷动床内颗粒运动的影响

图 2-43 为不同结构喷动床横截面内颗粒径向速度矢量图。由图 2-43 可知，相比于常规喷动床，旋流器喷动床喷射区附近颗粒分布更加均匀，径向运动得到了整体强化。

图 2-44 为不同床结构对颗粒径向速度分布的影响。整体而言，当常规喷动床加装旋流喷口后，颗粒径向速度得到极大增强，且高速颗粒分布范围显著扩大。图 2-45 显示，相比于常规喷动床内颗粒在径向上较快变化的速度梯度，旋流器喷动床内颗粒的径向速度变化更为平缓，其径向速度变化也更为规律。

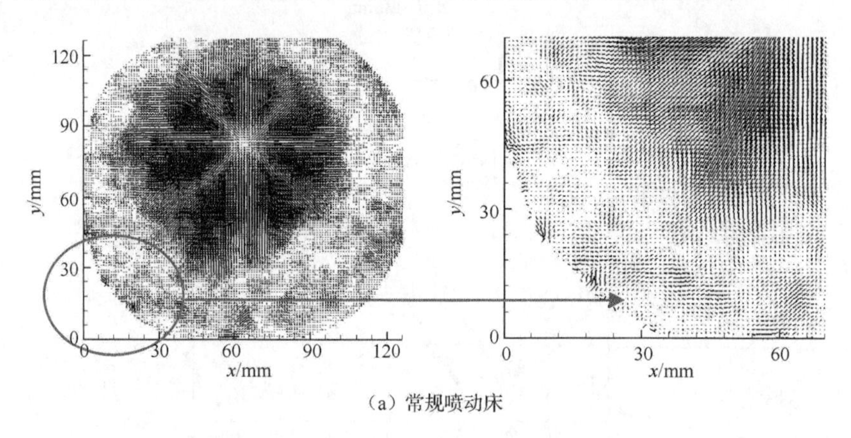

（a）常规喷动床

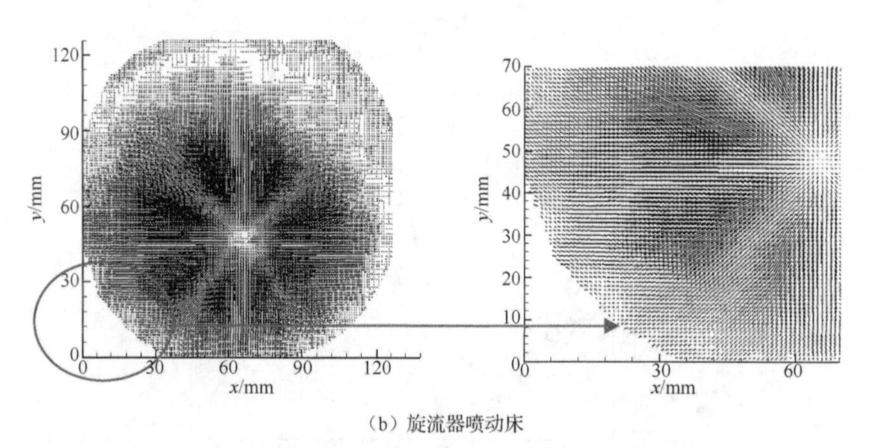

（b）旋流器喷动床

图 2-43　不同结构喷动床横截面内颗粒径向速度矢量图

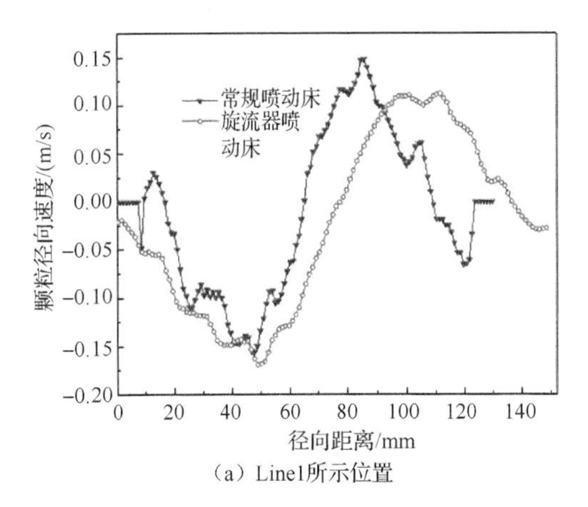

（a）Line1所示位置

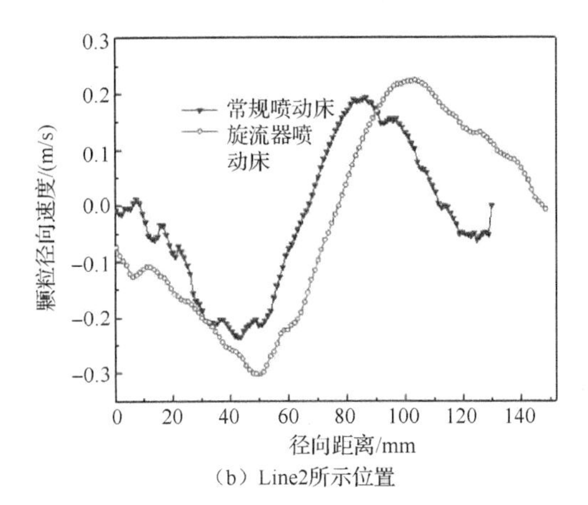

（b）Line2所示位置

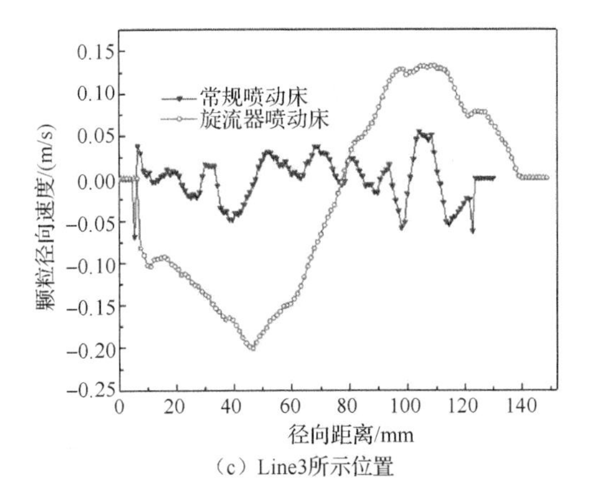

（c）Line3所示位置

图 2-44　不同床结构对颗粒径向速度分布的影响

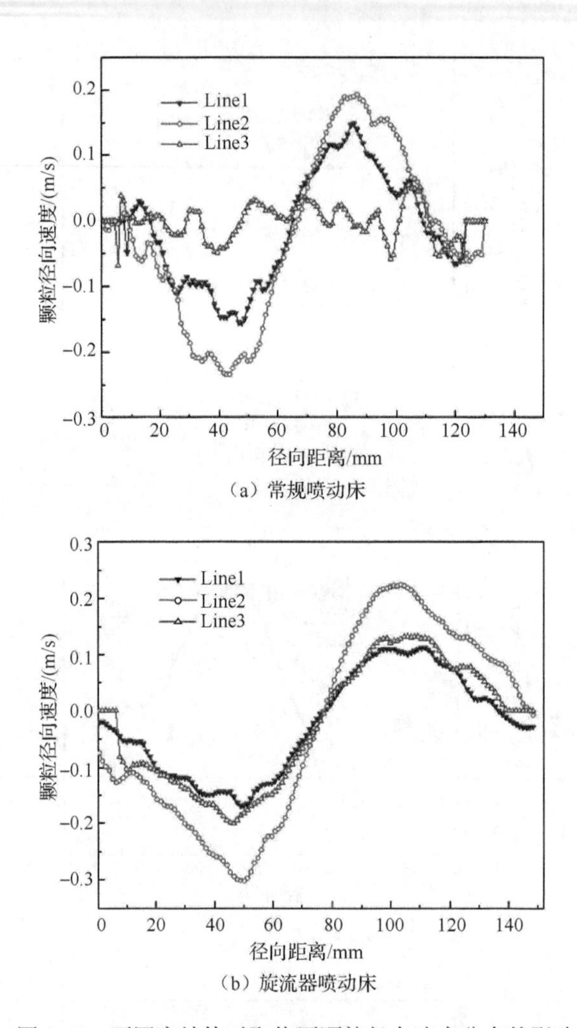

（a）常规喷动床

（b）旋流器喷动床

图 2-45 不同床结构对取值面颗粒径向速度分布的影响

参 考 文 献

[1] ADRIAN R J. Particle image technique for experimental fluid mechanics[J]. Annual Review of Fluid Mechanics, 1991(23): 261-304.

[2] 柳冠青, 李水清, 赵香龙. 二维喷动床颗粒流动的脉动特性实验研究[J]. 工程热物理学报, 2007, 28(3): 515-518.

[3] ATIBENI R A A, GAO Z, BAO Y. PIV investigation of liquid flow field in off-centered shaft stirred tanks with floating particles[J]. International Journal of Chemical Reactor Engineering, 2011, 9(1): 413-422.

[4] 曹晓东. 客机座舱内空气流动特征 2D-PIV 实验研究[D]. 天津: 天津大学, 2015.

[5] 张凯, 董志勇, 赵文倩, 等. 三角孔多孔板下游空化流场的 PIV 剖析[J]. 水力发电学报, 2017, 36(10): 56-64.

[6] WU F, SHANG L Y, MA X X, et al. Experimental investigation on hydrodynamic behavior in a spouted bed with longitudinal vortex generators[J]. Advanced Powder Technology, 2019, 30(10): 2178-2187.

[7] WU F, YANG C L, CHE X X, et al. Numerical and experimental study of integral multi-jet structure impact on gas-solid flow in a 3D spout-fluidized bed[J]. Chemical Engineering Journal, 2020, 393(1): 124737, 2-14.

[8] DUAN H J, WU F, ZHAO S N, et al. Experimental investigation of swirl flow enhancement effect on particle drying process in a novel spouted bed[J]. Industrial and Engineering Chemistry Research, 2021, 60: 13562-13573.

第 3 章　不同结构喷动床干燥性能差异

3.1　喷动床干燥实验

3.1.1　喷动床干燥技术

喷动床干燥技术在实际应用时，传统方法是与热风干燥相结合[1]。在干燥较为粗大的颗粒时，喷动床表现出了非常优异的流化性能，气固之间接触面的增大极大地促进了两相之间的传质与传热，可以满足对热敏性物料的处理要求，其相较于传统的干燥设备有巨大优势。同时，在实际操作中可以方便快捷地调节喷动床的各操作参数，如进气量、物料处理量和停留时间等，从而确定不同物料的最佳操作条件。喷动床干燥也可以附加其他技术，如微波干燥[2-3]、红外干燥[4-5]等。当然，新型热源的加入也意味着其对喷动床反应器有更高的要求，因此本实验仍然选择热风干燥。

1．实验物料

实验物料颗粒：活性氧化铝（Al_2O_3）颗粒。活性氧化铝无毒、无臭，不粉化，不溶于水，密度 ρ=750kg/m^3，具有独特的骨架结构，微孔分布均匀且孔径大小适宜，吸水率高，机械性能好，稳定性良好，易吸潮而不潮解，可反复使用。图 3-1 展示了不同直径的氧化铝颗粒。

（a）颗粒直径为1mm

（b）颗粒直径为1.5mm

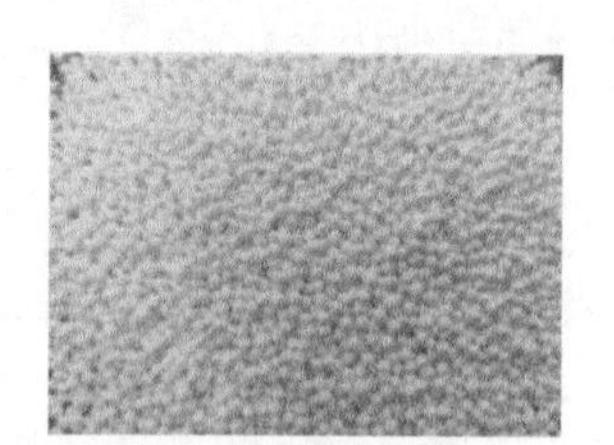
（c）颗粒直径为2mm

图 3-1　不同直径的氧化铝颗粒

2. 实验设备及装置

1）实验装置流程图

图 3-2 展示了整个干燥实验的装置流程，通过空气压缩机提供恒定流量的空气，经加热器加热得到恒定温度的干燥空气，气体经过流量计，在喷动床入口处经露点传感器（T_d）测定气体露点后，气体进入喷动床中。在干燥空气对湿润的氧化铝颗粒的曳力作用下，颗粒呈现稳定的三区流动现象，同时发生相间动量传递、质量传递及热量传递，在此作用下颗粒表面与颗粒内部的水分不断扩散至气流中，使得空气湿度增加，由出口处的温湿度传感器（T_1）监测出口空气温度与相对湿度。压力传感器 P_1 与 P_2 分别测量进口压力与出口压力，同时上述数据将通过采集板实时输入计算机终端，以便于数据记录与后续的实验分析。

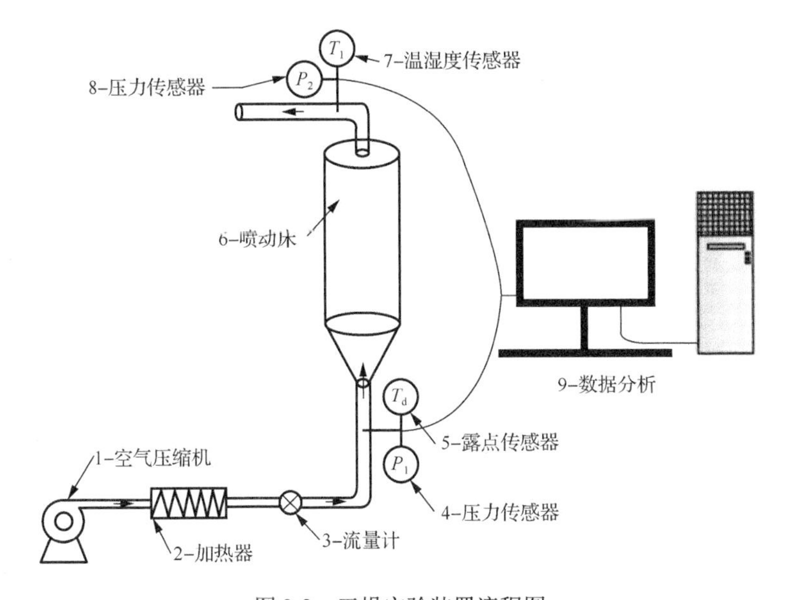

图 3-2　干燥实验装置流程图

2）喷动床结构尺寸参数

在常规喷动床的基础上对喷动床的结构加以改进，如加入旋流器、纵向涡发生器或多喷嘴等内构件可以改变常规喷动床内流体力学行为[6]，从而研究流体力学行为改变后喷动床内 D 类颗粒干燥性能的差异。四种喷动床的结构如图 3-3 所示。

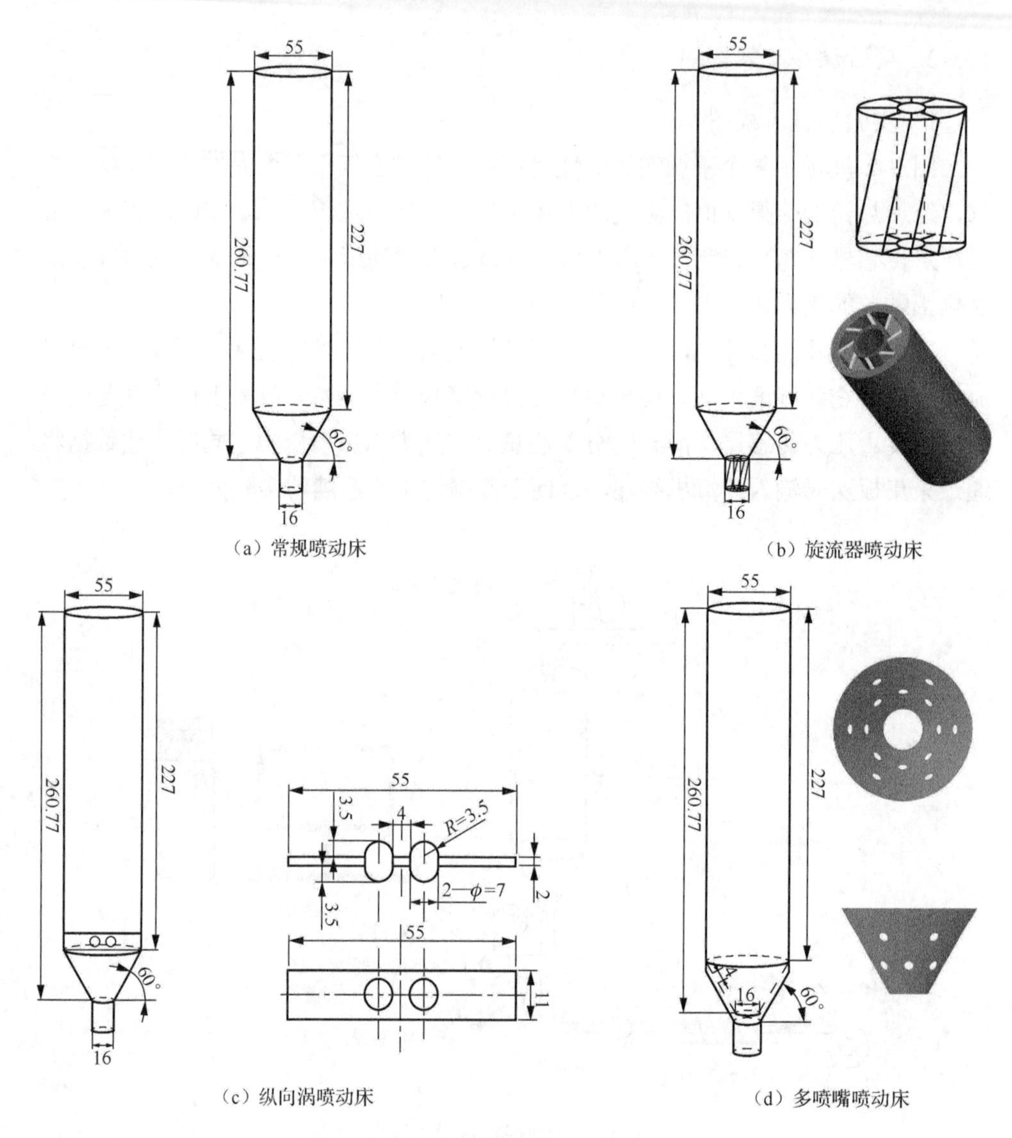

（a）常规喷动床　（b）旋流器喷动床

（c）纵向涡喷动床　（d）多喷嘴喷动床

图 3-3　四种喷动床的结构（单位：mm）

3.1.2　喷动床干燥实验步骤

（1）实验准备阶段，空气压缩机、加热器、各传感器等安装到位，打开并检查各设备是否正常工作，连接喷动床，启动空气压缩机，空床吹动检查设备气密性，检查管道设备的保温泡沫层是否有损坏，打开数据采集软件，连接采集板，设置相关参数方程，将物料颗粒放入烘箱去除水分至绝干状态，一切无误后开始实验。

（2）稳定温湿度、露点、压力传感器的初始状态。安装喷动床，启动空气压缩机、加热器，空床输入气体，调节流量使得流量值与预定实验值一致，再调节加热器温度旋钮使得温度参数与预定实验值相同，此时各传感器开始实时读入并输出数据至计算机操作界面，新建项目保存，待各参数保持稳定后，停止空床实验。

（3）上述空床实验期间，称量绝干物料的质量并记录，然后将绝干物料放入容器中加过量水进行充分润湿，去除表面多余水分后放入冷柜冷藏一定时间，以保证各实验物料初始湿含量一致且颗粒初始温度相同。

（4）将冷冻物料称重并记录，采集软件新建项目，连接各仪器，打开加热器开始实验，缓慢加入湿物料使其流化，采集板收集数据写入项目，待各仪器示数稳定后确定喷泉高度，关闭加热器，记录静床层温度，利用软件将数据输出为 Excel 文件以便下一步操作。

（5）结合干燥方程使用 Origin、Excel 等软件对 3 次实验测量结果取平均值后进行作图分析。

3.1.3　实验参数的计算方法

1）确定出口空气湿含量

安托万方程：

$$\lg(0.133 \cdot P_s) = A - \frac{B}{T+C} \tag{3-1}$$

式中，P_s 为水的饱和蒸汽压，单位为 kPa；T 为喷动床出口处的气体温度，单位为℃；A、B、C 为水的安托万常数，分别为 8.10765、1750.286、235。

水汽分压公式：

$$P_{水汽}=13.33\varphi P_s \tag{3-2}$$

式中，$P_{水汽}$ 为空气的水汽分压，单位为 kPa；φ 为喷动床出口处温湿度传感器监测的气体相对湿度，单位为%RH。

从出口处压力传感器读取压力数值，结合水汽分压 $P_{水汽}$ 并代入式（3-3）得到出口处空气湿含量。

$$H_1 = 0.622\frac{P_{水汽}}{P - P_{水汽}} \tag{3-3}$$

式中，P 为出口空气的总气压，单位为 kPa，其值可从该处压力传感器读取；H_1 为出口处空气湿含量，单位为 kg 水/kg 干料。最终得到进口气体与出口气体的湿度差 ΔH。根据进出口压力传感器得到静床层压降 ΔP。

2）确定进口空气湿含量

露点湿度方程[7]：

$$H_2 = \left(\begin{matrix} 3.703 + 0.286T_{\mathrm{d}} + 9.164\times10^{-3}T_{\mathrm{d}}^2 + 1.446\times10^{-4}T_{\mathrm{d}}^3 \\ +1.741\times10^{-6}T_{\mathrm{d}}^4 + 5.195\times10^{-8}T_{\mathrm{d}}^5 \end{matrix} \right) \Big/ 1000 \tag{3-4}$$

式中，H_2为喷动床进口处空气湿含量，单位为 kg 水/kg 干料；T_{d}为露点传感器监测的进气露点数据，单位为℃。

3）确定颗粒水分损失量

进出口空气中水分增加量：

$$\Delta H = H_1 - H_2 \tag{3-5}$$

式中，ΔH为进出口空气中水分的增加量，即喷动床内物料颗粒总体的水分损失量，单位为 kg 水/kg 干料。

物料水分比在时间上的变化，如式（3-6）所示。

水分比 MR：

$$\mathrm{MR} = \frac{M_t}{M_0} \tag{3-6}$$

式中，M_0为氧化铝颗粒的初始干基含水率，单位为 kg 水/kg 干料；M_t为氧化铝颗粒在 t 时刻的干基含水率，单位为 kg 水/kg 干料。

干燥速率 DR：

$$\mathrm{DR} = \frac{M_{t_1} - M_{t_2}}{t_1 - t_2} = \rho \times q_v \times \Delta H \tag{3-7}$$

式中，ρ为干空气的密度，单位为 kg/m^3；q_v为气体流量，单位为 L/min。

为进一步探究喷动床热风干燥的深层机理，引入威布尔分布对水分比随时间变化曲线进行拟合，公式如下。

威布尔分布函数表达式：

$$\mathrm{MR} = \exp\left[-\left(\frac{t}{\alpha} \right)^{\beta} \right] \tag{3-8}$$

式中，α为尺度参数，反映干燥进程的快慢，可以初步认为是干燥过程进行至 63%所需要的时间，即物料水分损失 63%所用时间；β为形状参数，不仅表征整体床层的干燥速率，而且与气固相间乃至物料颗粒内部水分迁移及扩散机理有关。当 $0.3 < \beta < 1$ 时，表明干燥实验存在由于颗粒内水分向外扩散困难导致干燥速率下降的阶段；当$\beta > 1$ 时，表明干燥速率在实验初期存在上升阶段。

使用 Matlab 软件随机设置α、β两个参数的初始值，输入 Origin 软件中拟合得到最终结果。代入下面干燥性能参数进行计算，进而得到不同结构喷动床干燥实验的整体表现。

水分扩散系数 D_{cal}：

$$D_{cal}=\frac{r^2}{\alpha} \tag{3-9}$$

式中，D_{cal}为估算的实验中物料内水分扩散系数，单位为 m^2/s；r 为氧化铝颗粒半径，单位为 m。

水分有效扩散系数 D_{eff}：

$$D_{eff}=\frac{D_{cal}}{R_g}=\frac{r^2}{R_g\alpha} \tag{3-10}$$

式中，R_g 为与颗粒形貌相关的参数，在本节实验中所用球形物料的 R_g 可取值 18.6。

利用颗粒的水分有效扩散系数可以计算出该实验的干燥活化能，表征干燥实验的难易程度，其值越高，干燥难度越大，反之则越小。

干燥活化能 E_a：

$$D_{eff}=D_0\exp\left[-\frac{E_a}{R(T+273.15)}\right] \tag{3-11}$$

结合式（3-10）和式（3-11），等式两侧各取对数得

$$\ln D_{cal}=\ln R_g+\ln D_0-\frac{E_a}{R}\frac{1}{T+273.15} \tag{3-12}$$

式中，E_a为当前操作下物料的干燥活化能，单位为 kJ/mol；D_0为定值，表示颗粒的扩散系数，单位为 m^2/s；R 为气体摩尔常量，取值为 8.314J/(mol·K)；T 为喷动床的进气温度，单位为℃。

单位能耗 Q：

$$Q=\frac{W\times\alpha}{0.63\times 60\times M_0\times\varphi} \tag{3-13}$$

式中，Q 为当前操作下的单位能耗，单位为 kJ/g；W 为加热器的额定功率，单位为 W，其值为 1200W。

3.2　实验结果与分析

实验在相同干燥操作条件下，对比分析不同结构喷动床的干燥性能差异。采用不同性能评价参数对实验结果进行对比分析，主要评价指标如下：不同结构喷

动床的干燥曲线、不同结构喷动床的干燥速率曲线、不同结构喷动床干燥水分比变化、不同结构喷动床的压降差异。最终综合评价分析找到常规喷动床、旋流器喷动床、纵向涡喷动床与多喷嘴喷动床中干燥性能最为突出的喷动床。为确保实验的单一变量为床层结构，在干燥实验中需要保证不同结构喷动床均在相同的干燥操作条件下进行实验，干燥操作条件如表 3-1 所示。

表 3-1　干燥操作条件

操作条件	值
气体进口流量	200L/min
颗粒直径	2mm
气体进口温度	55℃
湿颗粒填充质量	73.2g ± 0.2g
颗粒初始含水率	49% ± 1%

3.2.1　不同结构喷动床的干燥曲线

不同结构喷动床干燥速率随干基含水率变化如图 3-4 所示。干燥曲线可以反映出同一含水率下不同结构喷动床内颗粒的干燥速率大小。从图 3-4 可以看出，不同结构喷动床在干燥初始阶段干燥速率都存在快速上升阶段，这是由于干燥初始阶段床层内颗粒与热空气的温差较大，颗粒在此阶段温度上升较快，传质推动力较大，使得此阶段干燥速率快速提升。从图 3-4 中还可以看出，在达到最大干燥速率后随着干燥的进行干基含水率不断降低，各喷动床的干燥速率也不断降低，但在相同的干基含水率下，几乎在整个干燥过程中多喷嘴喷动床的干燥速率都高

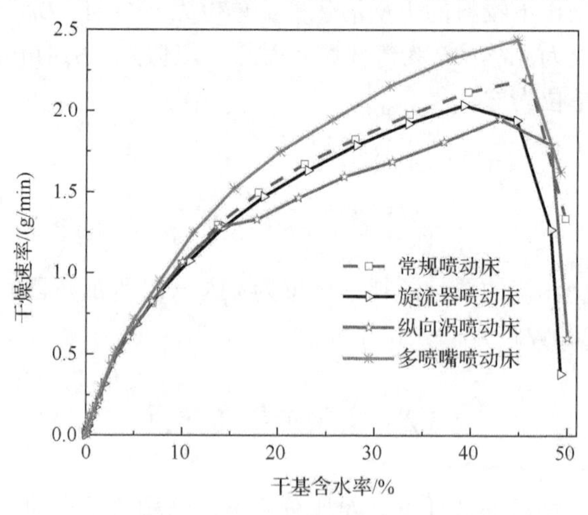

图 3-4　不同结构喷动床干燥速率随干基含水率变化

于其他三种结构喷动床的干燥速率。对于常规喷动床与旋流器喷动床，当干基含水率降低到约40%时干燥速率差异不大，但常规喷动床的干燥速率仍高于旋流器喷动床。

在干燥实验进入降速干燥阶段之后，干基含水率降低到约15%之前，在同一干基含水率下纵向涡喷动床的干燥速率相较于其他三种结构喷动床最低，这是因为在干燥过程中，在纵向涡喷动床内处于纵向涡发生器与床体壁面的一部分湿颗粒通过液桥力相互作用黏结在一起并未流化（图3-5），导致其干燥速率偏低。

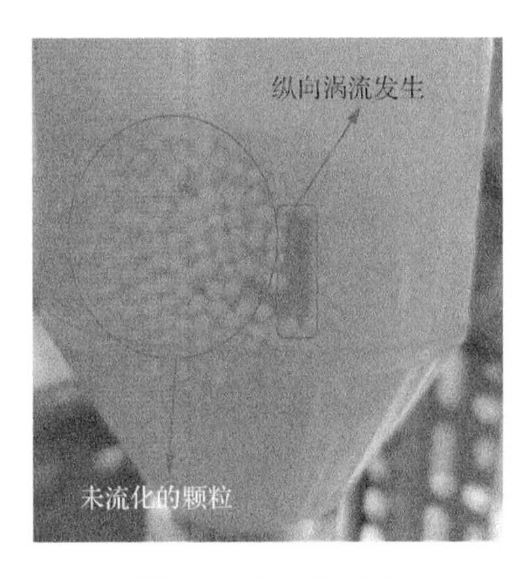

图3-5　未流化颗粒

综上，从干燥速率随干基含水率的变化曲线可以看出，多喷嘴喷动床的干燥性能最为突出；常规喷动床与旋流器喷动床的干燥性能相差不大，但常规喷动床略优于旋流器喷动床；纵向涡喷动床的干燥性能最差。

3.2.2　不同结构喷动床的干燥速率曲线

图3-6是不同结构喷动床的干燥速率曲线。从图中可以看出，随着干燥时间的增加，所有结构类型喷动床的干燥速率均呈现出短而快的增速阶段和相对较长的降速阶段。这是因为在干燥初期颗粒温度逐渐上升，使得床层内部传热速率增加，与此同时，随着颗粒温度的上升，床层内部传质速率上升，使得颗粒表面水分快速迁移到热空气中，从而导致干燥速率的快速提升。此外，当来自加热器的热空气进入床层后颗粒开始逐步流化，床层中颗粒的充分混合也使得干燥速率随之升高。在干燥进行到约7min时多喷嘴喷动床、常规喷动床、纵向涡喷动床的干燥速率趋于相同；在0～7min多喷嘴喷动床的干燥速率始终高于常规喷动床和纵向涡喷动床的干燥速率；在7min之后这三类床的干燥速率高低正好相反，纵向涡喷动床的干燥速率最高，常规喷动床的干燥速率次之，多喷嘴喷动床的干燥速率最低。这是因为在干燥初期干燥速率相对较快的喷动床内颗粒的干基含水率下降

更快，使得干燥后期同一干燥时刻该喷动床内颗粒干基含水率相较其他前期干燥速率较小的喷动床内颗粒的干基含水率更小，水分从颗粒内部迁移到颗粒表面更困难，导致后期干燥速率更低。此规律在旋流器喷动床上依然如此，旋流器喷动床的干燥速率在干燥初始阶段最低，但在干燥后期最高。从整体干燥时间上看，多喷嘴喷动床相比于其他三种结构喷动床总的干燥时间缩短了 1～2min。

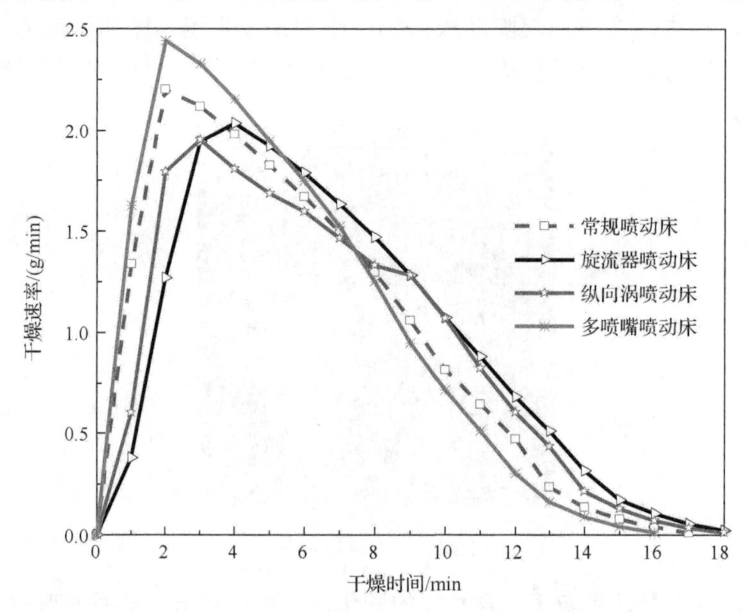

图 3-6 不同结构喷动床的干燥速率曲线

综上，从不同结构喷动床的干燥速率曲线可以看出多喷嘴喷动床的干燥性能最为突出，常规喷动床次之，纵向涡喷动床与旋流器喷动床的干燥性能相差不大，但旋流器喷动床略优于纵向涡喷动床。

3.2.3 不同结构喷动床的干燥水分比变化

图 3-7 和图 3-8 分别为不同结构喷动床干燥水分比随干燥时间变化曲线和不同结构喷动床干燥水分比随干燥时间变化的威布尔分布拟合曲线，相关拟合结果由表 3-2 给出。从表 3-2 可以看出，不同结构喷动床干燥水分比威布尔函数拟合结果的决定系数 R^2 的值均大于 0.998，说明拟合结果可信。结合图 3-6 和图 3-8 可以看出，在干燥初期和干燥后期干燥水分比下降均较慢，在干燥时间为 1～12min 时床层内的干燥水分比下降都较快，这是因为在干燥开始后的前一分钟和干燥后期各床的干燥速率均较低，水分减少量均相对较少，导致不同结构喷动床的干燥水分比下降都较慢。从图 3-8 中可以看出，干燥过程中干燥水分比下降最快的是多喷嘴喷动床，其次是常规喷动床，再次是纵向涡喷动床，干燥水分比下

降最慢的是旋流器喷动床。造成这一现象的原因是在干燥前期不同结构喷动床的干燥速率由高到低的排列顺序为多喷嘴喷动床、常规喷动床、纵向涡喷动床、旋流器喷动床，由于干燥前期干燥速率大，水分流失量大，干燥水分比下降较快，虽然在干燥后期干燥速率由高到低的排序与前期完全相反，但干燥后期各床的干燥速率均较小，床层内颗粒水分流失均较慢，使得干燥后期同一干燥时刻下干燥速率快的喷动床的干燥水分比仍然较大。

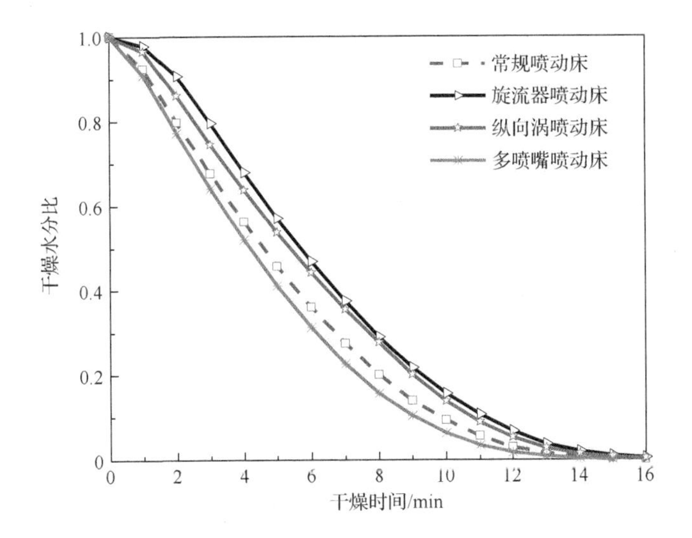

图 3-7　不同结构喷动床干燥水分比随干燥时间变化曲线

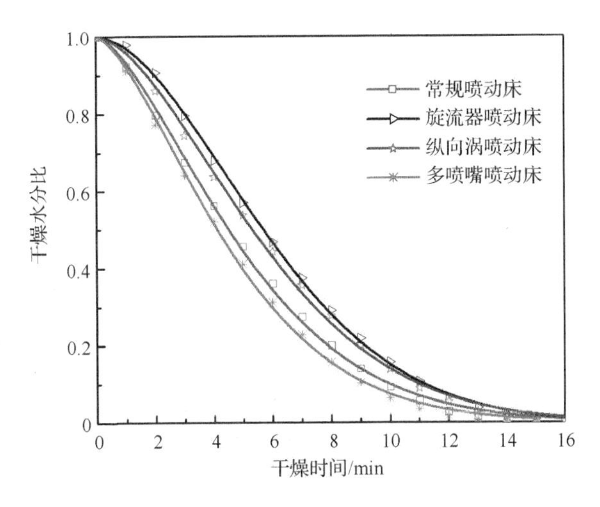

图 3-8　不同结构喷动床干燥水分比随干燥时间变化的威布尔分布拟合曲线

表 3-2　不同结构喷动床干燥水分比威布尔函数拟合结果

床型	尺度参数α/min	形状参数β	决定系数 R^2	离差平方和χ^2
常规喷动床	5.746	1.512	0.9985	1.74×10^{-4}
旋流器喷动床	6.995	1.781	0.9995	6.88×10^{-5}
纵向涡喷动床	6.637	1.654	0.9983	2.17×10^{-4}
多喷嘴喷动床	5.263	1.491	0.9988	1.50×10^{-4}

将不同结构喷动床干燥水分比随干燥时间变化曲线通过 Origin 软件拟合得到的尺度参数 α 列于表 3-2。常规喷动床、旋流器喷动床、纵向涡喷动床和多喷嘴喷动床的尺度参数 α 分别为 5.746min、6.995min、6.637min 和 5.263min，这表明床内颗粒中水分减少 63%时多喷嘴喷动床用时最短。将拟合得到的尺度参数 α 代入式（3-9）、式（3-10）和式（3-13），可分别计算得到水分扩散系数、水分有效扩散系数和单位能耗，其值列于表 3-3。从表中数据可以看出，多喷嘴喷动床的水分扩散系数、水分有效扩散系数和单位能耗表现均相对优异。综上，多喷嘴喷动床无论是在水分减少速度、水分扩散系数、尺度参数上，还是在单位能耗上表现都更为优异，旋流器喷动床表现最差。

表 3-3　不同结构喷动床干燥实验拟合数据

床型	水分扩散系数 /（$10^{-7}m^2/s$）	水分有效扩散系数 /（$10^{-8}m^2/s$）	单位能耗 /（kJ/g）
常规喷动床	6.281	3.377	7.508
旋流器喷动床	5.160	2.774	9.174
纵向涡喷动床	5.439	2.924	8.582
多喷嘴喷动床	6.858	3.687	6.936

3.2.4　不同结构喷动床的压降差异

干燥过程中的床层压降可以反映因流体流动与其他物质如颗粒、内构件等相互作用产生的能量损失，因此将压降作为不同结构喷动床干燥性能评价参数。不同结构喷动床的压降曲线如图 3-9 所示，从图中可以看出，随着干燥的进行各床的压降均逐渐减小并最终趋于稳定，这是因为随着干燥的进行床层内颗粒中水分不断减少的同时颗粒质量也随之减小，这使得热空气的流动阻力减小。从图中可以明显地看出多喷嘴喷动床的压降最小，旋流器喷动床的压降最大，常规喷动床的压降与纵向涡喷动床的压降较为接近，这是因为旋流器叶片的存在使得流动阻力增加，此外旋流器内径较小使得旋流器中心主体气流通过床内颗粒时产生了较大的压降。多喷嘴喷动床的压降最小可能是因为当主体气流通过床层的压降较大时，流向辅助气流的热空气会随之增加，从而强化锥体区环隙颗粒的流化程度，进而使得整个床层颗粒更易于流化。在干燥过程中纵向涡喷动床的压降相对于常规喷动床更大，这可能是因为在干燥过程中处于纵向涡喷动床内的湿颗粒一部分与纵向涡发生器黏结在一起并未流化。此外，从干燥速率随干燥时间变化曲线可以看出，在干燥前期纵向涡喷动床的干燥速率相对于常规喷动床较慢，所以床内颗粒质量在同一干燥时刻更大，从而导致床内压降更大。

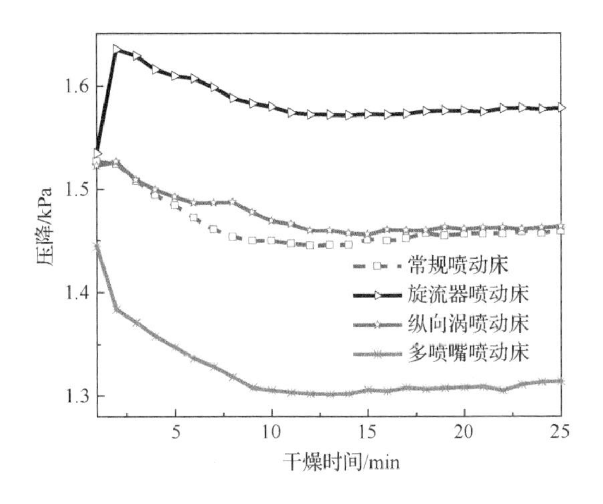

图 3-9　不同结构喷动床的压降曲线

综上，从干燥过程的压降来看，多喷嘴喷动床的干燥性能最为突出，旋流器喷动床最差，纵向涡喷动床与常规喷动床的干燥性能相差不大，但常规喷动床略优于纵向涡喷动床。

参 考 文 献

[1] JAYATUNGA G K, AMARASINGHE B M W P K. Drying kinetics, quality and moisture diffusivity of spouted bed dried Sri Lankan black pepper[J]. Journal of Food Engineering, 2019, 263: 38-45.

[2] LI L, ZHANG M, WANG W. A novel low-frequency microwave assisted pulse-spouted bed freeze-drying of Chinese yam[J]. Food and Bioproducts Processing, 2019, 118: 217-226.

[3] SEROWIK M, FIGIEL A, NNJMAN M, et al. Drying characteristics and properties of microwave - assisted spouted bed dried semi-refined carrageenan[J]. Journal of Food Engineering, 2018, 221: 20-28.

[4] JEEVARATHINAM G, PANDISELVAM R, PANDIARAJAN T, et al. Infrared assisted hot air dryer for turmeric slices: Effect on drying rate and quality parameters[J]. LWT, 2021, 144: 111258.
[5] 马立, 段续, 任广跃, 等. 红外—喷动床联合干燥设备研制与分析[J]. 食品与机械, 2021, 232(2): 119-124, 129.
[6] 段豪杰. 旋流喷嘴喷动床内气固两相流动与干燥特性实验研究[D]. 西安: 西北大学, 2021.
[7] 林忠平, 秦朝葵, 寿青云, 等. 不同地域特色村镇住宅生物质能利用技术与节能评价方法[M]. 北京: 中国建筑工业出版社, 2012.

第4章　纵向涡喷动床数值模拟

数值模拟计算纵向涡喷动床内气固两相流动特性较常用的模型为离散相模型和双流体模型。双流体模型适用于流动中有混合或分离，或者离散相的体积超过10%的情况。本章采用欧拉双流体模型进行数值模拟。

4.1　基本守恒方程

采用双流体模型描述喷动床内的气固两相流动，其连续方程如下：

$$\frac{\partial}{\partial t}\left(\rho_q \alpha_q\right)+\nabla \cdot\left(\rho_q \alpha_q \vec{v}_q\right)=0 \tag{4-1}$$

式中，下标 q 气相时为 g，固相时为 s；$\vec{v}_q$ 为速度矢量；ρ 为密度；α 为体积分数。

$$\alpha_{\mathrm{g}}+\alpha_{\mathrm{s}}=1 \tag{4-2}$$

动量守恒方程，气相为

$$\frac{\partial}{\partial t}\left(\alpha_{\mathrm{g}} \rho_{\mathrm{g}} \vec{v}_{\mathrm{g}}\right)+\nabla \cdot\left(\alpha_{\mathrm{g}} \rho_{\mathrm{g}} \vec{v}_{\mathrm{g}} \cdot \vec{v}_{\mathrm{g}}\right)=-\alpha_{\mathrm{g}} \nabla \rho+\nabla \cdot \overline{\overline{\tau}}_{\mathrm{g}}+\alpha_{\mathrm{g}} \rho_{\mathrm{g}} g+k_{\mathrm{gs}}\left(\vec{v}_{\mathrm{g}}-\vec{v}_{\mathrm{s}}\right) \tag{4-3}$$

固相为

$$\begin{aligned}&\frac{\partial}{\partial t}\left(\alpha_{\mathrm{s}} \rho_{\mathrm{s}} \overrightarrow{v_{\mathrm{s}}}\right)+\nabla \cdot\left(\alpha_{\mathrm{s}} \rho_{\mathrm{s}} \overrightarrow{v_{\mathrm{s}}} \cdot \overrightarrow{v_{\mathrm{s}}}\right)\\&=-\alpha_{\mathrm{s}} \nabla p-\nabla p_{\mathrm{s}}+\nabla \cdot \overline{\overline{\tau}}_{\mathrm{s}}+\alpha_{\mathrm{s}} \rho_{\mathrm{s}} g+k_{\mathrm{gs}}\left(\overrightarrow{v_{\mathrm{g}}}-\overrightarrow{v_{\mathrm{s}}}\right)+\overrightarrow{s_{\mathrm{s}}}\end{aligned} \tag{4-4}$$

式中，p 为压力；$\overline{\overline{\tau}}_{\mathrm{s}}$ 为应力张量。

固相压力由动能项和颗粒碰撞项组成，方程如下：

$$p_{\mathrm{s}}=\alpha_{\mathrm{s}} \rho_{\mathrm{s}} \Theta_{\mathrm{s}}+2 \rho_{\mathrm{s}}(1+e) \alpha_{\mathrm{s}}^2 g_0 \Theta_{\mathrm{s}} \tag{4-5}$$

式中，e 为颗粒弹性恢复系数。

曳力模型采用 Gidaspow 模型[1]，气固相间动量交换系数在浓相区采用 Ergun 方程[2]计算，在稀相区采用 Wen&Yu 方程[3]计算。

当 α_s<0.2 时：

$$k_{gs,\mathrm{Wen\,\&Yu}} = \frac{3}{4}c_D \frac{\alpha_s \alpha_g \rho_g \left|\overrightarrow{v_s} - \overrightarrow{v_g}\right|}{\alpha_s} \alpha_g^{-2.65} \tag{4-6}$$

$$c_D = \begin{cases} \dfrac{24}{\alpha_s Re_s}\left[1 + 0.15\left(\alpha_g Re_s\right)^{0.687}\right], Re_s \leqslant 1000 \\ 0.44, Re_s > 1000 \end{cases} \tag{4-7}$$

当 α_s ⩾0.2 时：

$$k_{gs,\mathrm{Ergun}} = 150 \frac{\alpha_s^2 \mu_g}{\alpha_g d_p^2} + 1.75 \frac{\alpha_s \rho_g \left|\overrightarrow{v_s} - \overrightarrow{v_g}\right|}{d_p} \tag{4-8}$$

4.2　模拟与实验校核对比

采用三维数值模拟对实验过程进行校核，三维数值模拟能够更真实地还原实际操作过程中喷动床内颗粒的运动情况，且能够得到全方位的模拟数据，有利于更深入地从多角度探讨纵向涡发生器及颗粒的设计参数变化对床内颗粒分布的影响，得到最佳的喷动床操作参数，从而为工业生产设计提供更多依据[4-7]。

为验证数值模拟模型的可靠性，通过数值模拟对扰流件为单对柱体时的三维喷动床进行计算，并与牛方婷等[8]的实验数据进行对比分析，数值模拟喷动床尺寸与实验一致，即 He 等研究的喷动床尺寸。表 4-1 为计算模型及参数设置。表 4-2 为初始及边界条件设置。

表 4-1　计算模型及参数设置

求解器设置	设置情况
多相流模型	欧拉模型，两相
黏性模型	k-ε 模型
曳力模型	Gidaspow 模型
摩擦应力模型	Schaeffer 模型
相体积分数	一阶迎风格式
湍流方程、动量方程	二阶迎风格式
时间步长	2×10^{-5}s
收敛标准	10^{-3}

表 4-2　初始及边界条件设置

初始及边界条件	参数设置	
气体入口	湍流速度分布，速度方向垂直于入口边界，湍流强度为 3%，黏性率为 0.19%	
气体出口	自由流出口边界	
壁面	气相:无滑移边界	固相:无滑移边界

以颗粒径向速度为分析对象，对计算模型进行网格无关性分析，网格数量分别设定为 121365 个、169280 个、234214 个、344605 个。图 4-1 为 z=0.19m 时不同网格数量下颗粒径向速度的模拟值及实验值。计算表明，数值模拟的精度随网格数量的增加而提升，当网格数量大于 234214 个时，数值模拟达到了网格无关性的要求，本节计算以此网格划分密度为准。在环隙区取与牛方婷等[4]实验位置相同的两条平行的线，并取其径向速度分布值进行对比，如图 4-2 所示，由图可知颗粒径向速度的模拟值与实验值变化趋势一致，吻合度良好。两条线平均偏差值是 26%和 22.5%，表明本节所采用喷动床数值模型具有一定的合理性。

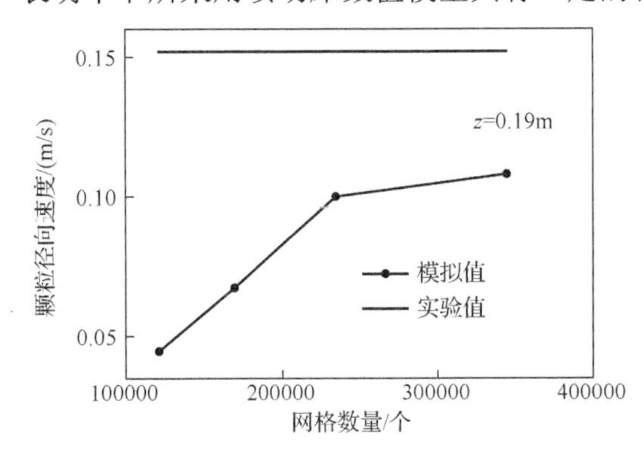

图 4-1　不同网格数量下颗粒径向速度的模拟值及实验值

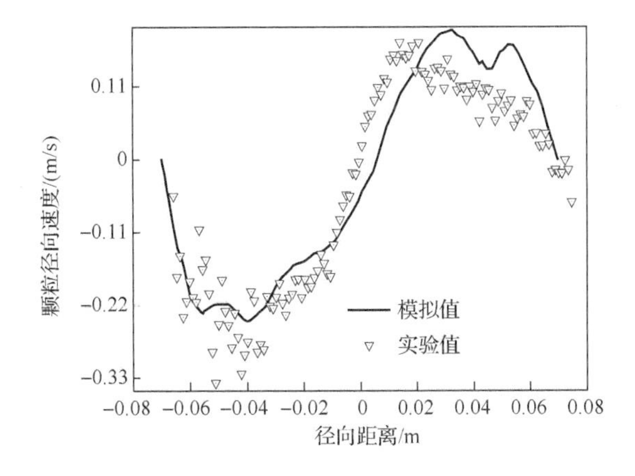

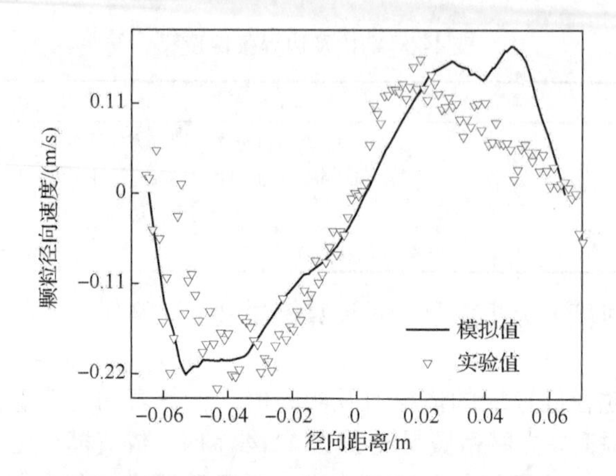

图 4-2　颗粒径向速度的模拟值及实验值对比

4.3　纵向涡流整体效应对比分析

以无扰流件喷动床、加一对小球喷动床及加一对纵向涡发生器喷动床为数值模拟对象进行研究分析，其物理模型如图 4-3 所示，对于带小球及纵向涡发生器喷动床网格划分采用分块网格划分法处理，将喷动床床体划分为三个区域，分别为圆锥区、扰流区和出口圆柱区，其中扰流区扰流件的存在导致圆柱区域的不规则性，需要采用非结构化网格（四面体网格，如图 4-3（b）、（c）所示）划分法处理。扰流件设计尺寸如表 4-3 所示。

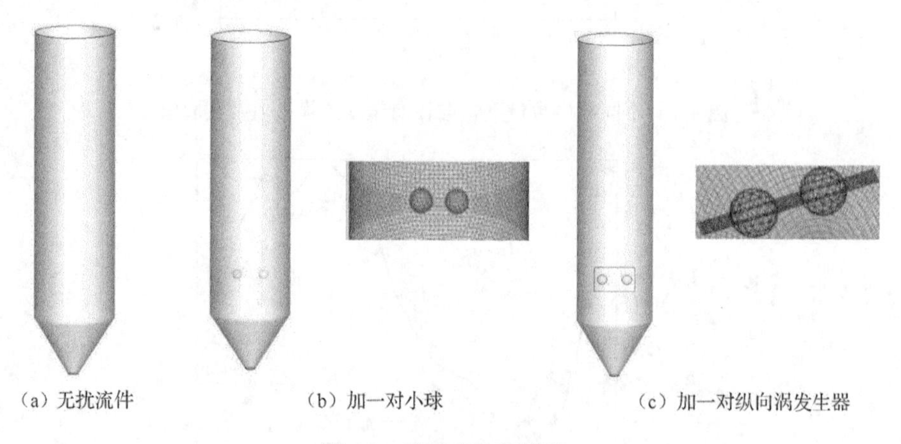

图 4-3　喷动床物理模型

表 4-3　扰流件设计尺寸

工况	球半径/mm	球间距/mm	挡板尺寸	小球所在高度/mm
加一对小球	10	10	—	150
加一对纵向涡发生器	10	10	76mm×28mm	150

4.3.1　颗粒体积分数分布

图 4-4 为不同时刻下喷动床内颗粒体积分数云图，展示了无扰流件、加一对小球、加纵向涡发生器三种情况下，喷动床内颗粒体积分数分布云图。从图中可以看出，加入一对小球之后喷动床内颗粒群的喷动高度有所下降，喷泉区的范围有所扩大。这是由于小球的存在对上升的气体、颗粒群具有一定的摩擦阻力作用，消耗了上升气体和颗粒群的动能。加入纵向涡发生器之后喷动高度下降得更加明显，表明挡板的存在会进一步增加气体、颗粒与固体表面的摩擦面积，从而显著增加了气体、颗粒群上升运动的摩擦阻力，并出现了喷泉区颗粒群进一步聚集的现象。

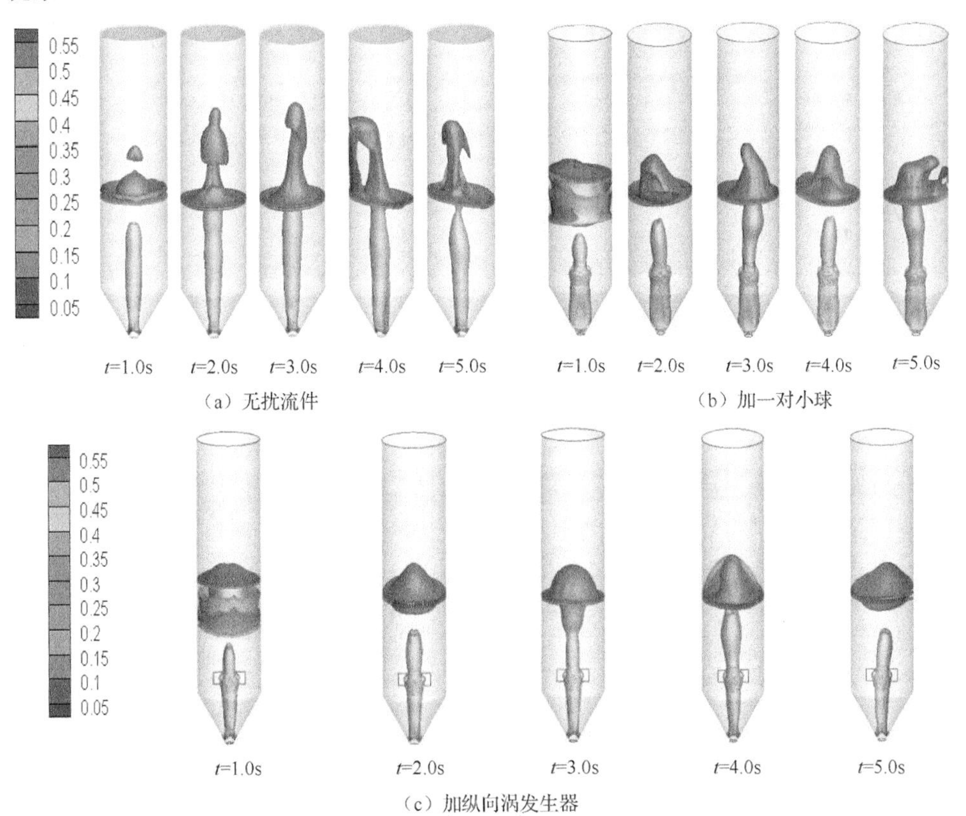

(a) 无扰流件　(b) 加一对小球

(c) 加纵向涡发生器

图 4-4　不同时刻下喷动床内颗粒体积分数云图

图 4-5 给出了颗粒体积分数在不同床层高度下随喷动床径向距离的变化规律。由图可知，纵向涡发生器的存在改变了喷动床内颗粒体积分数的径向分布规律，能够显著提高喷射区内颗粒整体浓度。颗粒浓度沿喷动床的径向分布曲线较无扰流件及一对小球两种情况平缓，从而强化了喷射区与环隙区颗粒、气体的混合效果。加一对小球扰流件喷动床喷射区内颗粒浓度值高于无扰流件喷动床情况，无扰流件喷动床喷射区内颗粒浓度值最小，说明纵向涡发生器能够有效改变喷动床内颗粒群的径向运动规律。此外，由于环隙区内颗粒密集度较高，纵向涡发生器对环隙区内颗粒浓度的影响并不显著。图 4-6 则表明，扰流件的存在会降低喷动床内颗粒的喷动高度，导致喷泉区高度下移，在扰流件的影响下颗粒轴向运动规律发生改变，颗粒体积分数在喷泉区有所增加，颗粒体积分数在轴向重新分布，即在整体上改变了喷动床内颗粒、气体两相的动量传递过程。

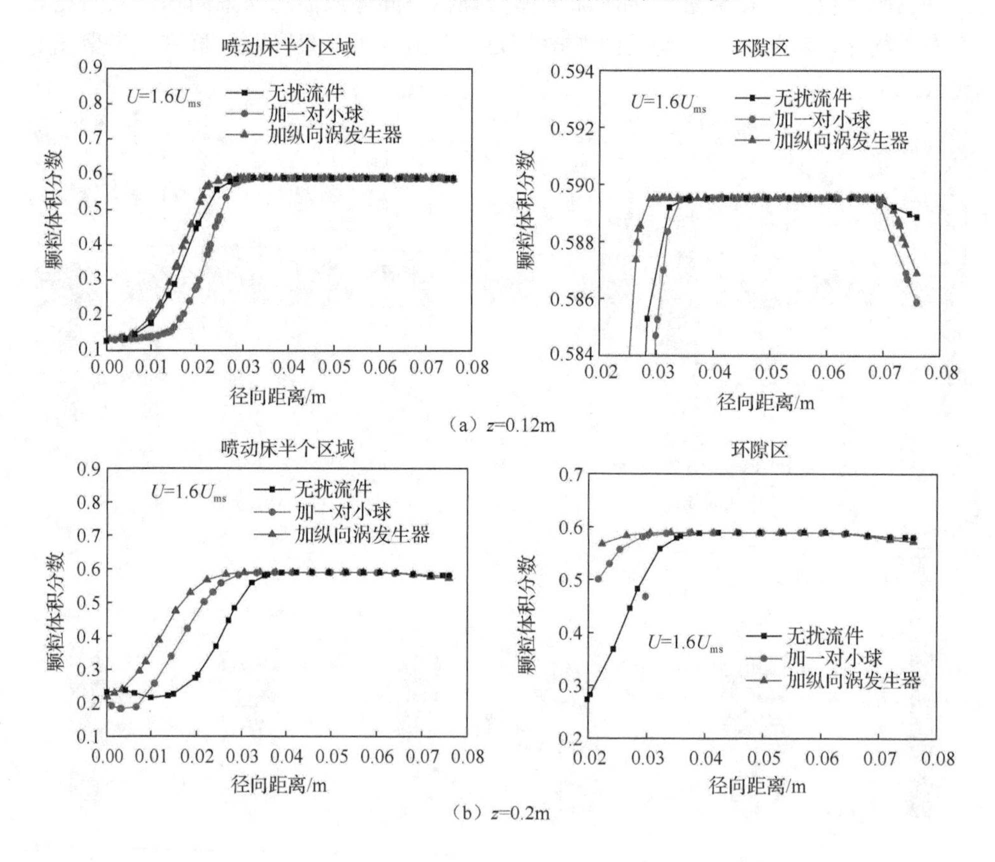

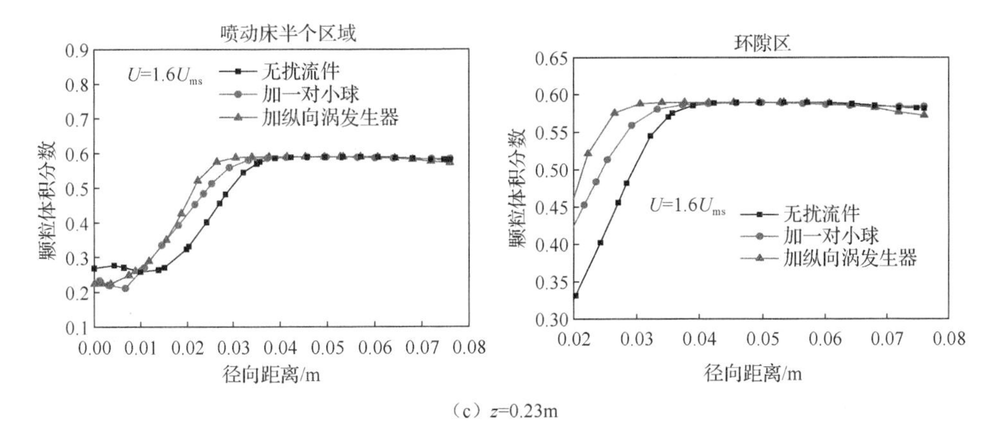

（c）z=0.23m

图 4-5　颗粒体积分数在不同床层高度下随喷动床径向距离变化规律

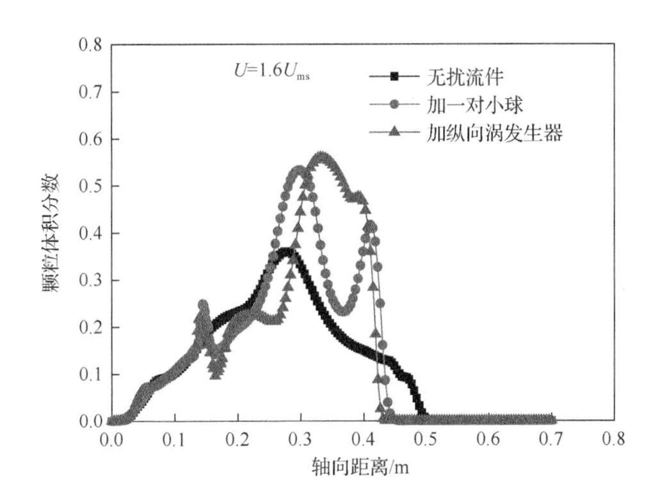

图 4-6　颗粒体积分数在喷动床轴向运动变化规律

4.3.2　颗粒速度分布

为了更加深入地了解纵向涡发生器对喷动床内气固两相流动的强化规律，图 4-7 给出了 t=3s，z=0.21m 时，无扰流件、加一对小球和加纵向涡发生器喷动床纵截面内颗粒相速度的矢量分布。从图中可以看出，扰流件的存在导致颗粒相出现了径向速度分布及局部涡流运动，在一定程度上强化了喷射区与环隙区颗粒群的横向混合。

图 4-8 为稳定喷动时（t=3s），三种结构喷动床在床高 z=0.16m 处横截面内气相、颗粒相速度分布云图。由图可知，小球及纵向涡发生器使得横截面内气相及颗粒相速度分布都发生了显著的变化，在气相中出现了由边界层脱离而产生的多

个漩涡及两个呈对称分布的纵向涡流，在颗粒相中只产生了纵向涡流，表明由气相运动产生的纵向涡流能够有效传递给颗粒相，从而形成纵向涡流。纵向涡流的出现有效地增强了喷射区和环隙区颗粒群动量的交换，从而能够整体强化喷动床内气体、颗粒两相间的动量交换。

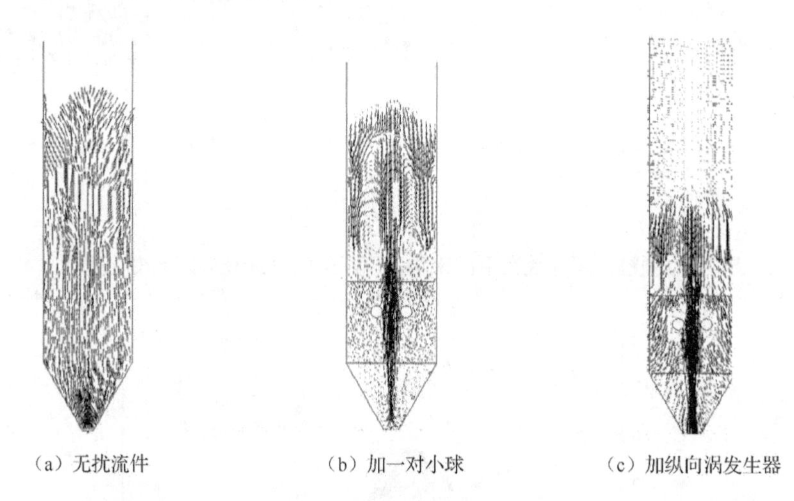

（a）无扰流件　　（b）加一对小球　　（c）加纵向涡发生器

图 4-7　喷动床纵截面内颗粒相速度的矢量分布（t=3s）

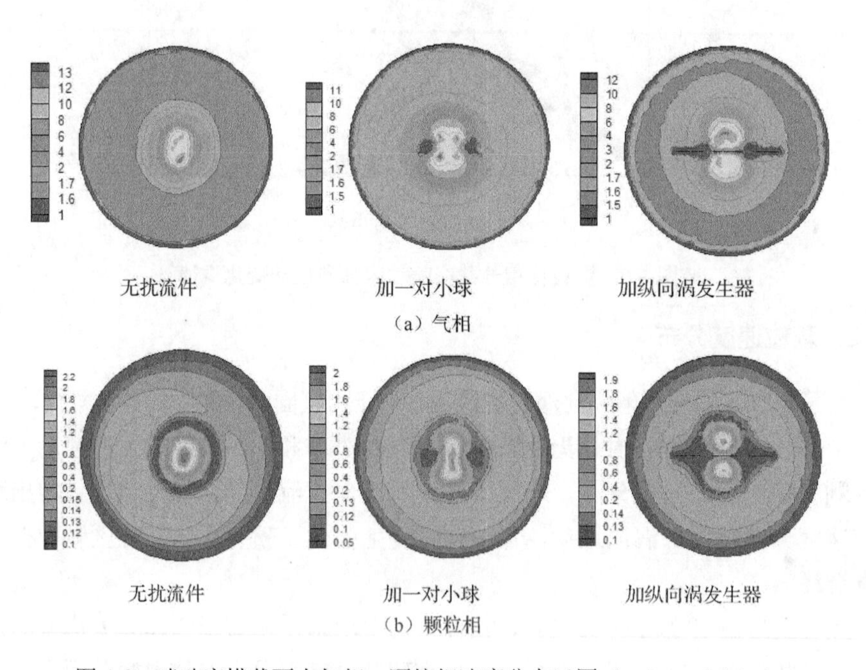

无扰流件　　加一对小球　　加纵向涡发生器

（a）气相

无扰流件　　加一对小球　　加纵向涡发生器

（b）颗粒相

图 4-8　喷动床横截面内气相、颗粒相速度分布云图（t=3s, z=0.16m）

定量分析喷动床内颗粒径向速度沿径向距离的变化规律，图 4-9 给出了三种不同结构喷动床，在不同床高处，在平行与垂直于纵向涡发生器导流板的两个方向上，横截面内颗粒径向速度沿径向距离分布曲线。由图 4-9（a）可知，扰流件在两个方向的径向曲线上都能够有效增加喷动床内颗粒径向运动速度，特别是纵向涡发生器存在的情况。在床高 z=0.17m 处，三种床下加纵向涡发生器的颗粒径向速度最大，加球体扰流件情况次之，颗粒径向速度随喷动床轴心点呈现出点对称分布规律。随着床层高度的增加（z=0.2m，图 4-9（b）），纵向涡发生器及球体扰流件对颗粒径向速度的影响效果逐渐降低，表明随着流动向下游的发展，在重力影响下，纵向涡流的影响范围逐渐缩小，涡流对颗粒相径向运动能力的强化作用不断降低。

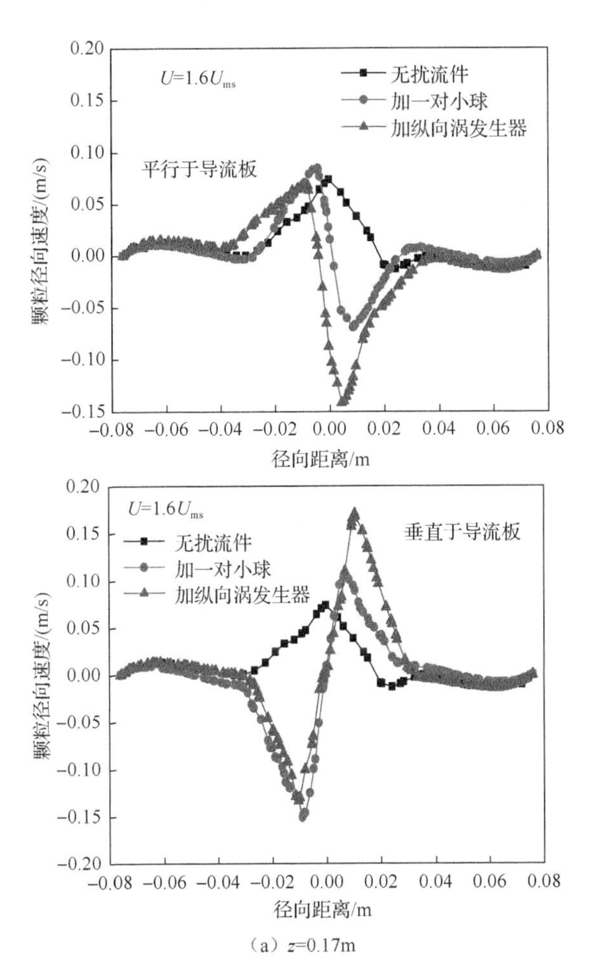

（a）z=0.17m

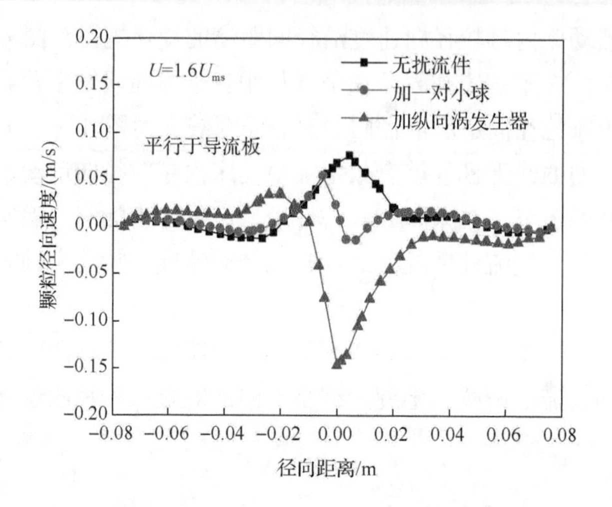

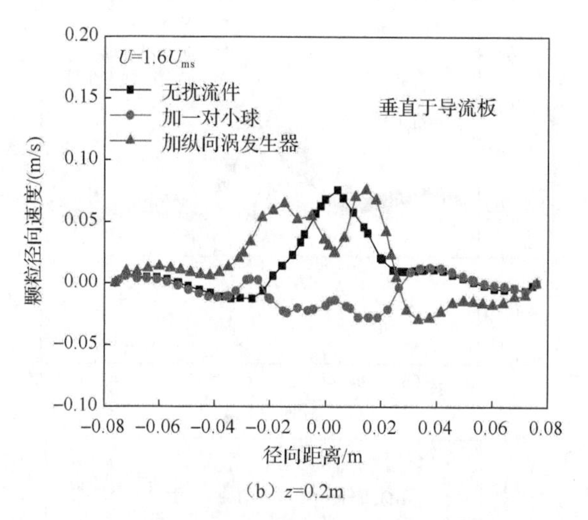

（b）z=0.2m

图 4-9　不同床高处喷动床横截面内颗粒径向速度沿径向距离分布曲线（t=3s）

图 4-10 为三种不同结构喷动床内颗粒速度沿轴向高度分布曲线。由图可知，三种不同结构喷动床内颗粒速度值在喷嘴入口处最大，在重力的作用下，随轴向高度增加而逐渐变为零。由于颗粒的轴向运动会与固体壁面发生非弹性碰撞及摩擦，故扰流件的存在会增加颗粒相轴向运动的阻力，有效降低喷动床内颗粒相的轴向速度。加纵向涡发生器喷动床内颗粒相速度沿轴向的分布整体小于其他两种结构喷动床，表明挡板的存在能够进一步增加颗粒、气体沿重力方向的运动阻力，降低颗粒的轴向运动速度。

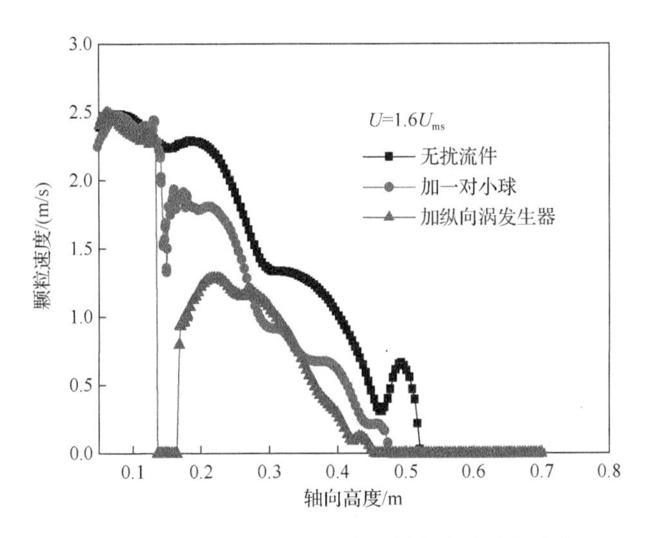

图4-10 三种不同结构喷动床内颗粒速度沿轴向高度分布曲线（z=0.27m）

图4-11、图4-12与图4-13、图4-14分别为z=0.17m处与z=0.2m处的颗粒速度以及环隙区颗粒速度沿径向距离的变化曲线。由图可以看出，颗粒速度在喷射区轴中心处达到最大值，随径向距离的增大，颗粒速度逐渐减小。这是因为喷射区的颗粒密度小，而且直接受到来自喷嘴气体的推动，随径向距离增大进入喷动床环隙区，环隙区颗粒密度大，各个颗粒受到来自周围颗粒的压力也较大，故其颗粒速度小。不难观察到，在喷射区，加入了纵向涡发生器的喷动床内颗粒速度最小，这说明纵向涡发生器的加入对喷射区颗粒的向上运动造成了阻碍；在环隙区，纵向涡发生器的加入使颗粒速度增大，这表明纵向涡发生器使颗粒产生的涡流提高了颗粒的运动速度。

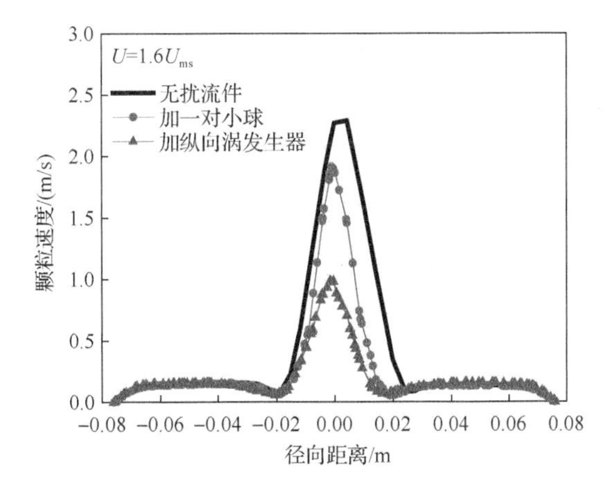

图4-11 z=0.17m处颗粒速度沿径向距离的变化

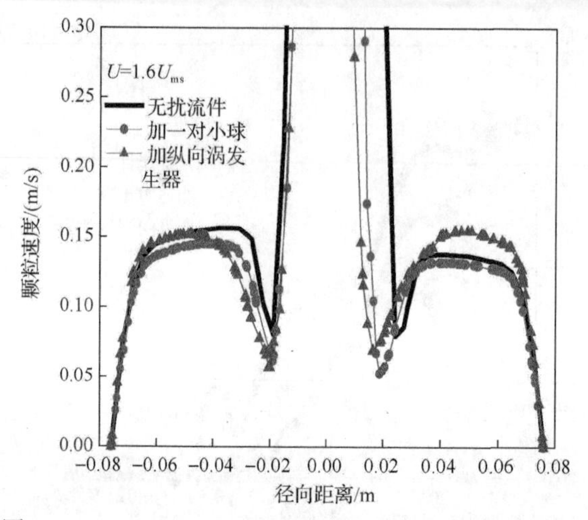

图 4-12　z=0.17m 处环隙区颗粒速度沿径向距离的变化

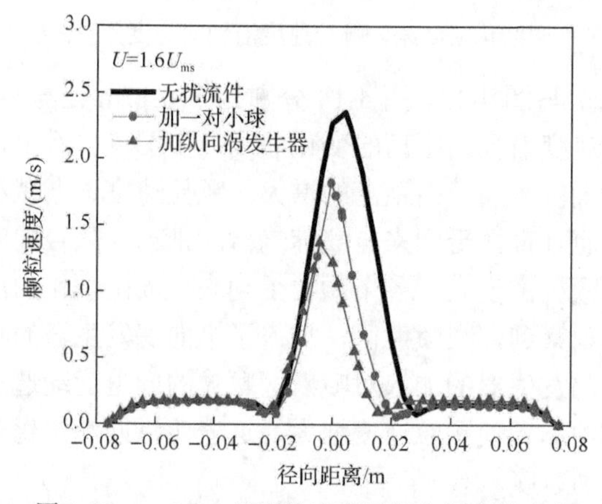

图 4-13　z=0.2m 处颗粒速度沿径向距离的变化

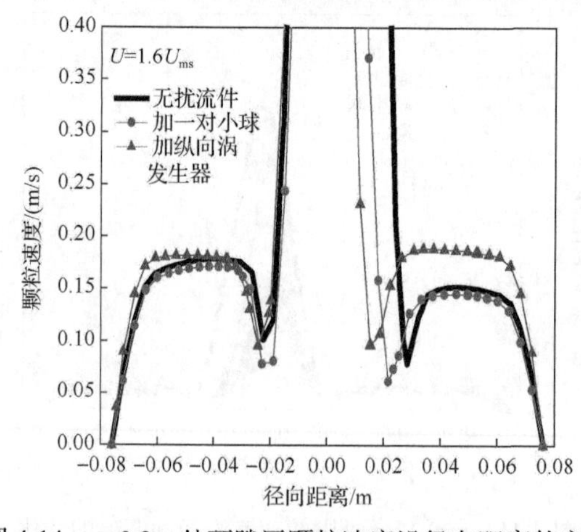

图 4-14　z=0.2m 处环隙区颗粒速度沿径向距离的变化

4.3.3　颗粒拟温度分布

对床层内横截面上的颗粒拟温度进行定量分析，如图 4-15、图 4-16 所示，可以看出，在喷射区床高 z=0.17m 处，加一对小球的喷动床内的颗粒拟温度最高，这是因为小球和纵向涡发生器都会对颗粒的运动产生扰流，而纵向涡发生器对喷射区颗粒的阻碍比一对小球大，故加纵向涡发生器的床层内颗粒拟温度较一对小球所在床层低。将图 4-15 中表示环隙区颗粒拟温度的部分放大得到图 4-16，可以看出，纵向涡发生器的加入提高了喷动床内环隙区颗粒的拟温度。这是因为纵向涡发生器的加入虽然对喷射区的颗粒喷动造成阻碍，但使扰流件周围的颗粒形成扰动，颗粒的扰动带动环隙区颗粒的运动，环隙区颗粒速度增大，颗粒的动能增大，故环隙区的颗粒拟温度增高。

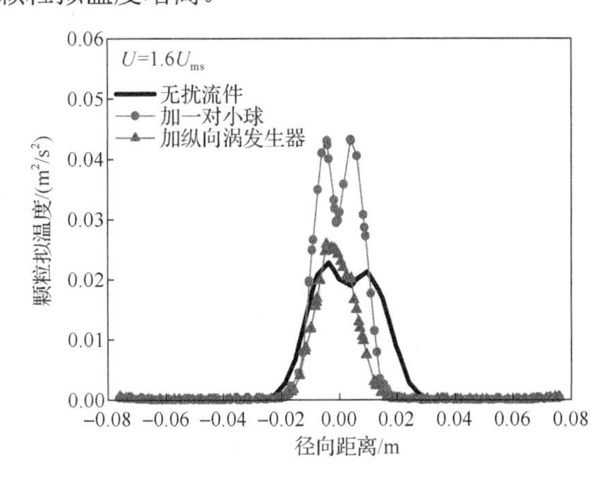

图 4-15　z=0.17m 处颗粒拟温度沿径向距离的变化规律

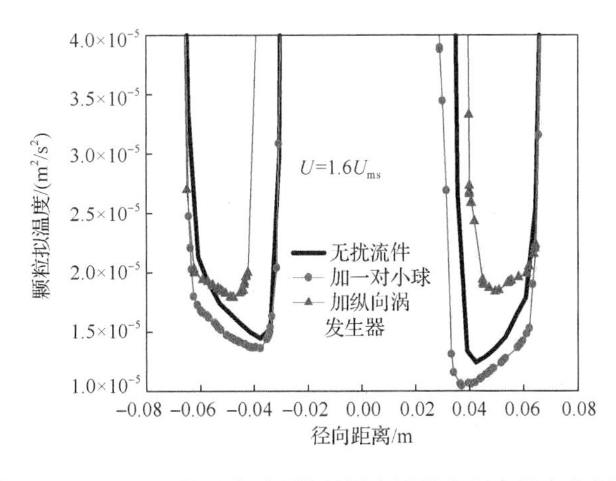

图 4-16　z=0.17m 处环隙区颗粒拟温度沿径向距离的变化规律

4.4　小球半径影响

图 4-17 为纵向涡发生器结构示意图与尺寸示意图。计算网格横截面网格数为 120 个，网格轴向尺寸为 4mm，在纵向涡发生器周围网格轴向尺寸为 2mm，小球半径为 8mm、10mm、12mm 和 14mm 时，喷动床的总网格数分别为 309263 个、308515 个、308331 个、324054 个。表 4-4 为纵向涡发生器尺寸设置参数表。

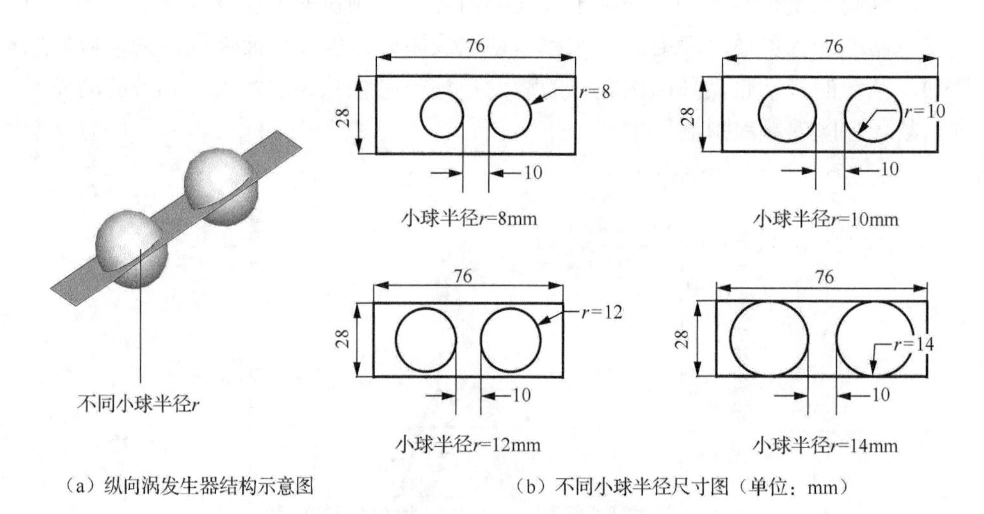

（a）纵向涡发生器结构示意图　　（b）不同小球半径尺寸图（单位：mm）

图 4-17　纵向涡发生器结构示意图与尺寸示意图

表 4-4　纵向涡发生器尺寸设置参数表

参数	小球半径	小球间距	挡板所在高度	挡板尺寸	入口气体速度
值	8mm、10mm、12mm、14mm	10mm	150mm	28mm×76mm	$1.6U_{ms}$

4.4.1　颗粒体积分数分布

图 4-18 为 t=4s 时不同小球半径所在喷动床内颗粒体积分数云图。可以看出，4s 时在各个不同小球半径所在喷动床内，颗粒都形成了稳定的喷动。当小球半径 r=8mm 和 r=10mm 时，颗粒喷泉高度比较相近；当小球半径 r=12mm 时，颗粒的喷泉高度明显低于小球半径 r=8mm 和 r=10mm 的喷动床。这可能是因为，随着小球直径的增大，扰流件对颗粒的喷动阻力增大，造成颗粒动能损失相对较大，故而喷泉高度稍有降低。

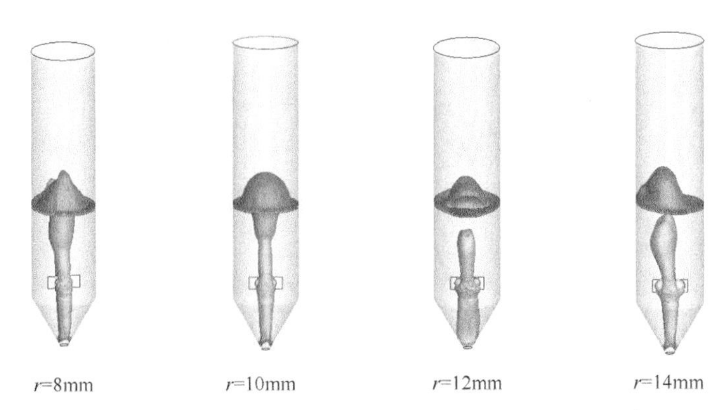

图 4-18　t=4s 时不同小球半径所在喷动床内颗粒体积分数云图

图 4-19 和图 4-20 分别为床高 z=0.17m 和 z=0.2m 处颗粒体积分数沿径向距离的变化曲线。可以看出，颗粒体积分数在气体喷嘴处最小，随径向距离的增大而增大，最后维持一个定值不再变化。比较不同 r 下颗粒体积分数变化不难发现：①无小球的传统喷动床内颗粒体积分数在 z=0.17m、径向距离为 0.03m 处达到最大值，在 z=0.2m、径向距离为 0.04m 处达到最大值，之后不再变化；有纵向涡发生器的喷动床内颗粒体积分数在 z=0.17m、径向距离为 0.015m 处达到最大值，在 z=0.2m、径向距离为 0.25m 处达到最大值。②当小球半径 r=14mm 时，喷射区颗粒体积分数最大，即在喷射区颗粒体积分数随小球半径的增大而增大。这是因为：①纵向涡发生器的存在使喷射区颗粒的喷动流道变窄了，相当于喷射区的径向宽度被缩小，而颗粒总量不变，造成喷射区的颗粒浓度增大，这种对喷射区喷动流道的变窄作用在扰流件附近最强，且随床高的增加而减弱，因此随着床高的增大，颗粒体积分数达到最大值时的径向距离是增大的。②小球半径越大，小球对颗粒的扰动越强烈，造成越多的环隙区颗粒运动到喷射区，故 r=14mm 时喷射区的颗粒体积分数最大。

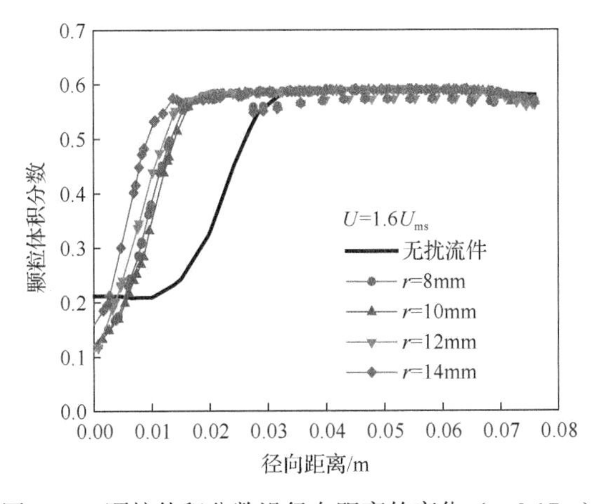

图 4-19　颗粒体积分数沿径向距离的变化（z=0.17m）

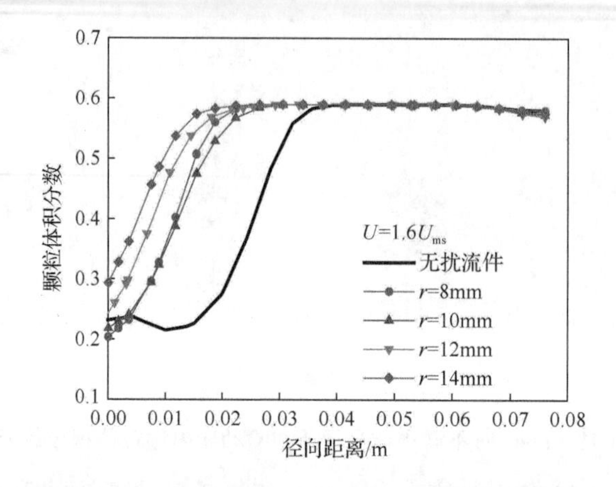

图 4-20　颗粒体积分数沿径向距离的变化（z=0.2m）

4.4.2　颗粒拟温度分布

图 4-21 和图 4-22 分别为颗粒拟温度沿径向距离变化和环隙区颗粒拟温度沿径向距离变化的曲线图，可以看到，在喷射区，当 8mm≤r≤12mm 时，颗粒拟温度随小球半径的增大而减小；当 r=14mm 时，颗粒拟温度最大。这是因为喷射区颗粒的动能较大，当 8mm≤r≤12mm 时，小球半径越大，小球对喷射区颗粒的阻力越大，颗粒动能损失较大，颗粒拟温度减小。当 r=14mm 时，扰流件对颗粒的扰动作用大于对颗粒的阻碍作用，故颗粒拟温度增大。在环隙区，小球半径越大，颗粒拟温度越大。这是因为随着小球半径的增大，环隙区颗粒的扰动增强，颗粒径向速度增大，颗粒之间的碰撞频率增加，所以颗粒拟温度增大。

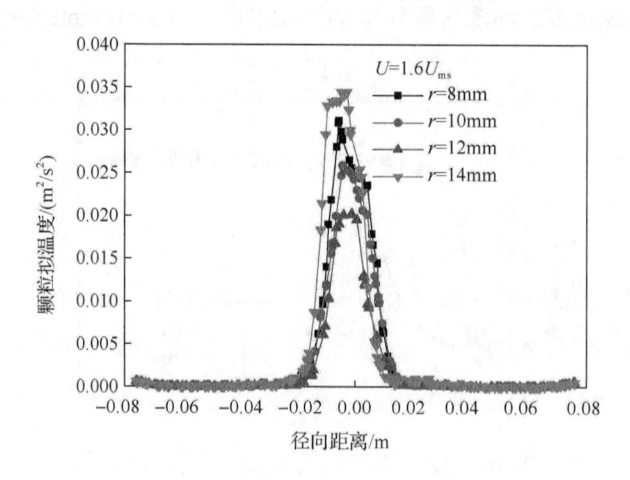

图 4-21　颗粒拟温度沿径向距离变化（z=0.17m）

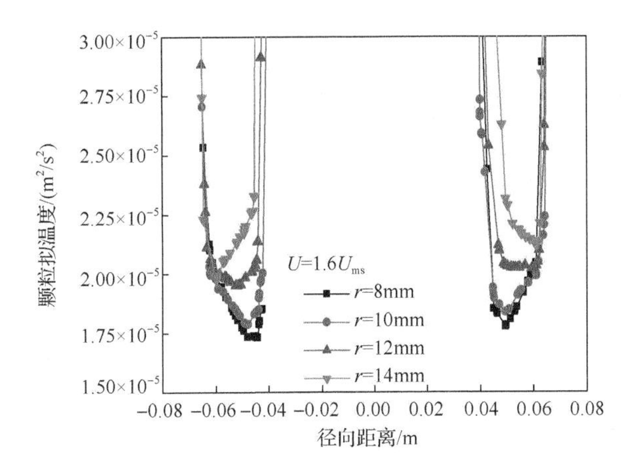

图 4-22　环隙区颗粒拟温度沿径向距离变化（z=0.17m）

4.5　小球间距影响

本节数值模拟采用的喷动床尺寸与第 3 章（即 He 等的研究尺寸）模拟研究所用的喷动床尺寸一致。图 4-23 为喷动床内纵向涡发生器结构示意图、网格示意图、尺寸示意图，小球间距 n 为 10mm、15mm、20mm 的扰流件所在喷动床的网格数分别为 308515 个、320682 个、308774 个。图 4-24 为不同小球间距尺寸示意图。表 4-5 为不同小球间距的纵向涡发生器尺寸设置表。

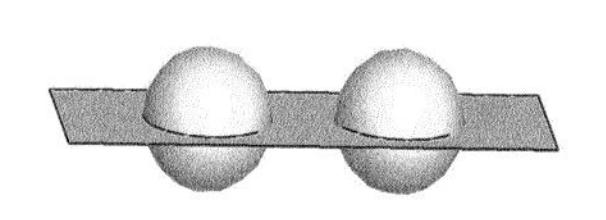

（a）纵向涡发生器结构示意图

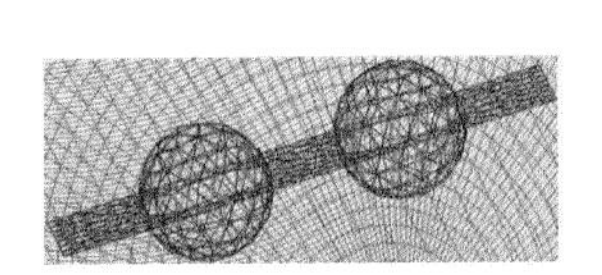

（b）纵向涡发生器网格示意图

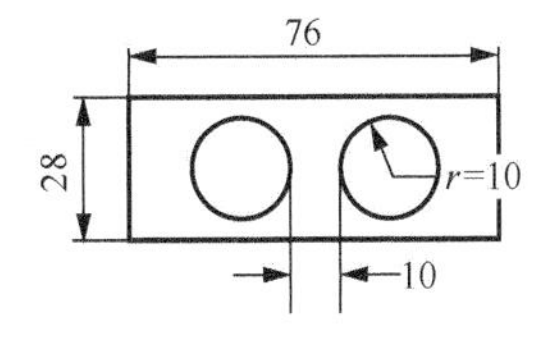

（c）纵向涡发生器尺寸示意图（单位：mm）

图 4-23　喷动床内纵向涡发生器结构示意图、网格示意图、尺寸示意图

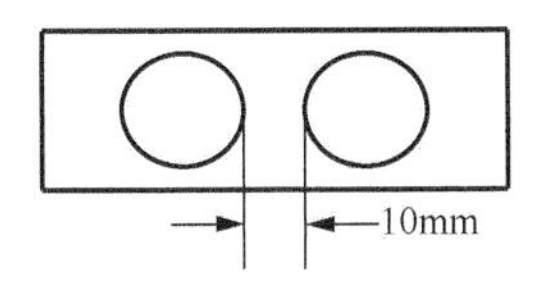

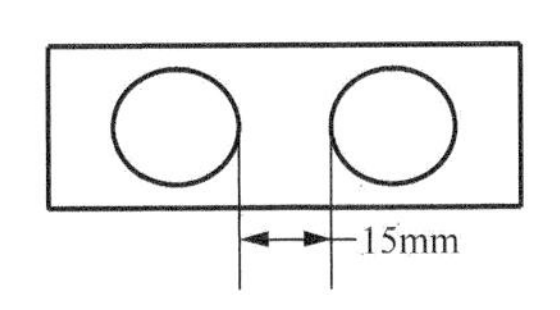

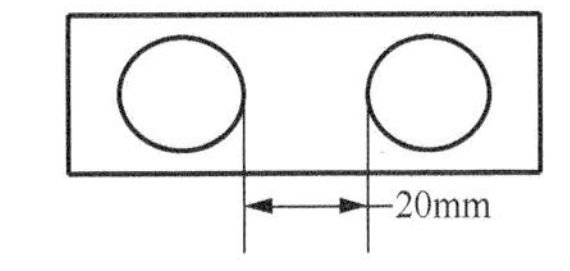

图 4-24　不同小球间距尺寸示意图

表 4-5　不同小球间距的纵向涡发生器尺寸设置表

参数	小球半径	小球间距 n	挡板所在高度	挡板尺寸	入口气体速度
值	10mm	10mm、15mm、20mm	150mm	28mm×76mm	$1.6U_{ms}$

4.5.1　颗粒体积分数分布

图 4-25 给出了不同小球间距纵向涡发生器的喷动床内颗粒体积分数云图，可见，它们都形成了较为稳定的喷动形式。此外，易发现：小球间距越大，喷泉高度越高。这是因为小球间距越大，扰流件对向上运动的颗粒产生的阻力越小，颗粒克服阻力所消耗的动能越小，故喷泉高度越高。

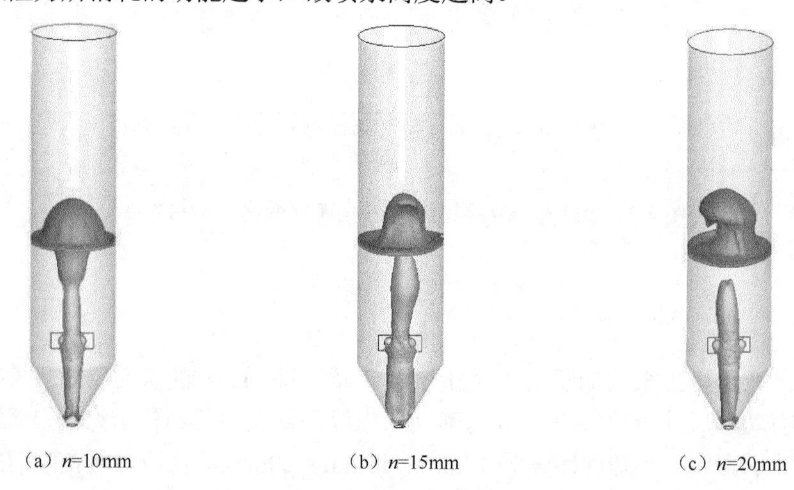

图 4-25　不同小球间距纵向涡发生器的喷动床内颗粒体积分数云图

图 4-26 和图 4-27 分别为床高 z=0.17m 和 z=0.2m 时颗粒体积分数沿径向距离的变化曲线。可以看出，两个床高下颗粒体积分数的变化趋势一致，都表现为颗粒体积分数在床中心轴处最小，当沿着径向远离中心轴时，颗粒体积分数逐渐增大；当沿径向进入环隙区时，颗粒体积分数近似为一个定值，不再改变。将不同间距的小球所在床内颗粒体积分数变化进行比较可以发现：当 n=10mm 时，喷射

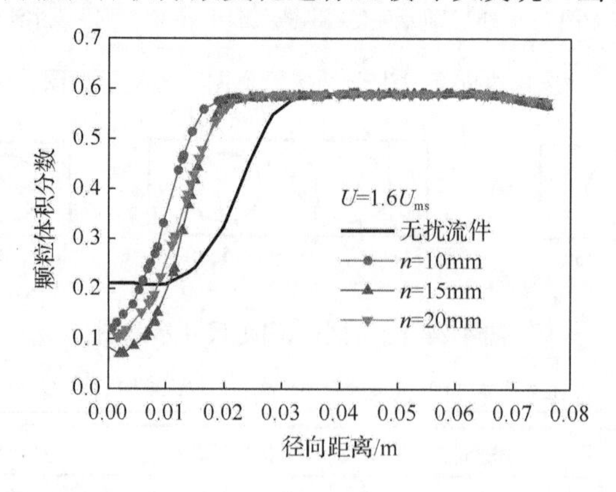

图 4-26　颗粒体积分数沿径向距离的变化曲线（z=0.17m）

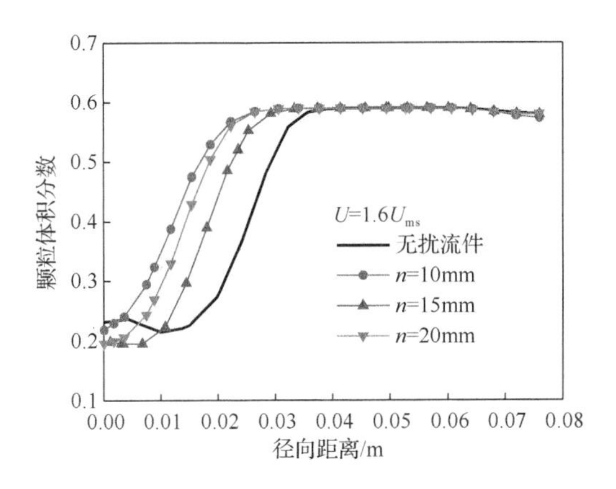

图 4-27　颗粒体积分数沿径向距离的变化曲线（z=0.2m）

区颗粒体积分数最大，环隙区颗粒体积分数几乎没有差别。这是因为小球对床内颗粒造成扰动，使小球附近颗粒运动轨迹发生改变，促进喷射区与环隙区颗粒的相互交换，使环隙区的一部分颗粒运动至喷射区。当小球间距增大时，处于喷射区的小球表面积减小，动能较大的喷射区颗粒只有小部分能接触到小球，故只有少部分喷射区颗粒能被扰动，两区间的相互运动减弱。

4.5.2　颗粒速度分布

图 4-28 和图 4-29 分别为床高 z=0.17m 和 z=0.2m 处环隙区颗粒速度沿径向距离的变化曲线。可以看出，颗粒速度在床内喷射区与环隙区的过渡区出现降低，在环隙区为一个定值，在壁面处颗粒速度下降为 0。这是因为在喷射区与环隙区颗粒运动方向相反，相互之间造成运动阻力；环隙区为颗粒浓度最大的区域，颗

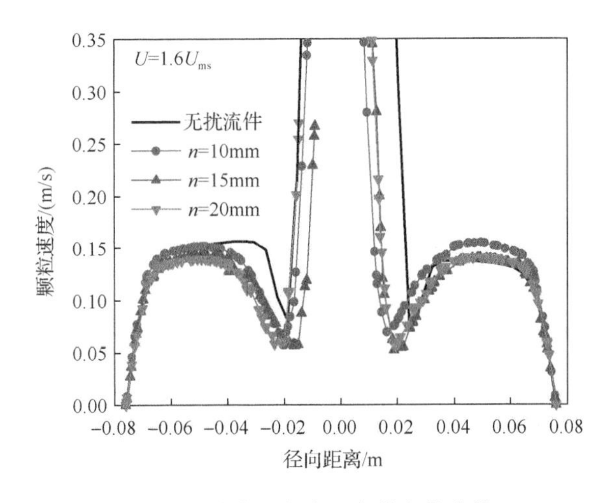

图 4-28　环隙区颗粒速度沿径向距离的变化曲线（z=0.17m）

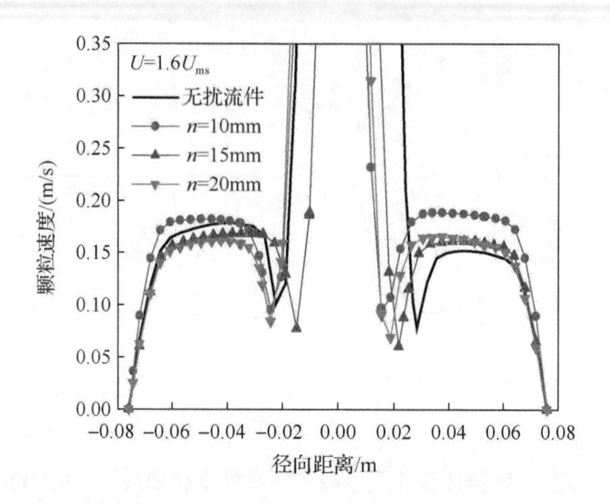

图 4-29　环隙区颗粒速度沿径向距离的变化曲线（z=0.2m）

粒之间的相互运动较少；在邻近壁面处，颗粒会受到壁面的摩擦阻力，导致颗粒速度降为 0。比较含不同间距小球的床内颗粒速度可得，当小球间距 n=10mm 时，床内环隙区颗粒速度最大，随着小球间距的增大，颗粒速度逐渐减小。这是因为小球间距越小，对颗粒扰动越强烈，产生的颗粒涡流越明显，颗粒涡流带动环隙区颗粒速度的增大越显著。

图 4-30 和图 4-31 分别为床高 z=0.17m 和 z=0.2m 处颗粒速度沿径向距离的变化曲线。可以看出，颗粒速度在邻近中心轴两侧有最大值，而在环隙区较小，中心轴两侧的颗粒速度方向相反。这是因为邻近中心轴两侧的颗粒处于喷射区，喷射区颗粒浓度小动能大，环隙区颗粒浓度大，颗粒受到的摩擦力和来自周围颗粒的压力较大。将图中曲线进行相互比较可得，当小球间距 n=10mm 时，颗粒速度明显大于其他两种小球间距床内的速度值。这是因为小球间距越小，对小球周围颗粒的扰动越大，受到扰动的颗粒大多数为动能较大的喷射区颗粒，喷射区颗粒

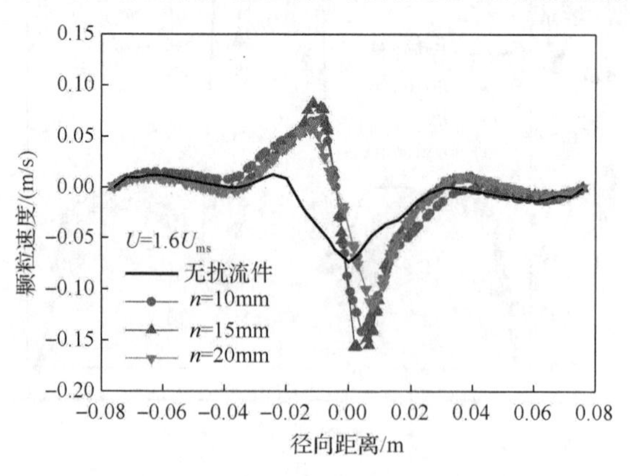

图 4-30　颗粒速度沿径向距离的变化曲线（z=0.17m）

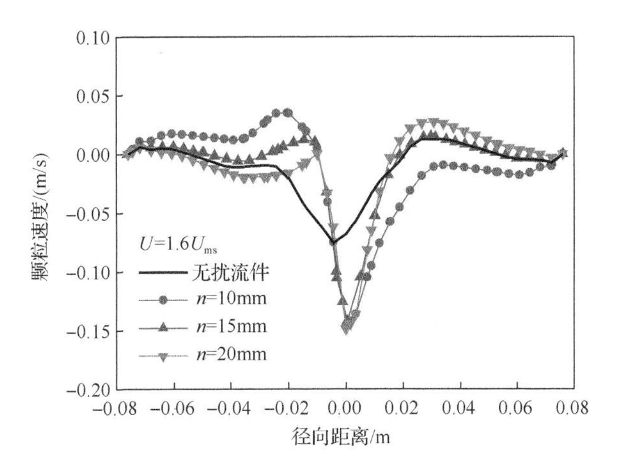

图 4-31　颗粒速度沿径向距离的变化曲线（z=0.2m）

带动环隙区颗粒形成涡流，环隙区颗粒径向速度增大，促进了整个床内喷射区与环隙区颗粒的横向运动。与横截面内颗粒径向速度云图所得结论一致。

4.5.3　颗粒拟温度分布

图 4-32 和图 4-33 分别为床高 z=0.17m 处床内颗粒拟温度沿径向距离变化规律和环隙区颗粒拟温度沿径向距离变化规律。由图可见，在喷动床喷射区，小球间距 n=15mm 时颗粒拟温度最大；在环隙区，当小球间距 n=10mm 时颗粒拟温度最大。这是因为当 n=15mm 时，小球对喷射区颗粒的运动阻力较大，在小球处造成颗粒累积，颗粒浓度在此处较大，颗粒间的碰撞也较多，故颗粒拟温度较大。当 n=10mm 时，小球的存在使喷射区颗粒喷动流道变窄，促进颗粒速度的增大，

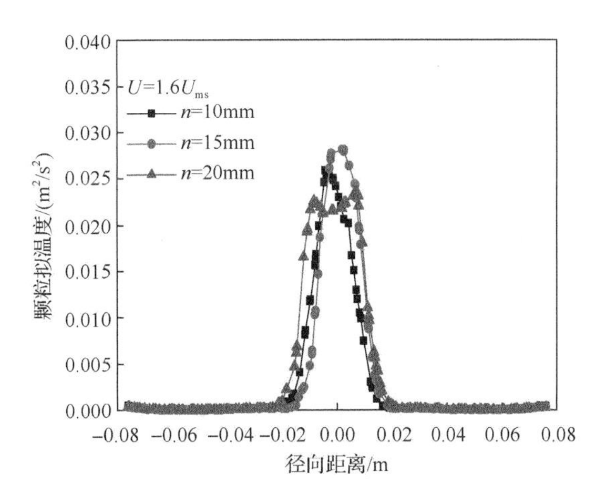

图 4-32　颗粒拟温度沿径向距离变化规律（z=0.17m）

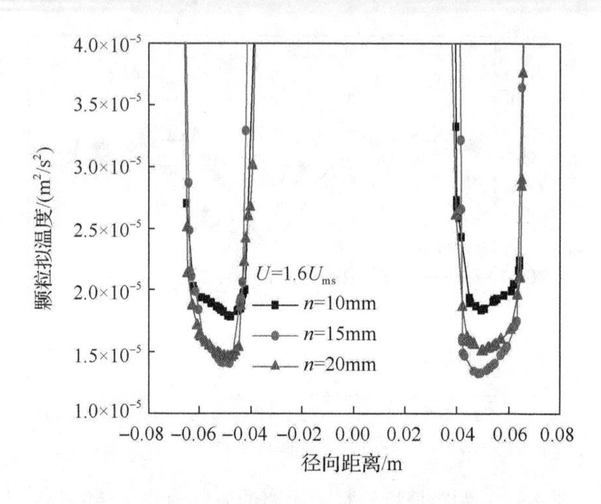

图 4-33　环隙区颗粒拟温度沿径向距离变化规律（z=0.17m）

小球对颗粒速度的提高小于它对颗粒的阻力造成的颗粒速度的降低，故在喷射区 n=10mm 时颗粒拟温度略小于 n=15mm 时的值。在环隙区，n=10mm 时颗粒速度最大，颗粒的动能较大，颗粒间的碰撞频率较大，故颗粒拟温度最大。此结论与前文颗粒速度结论相符，进一步验证了当纵向涡发生器中的 n=10mm 时，更有助于增强床内颗粒横向运动。

4.6　扰流件形状影响

采用的喷动床尺寸与 He 等研究的喷动床尺寸一致，分别选用纵向涡发生器为一对小球加板、一对圆柱加板和一对圆锥加板，研究不同形状的扰流件对床内气固两相流动的影响。图 4-34 为不同形状纵向涡发生器结构及网格示意图。计算网格横截面网格数为 120 个，网格轴向尺寸为 4mm，在纵向涡发生器周围网格轴向尺寸为 2mm，小球、圆柱、圆锥所在床的总网格数分别为 308515 个、308138 个、320606 个。

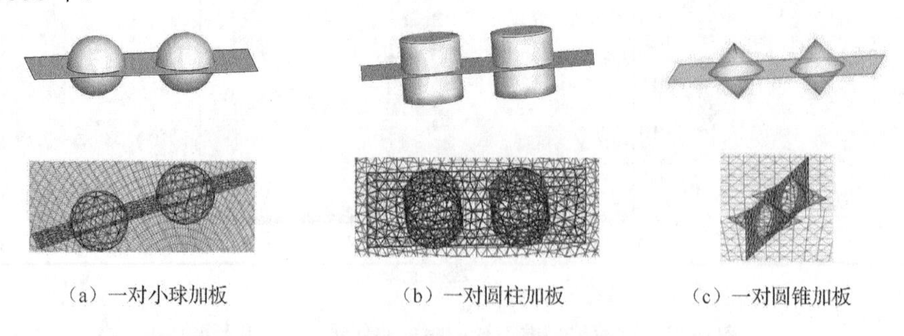

图 4-34　不同形状纵向涡发生器结构及网格示意图

不同形状喷动床内纵向涡发生器模拟尺寸及参数设置如表 4-6 所示。

表 4-6　不同形状喷动床内纵向涡发生器模拟尺寸及参数设置

参数	高度 h	底面半径 r	挡板尺寸	小球间距	挡板所处床高
值	20mm	10mm	28mm×76mm	10mm	150mm

4.6.1　颗粒体积分数分布

图 4-35 为不同时刻下含不同形状扰流件的喷动床内颗粒体积分数云图。可以看出，当加入三种不同形状的扰流件后，床层内的颗粒都能形成稳定喷动。不难发现，当扰流件为一对圆柱加板时，颗粒喷动的喷泉高度明显低于其他两种形状扰流件。这是因为，当保持三种形状扰流件尺寸一致时，圆柱的表面积大于小球和圆锥，圆柱对喷射区向上运动颗粒的阻力较大，故喷泉高度较低。

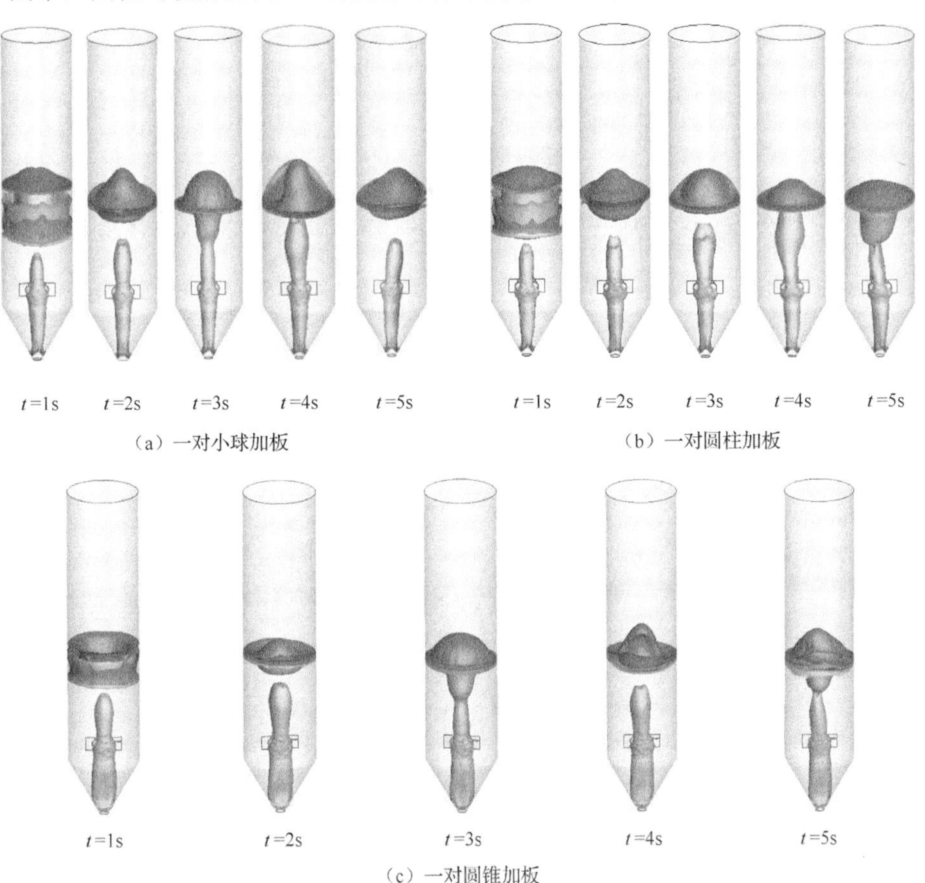

（a）一对小球加板　　（b）一对圆柱加板

（c）一对圆锥加板

图 4-35　不同时刻下含不同形状扰流件的喷动床内颗粒体积分数云图

图 4-36（a）、（b）为不同床层高度（z=0.17m、0.2m）及不同形状扰流件下，喷动床内颗粒体积分数沿径向距离的变化曲线。由图可以发现，圆柱形扰流件纵向涡发生器对喷动床内喷射区及环隙区颗粒体积分数的均匀分配能力最好，球形扰流件次之，圆锥形扰流件效果最差。图 4-36（c）为颗粒体积分数沿喷动床轴中

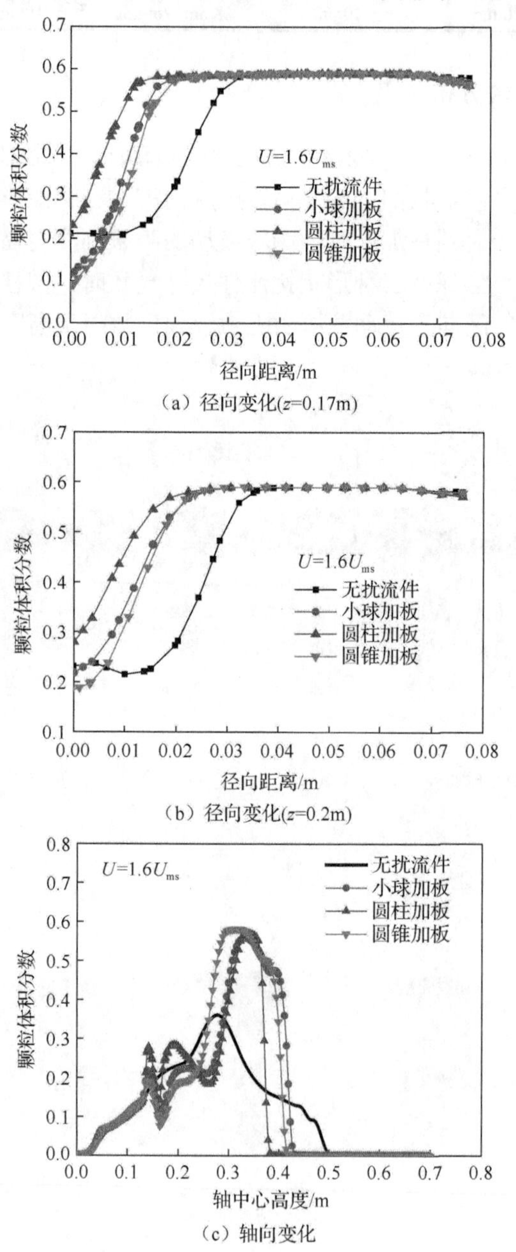

（a）径向变化(z=0.17m)

（b）径向变化(z=0.2m)

（c）轴向变化

图 4-36　颗粒体积分数沿喷动床径向距离和轴中心高度的变化曲线

心高度的变化曲线，由图可以看出，在三种不同形状扰流件下，喷动床内颗粒体积分数随轴中心高度的变化都是呈先增大后减小的趋势。圆锥加板的喷动床内颗粒体积分数比其他两种形状扰流件下颗粒体积分数提前达到最大值，即圆锥加板的喷动床与其他两种喷动床相比，在较低床层高度下冲破静床层，形成喷泉结构。这是因为在相同的尺寸范围内，相比较于其他两种形状扰流件而言，圆锥加板扰流件的体积最小，其对床层内颗粒的阻力较小，颗粒冲破静床层需要的能量较小，故其最先形成喷泉结构。

4.6.2 颗粒速度分布

由图 4-37、图 4-38 可见，在喷动床喷射区，扰流件的加入明显降低了颗粒速度，在含一对圆柱加板的床层内，颗粒速度最低。这是因为圆柱体积及表面积较

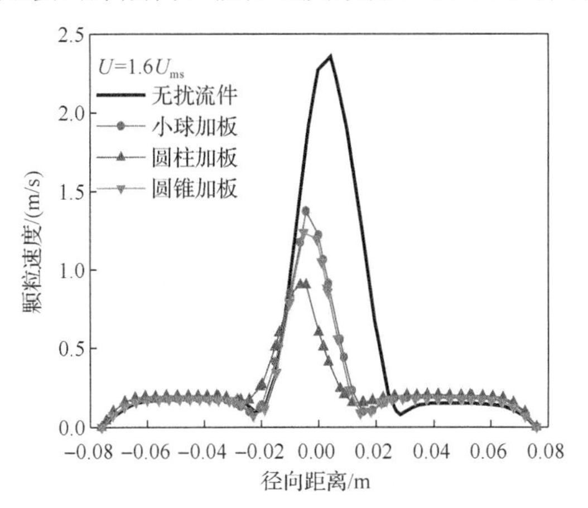

图 4-37　颗粒速度沿径向距离变化规律（z=0.2m）

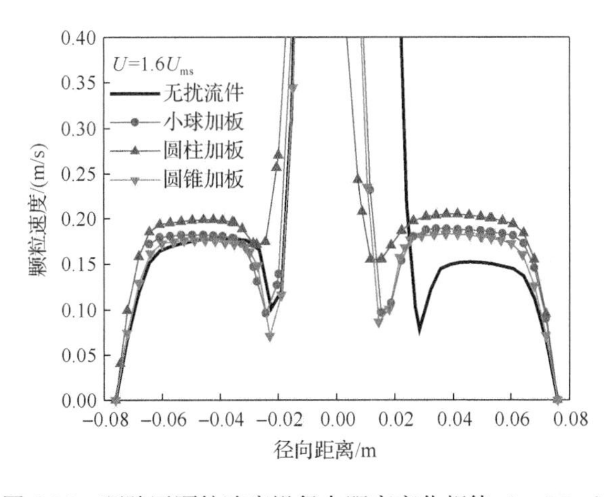

图 4-38　环隙区颗粒速度沿径向距离变化规律（z=0.2m）

大，较多的颗粒与其碰撞损失掉一部分动能，故颗粒速度降低。在环隙区，圆柱加板所在床内颗粒速度大于小球加板和圆锥加板，与对喷射区颗粒速度变化的影响相反。这是因为圆柱处于喷射区的表面积大，虽然导致对颗粒的阻力大，但对颗粒的扰流作用也大。喷射区颗粒在扰流作用下形成颗粒涡流，涡流带动环隙区颗粒的运动，故环隙区颗粒速度增大。

图 4-39 和图 4-40 分别为床高 z=0.17m 和 z=0.2m 处颗粒径向速度沿径向距离的变化，由图可见，在中心轴两侧，床内颗粒径向速度方向相反，喷射区的颗粒径向速度大于环隙区。扰流件为一对圆柱加板时，床内环隙区的颗粒径向速度明显较大。这是因为虽然圆柱较大的表面积对颗粒的扰流作用比较大，但对喷射区颗粒的阻力也增加，故圆柱所在床内的喷射区颗粒径向速度并未出现增大。环隙区的颗粒并未受到扰流件的直接阻碍，只是受到扰流作用的影响，产生了径向颗粒涡流，涡流促进了颗粒的横向运动，故圆柱所在床内环隙区的颗粒径向速度较大。

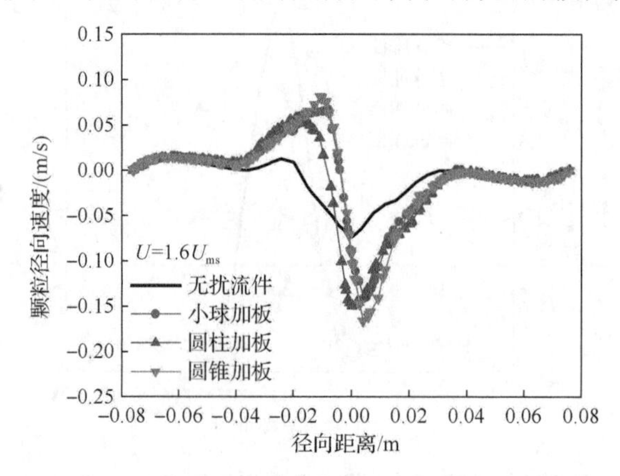

图 4-39　颗粒径向速度沿径向距离的变化（z=0.17m）

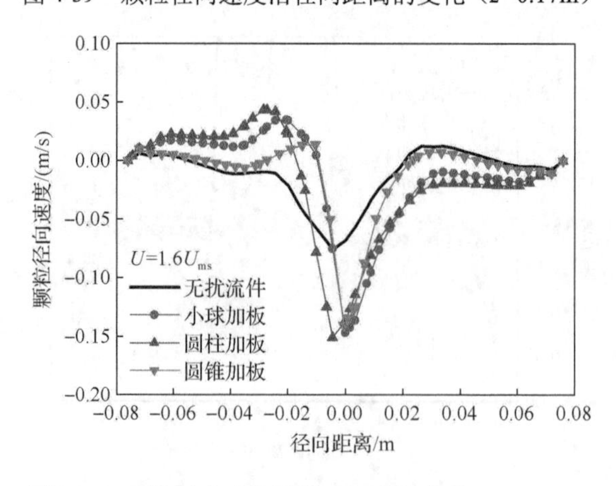

图 4-40　颗粒径向速度沿径向距离的变化（z=0.2m）

4.6.3　气体湍动能分布

图 4-41 和图 4-42 分别给出了在 z=0.17m 和 z=0.2m 处，三种不同形状扰流件下，气体湍动能沿喷动床径向距离的变化曲线。由图可以看出，在圆柱加板情况下，喷动床内气体湍动能值小于小球加板及圆锥加板的情况。此外，随着径向距离的增加，气体运动区域由喷射区逐渐过渡到环隙区及喷动床壁面，气体湍动能值由此呈现不断降低的趋势。

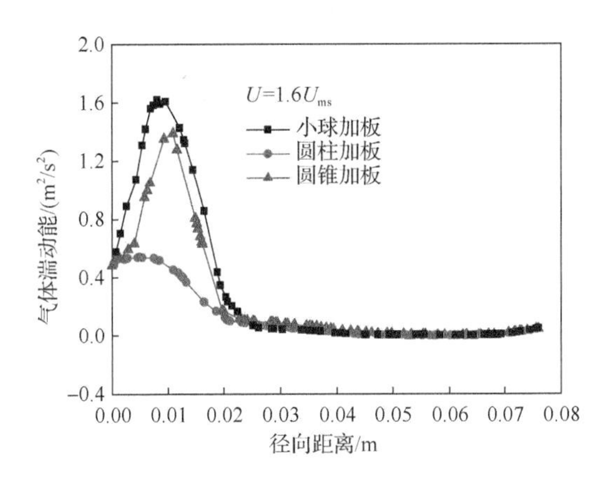

图 4-41　气体湍动能沿喷动床径向距离的变化曲线（z=0.17m）

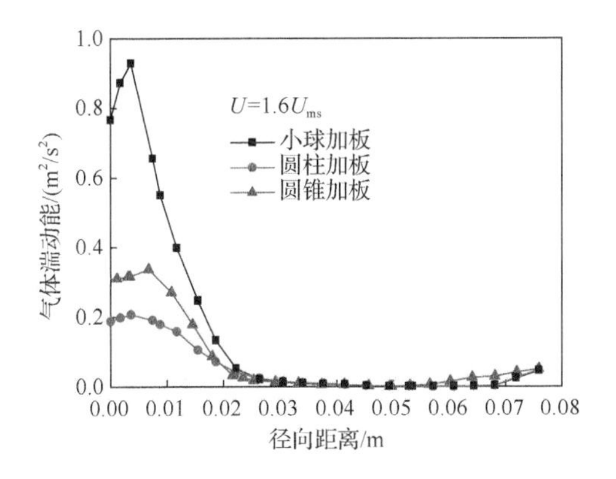

图 4-42　气体湍动能沿喷动床径向距离的变化曲线（z=0.2m）

图 4-43 给出了三种不同结构扰流件下，气体湍动能沿喷动床轴中心高度的变化曲线。由图可以看出，在扰流件所在床高处，小球加板所在床层内气体湍动能值最大，圆锥加板所在床层内气体湍动能值次之，圆柱加板所在床层内气体湍动能值最小。这表明，适当地增加扰流件的曲面弧度，可以降低气体、颗粒与扰流

件的摩擦阻力，在一定程度上能够改善纵向涡流对喷动床内气体、颗粒两相的流动的影响，增加气体、颗粒的流动湍动能值。

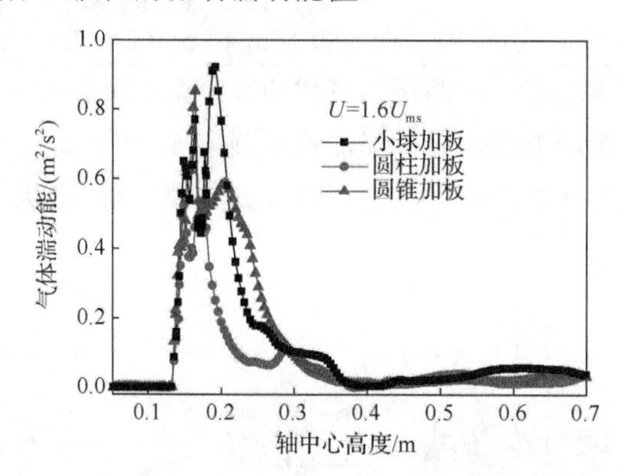

图 4-43　气体湍动能沿喷动床轴中心高度的变化曲线

参考文献

[1] GIDASPOW D. Multiphase flow and fluidization, contimnuum and kinetic theory description / dimitri gidaspow[J]. Boston Academic Press, 1995, 55(2): 207-208.

[2] WEN C Y, YU Y H. Mechanics of fluidization[J]. Chemical Engineering Progress Symposium Series Abstracts, 1966, 62(1): 100-111.

[3] ARASTOOPOUR H, PAKDEL P, ADEWUMI M. Hydrodynamic analysis of dilute gas-solids flow in a vertical pipe[J]. Powder Technology, 1990, 62(2): 163-170.

[4] WU F, GAO W W, ZHANG J J, et al. Numerical analysis of gas-solid flow in a novel spouted bed structure under the longitudinal vortex effects[J]. Chemical Enginerring Journal, 2018, 334: 2105-2114.

[5] WU F, ZHANG J J, MA X X, et al. Numerical simulation of gas-solid flow in a novel spouted bed: Influence of row number of longitudinal vortex generators[J]. Advanced Powder Technology, 2018, 29(8): 1848 -1858.

[6] WU F, HUANG Z Y, ZHANG J J, et al. Influence of longitudinal vortex generator con-figuration on the hydrodynamics in a novel spouted bed[J]. Chemical Engineering Journal, 2018, 41(9): 1716-1726.

[7] WU F, BAI J H, ZHANG J J, et al. CFD simulation and optimization of mixing behaviors in a spouted bed with a longitudinal vortex[J]. ACS Omega, 2019, 4(5): 8214-8221.

[8] 牛方婷, 尚灵祎, 吴峰, 等. 纵向涡流发生器喷动床颗粒流动特性研究[J]. 化学工程, 2017, 45(9): 39-44.

第 5 章　整体式多喷嘴喷动-流化床数值模拟

5.1　多喷嘴喷动-流化床内气固两相流二维模拟

本节采用双流体模型（two-fluid model，TFM）对新型整体式多喷嘴喷动-流化床内气固两相流动进行了二维数值模拟，在喷动床锥体两侧开若干缝隙形成辅助多喷嘴结构，使其在喷动床锥体处产生喷动-流化效果，从而对环隙区锥体边界处堆积颗粒层产生扰流作用。通过 CFD 数值模拟获取多喷嘴喷动-流化床内颗粒浓度、颗粒体积分数和颗粒速度等的分布情况，并与单喷嘴喷动床模拟结果进行对比。

5.1.1　模型建立及网格划分

根据物理问题的对称性，取多喷嘴喷动-流化床区域的一半作为研究对象进行数值建模。二维模型结构示意图及网格划分如图 5-1 所示，喷动床锥体处侧缝标

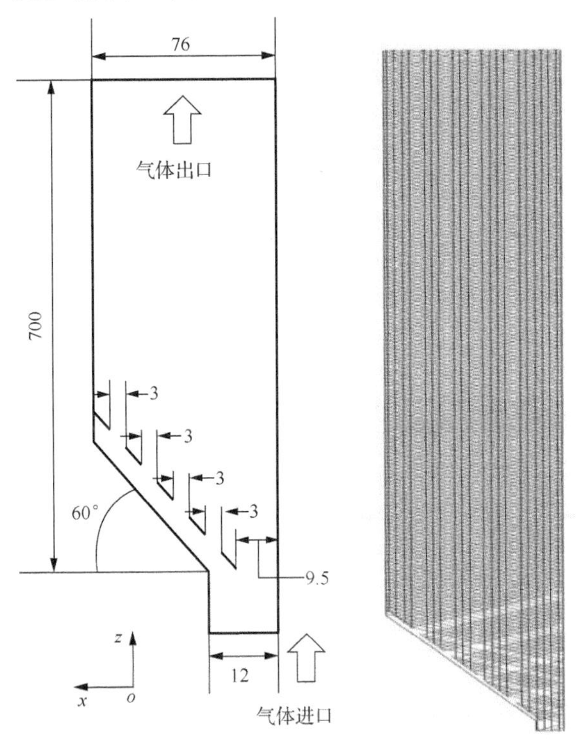

图 5-1　二维模型结构示意图及网格划分（单位：mm）

准数量取值为 4，侧缝宽度为 3mm。文献[1]基于 He 等[2-3]的实验数据，数值模拟分析了湍流模型对喷动床内气固两相流动的影响，其颗粒速度与实验值的最大模拟偏差为 26%，孔隙率的最大模拟偏差为 6.9%，表明数值模型具有一定的合理性。由于目前缺乏本节所设计的多喷嘴喷动-流化床内气固两相流实验数据，本节将采用文献[1]中的数值模型进行模拟分析，并将模拟结果与相应尺寸常规喷动床模拟结果（文献[1]）进行对比。

5.1.2　模型参数设置

两种喷动床数值模拟参数值设定如表 5-1 所示，计算边界条件设置如表 5-2 所示。喷动床进口气体采用速度进口边界条件，出口气体采用流体出口边界条件，流体在床壁面采用无滑移边界条件。模型引入 Gidaspow 曳力模型和颗粒动力学理论分别描述气固相间作用力和颗粒相应力。采用 SIMPLE 算法求解离散方程组的压力和速度耦合。迭代时间步长为 2×10^{-5}s，收敛标准为各残差小于 10^{-3}。

表 5-1　两种喷动床数值模拟参数值设定

参数	常规喷动床	多喷嘴喷动-流化床
固体密度 ρ_s/(kg/m³)	2503	2503
气体密度 ρ_g/(kg/m³)	1.225	1.225
气体黏度 μ_g/(Pa·s)	1.7894×10^{-5}	1.7894×10^{-5}
颗粒直径 d_s/mm	1.42	1.42
颗粒最大填充浓度 $\alpha_{s,max}$	0.59	0.59
静床层高度 H/mm	325	325
喷动床直径 D/mm	152	152
主喷嘴直径 D_i/mm	19	24
最小表观气速 u_{ms}/(m/s)	0.54	0.54
入口最小气速 U_{ms}/(m/s)	34.56	34.56
侧缝数量 m/个	—	4
侧缝宽度 δ/mm	—	3

表 5-2　计算边界条件设置

选项	设置值
求解器	二维，双精度，分离解法，瞬态，一阶隐式格式，轴对称
多相流模型	欧拉双流体模型
黏性模型	标准 k-ε 模型，分散
曳力系数	Gidaspow 曳力模型
摩擦应力	Schaeffer 模型
恢复系数	0.9

5.1.3　网格无关性分析

网格尺度对计算结果有很大的影响，在模拟计算前，首先对多喷嘴喷动-流化床计算模型的网格数量进行独立性检验分析。多喷嘴喷动-流化床的计算网格数分别设定为 11260 个、13260 个、14760 个和 21760 个。图 5-2 为床高 z=0.023m 时不同网格数下床内轴中心处最大颗粒速度。计算结果表明，数值模拟的精度随网格数的增加而提升，当网格数大于 13260 个时，多喷嘴喷动-流化床轴中心处最大颗粒速度基本不变，数值模拟达到了网格无关性的要求。以下模拟计算中网格数均取值为 14760 个进行数据分析。

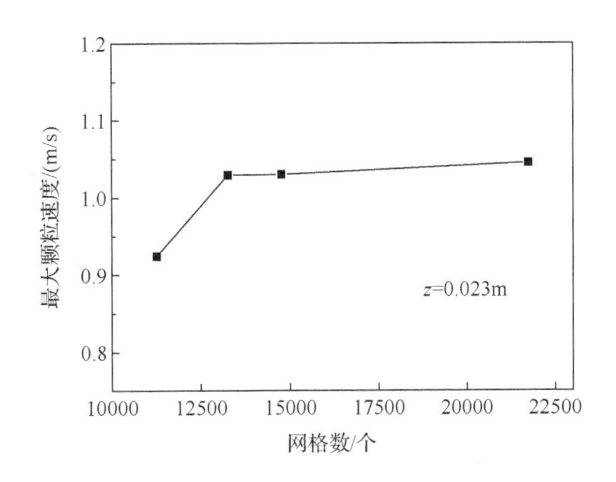

图 5-2　网格无关性对比

5.1.4　气固两相流

1. 颗粒浓度分布

图 5-3 为总入口最小气速 U=1.3U_{ms} 时，多喷嘴喷动-流化床内颗粒浓度分布。其中，中心喷嘴气体流量分布可用中心喷嘴直径与总喷嘴直径之比表示，其余为侧边喷嘴气体流量分布，本节中中心喷嘴直径与总喷嘴直径之比为 19/24。由图 5-3 可知，在喷动形成前，床体上部颗粒出现腾涌现象，当计算时间 t 大于 5s 时，喷动床内气固两相流体流动结构达到稳定状态，颗粒浓度形成类似波节状分布云图。

图 5-4 为稳定情况下，多喷嘴喷动-流化床与常规喷动床内颗粒浓度分布。由图 5-4 可以看出，多喷嘴喷动-流化床的侧缝喷嘴对锥体区固体颗粒层实现了有效扰动，出现多处局部涡流，颗粒浓度显著下降，增强了环隙区颗粒与喷射区气体、颗粒之间的横向混合，扩大了喷射区气体对环隙区颗粒运动的影响范围。此外，在相同的进口气体流量条件下，多喷嘴喷动-流化床结构分散了进口气体的分布，

增加了喷射气体的沿程阻力，导致喷动高度较常规喷动床低，并难以形成明显的喷泉区域。

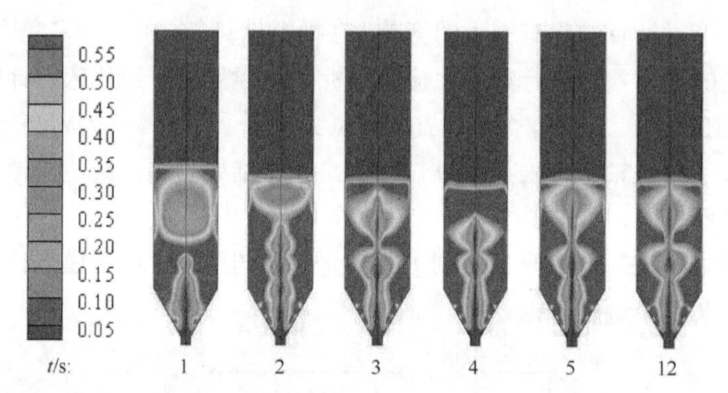

图 5-3　多喷嘴喷动-流化床内颗粒浓度分布（$U=1.3U_{ms}$）

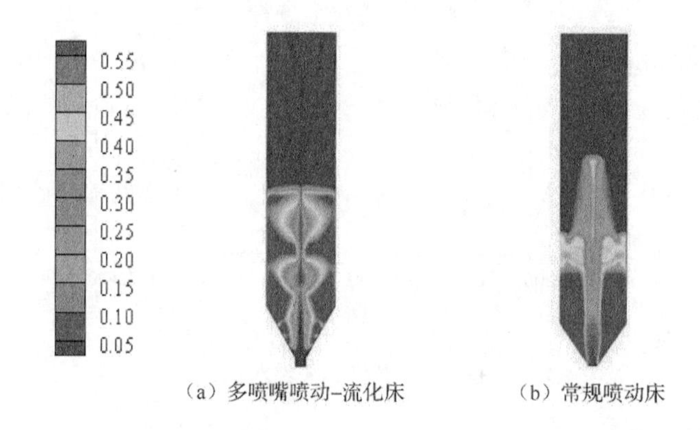

（a）多喷嘴喷动-流化床　（b）常规喷动床

图 5-4　两种喷动床内颗粒浓度分布

2. 颗粒速度分布

图 5-5 为两种喷动床锥体区在不同床层高度下的颗粒速度分布。由图可知，多喷嘴喷动-流化床颗粒速度在喷射区远低于常规喷动床颗粒速度，而在环隙区则高于常规喷动床。这是因为两种喷动床在相同的入射气体流量下，整体式多喷嘴喷动-流化床中有一部分气体流量进入侧缝中，所以轴中心喷射气体的速度降低，进而喷射区颗粒速度降低，进入侧缝的气体流量强化了环隙区的颗粒运动，增加了环隙区颗粒的速度。

图 5-6（a）为常规喷动床内锥体区在不同床层高度下的颗粒速度径向分布，由图可知，颗粒速度沿着径向距离逐渐减小，在环隙区与喷射区交界处急剧减小为零，喷射区内颗粒速度随床层高度的增加而增大。图 5-6（b）为多喷嘴喷动-流化床内锥体区在不同床层高度下颗粒速度径向分布。由图可知，颗粒速度沿径向

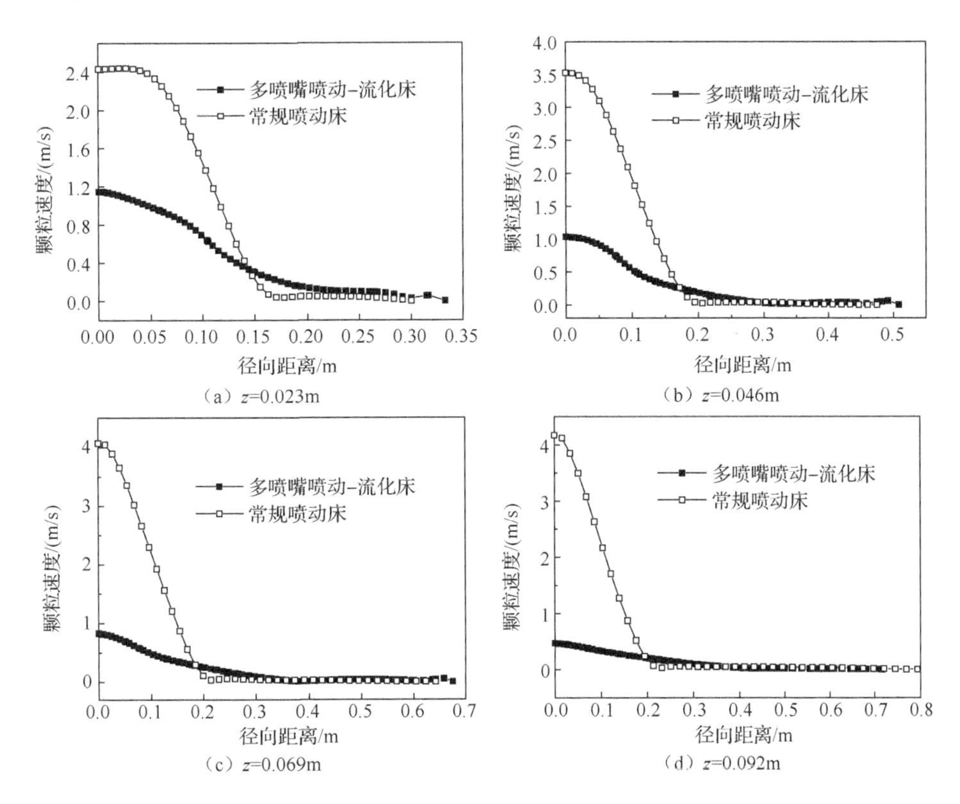

图 5-5　两种喷动床锥体区在不同床层高度下的颗粒速度分布

逐渐减小，但没有出现急剧减为零的现象，颗粒速度在喷射区出现随床层高度增加而降低的现象。这表明多喷嘴喷动-流化床锥体两侧气流的分散降低了喷射区气体总量，从而降低了喷射区气体动能，提升了环隙区颗粒的运动能力，强化了喷射区气体、颗粒与锥体区、环隙区颗粒的动量交换过程。

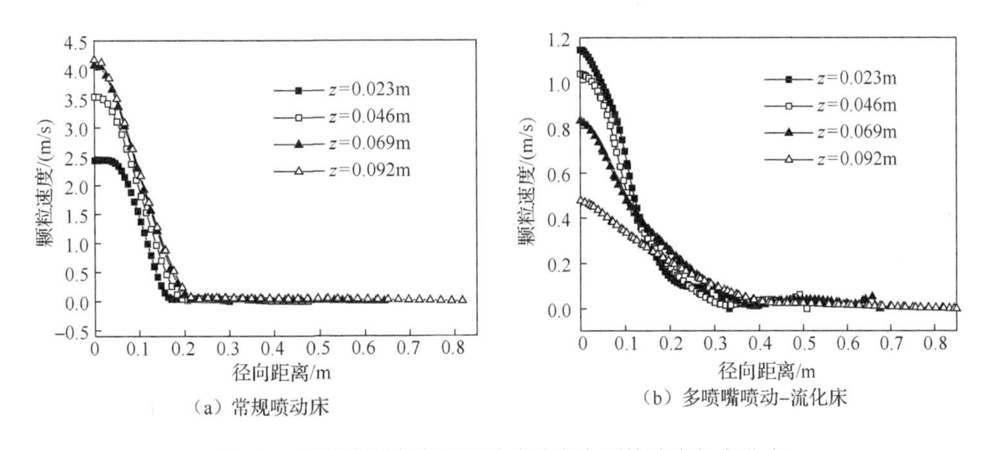

图 5-6　不同床层高度下两种喷动床内颗粒速度径向分布

3. 颗粒体积分数分布

图 5-7 给出了不同床层高度下两种喷动床锥体区颗粒体积分数分布。由图可知，多喷嘴喷动-流化床的颗粒体积分数分布整体低于常规喷动床，表明圆锥侧的开缝设计能有效降低锥体区颗粒体积分数，使得颗粒体积分数沿径向分布变得平缓，有利于消除锥体区的颗粒流动死区。

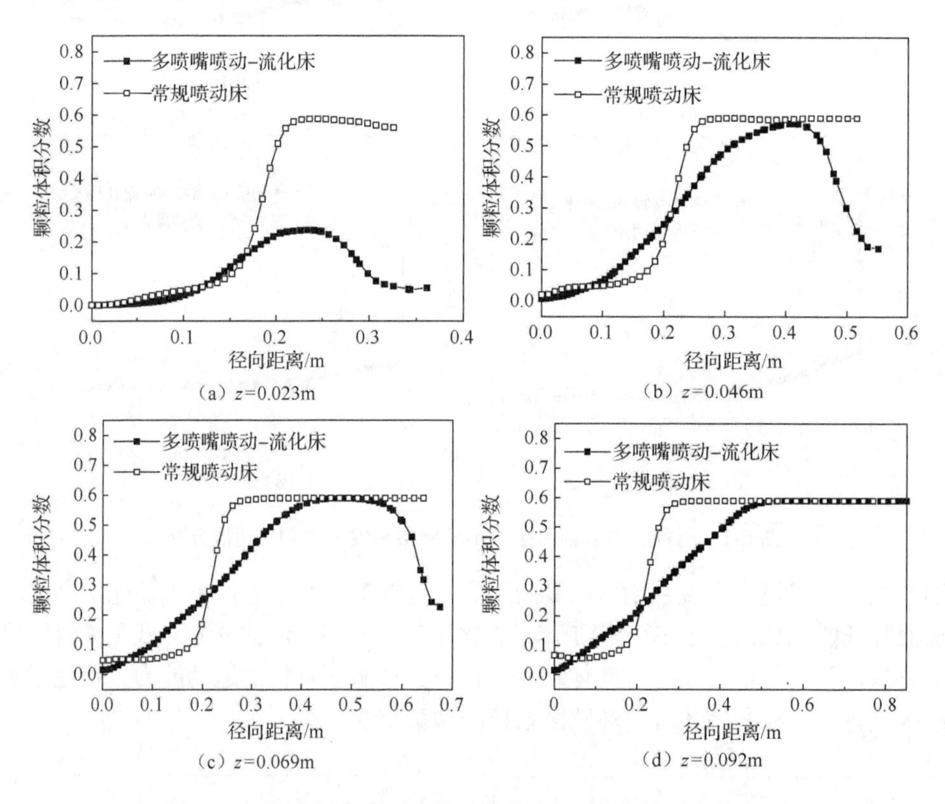

图 5-7　不同床层高度下两种喷动床锥体区颗粒体积分数分布

图 5-8 为不同床层高度下两种喷动床内颗粒体积分数径向分布。图 5-8（a）中颗粒体积分数在喷射区与环隙区交界处沿径向急剧增大，到环隙区增至最大值，并至壁面处保持为最高值，表明环隙区内颗粒密集且流动缓慢，甚至在环隙区底部锥体区出现了流动死区。图 5-8（b）中在 z=0.023m、0.046m、0.069m 时，颗粒体积分数沿径向缓慢增大，在近壁面处沿径向出现了急剧下降现象，表明圆锥壁面开缝处的气体流动带动了环隙区颗粒流动，使颗粒在近壁面处速度增大，进而减小了颗粒体积分数。此外，近壁面处颗粒体积分数随着床层高度的增加而增加，表明随着床层高度的增加，主喷嘴及缝隙喷嘴处气流对环隙区近壁面颗粒运

动的扰动影响能力逐渐降低，在床层高度 z=0.092m 处，多喷嘴喷动-流化床内颗粒体积分数在环隙区到近壁面处逐渐增大至最大值。

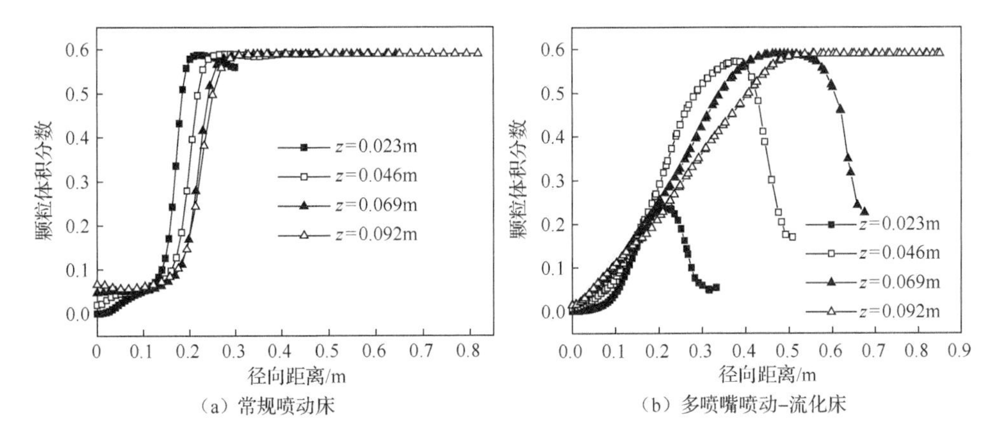

图 5-8　不同床层高度下两种喷动床内颗粒体积分数径向分布

5.1.5　侧缝数量对二维多喷嘴喷动-流化床影响

为了能够全面了解关键设计参数（侧面开缝参数）对整体式多喷嘴喷动-流化床内气固两相流动的影响规律，设定一个无量纲参数 δ/D_i 为侧缝宽度与主喷嘴直径的比值，其中 δ 为侧缝宽度，D_i 为喷动床主喷嘴直径。给定 δ/D_i=0.125（侧缝宽度为 3mm，喷动床主喷嘴直径为 24mm）。

1. 模拟工况介绍

本小节所模拟的多喷嘴喷动-流化床工况如表 5-3 所示。数值模拟中常规喷动床和多喷嘴喷动-流化床的计算网格数分别为 14391 个和 14760 个。本小节模拟喷动床的几何尺寸、气相和颗粒相的物理特性均与常规喷动床相同，不同的是模拟喷动床为在柱锥型喷动床锥体区对称两侧开若干细缝形成的多喷嘴喷动-流化床。多喷嘴喷动-流化床主喷嘴直径为 24mm，常规喷动床主喷嘴直径为 19mm，圆锥处侧缝标准数量取值为 3，侧缝宽度为 3mm。多喷嘴喷动-流化床主喷嘴直径与常规喷动床主喷嘴直径一致，颗粒处理量一致。

表 5-3　模拟的多喷嘴喷动-流化床工况

序号	侧缝数量 m	侧缝宽度/mm
1	1	3
2	2	3

续表

序号	侧缝数量 m	侧缝宽度/mm
3	3	3
4	4	3
5	5	3

2. 颗粒浓度分布

图 5-9 为 δ/D_i=0.125（侧缝宽度为 3mm，主喷嘴直径为 24mm）时，侧缝数量分别为 1、2、3、4、5 的多喷嘴喷动-流化床内气固两相流体流动的颗粒浓度分布。由图 5-9 可知，侧缝数量为 1 时，喷动床中气固两相流体未能形成连续稳定的喷动状态，呈现腾涌现象。在其他侧缝数量条件下，喷动床中均可形成连续稳定的喷动状态。

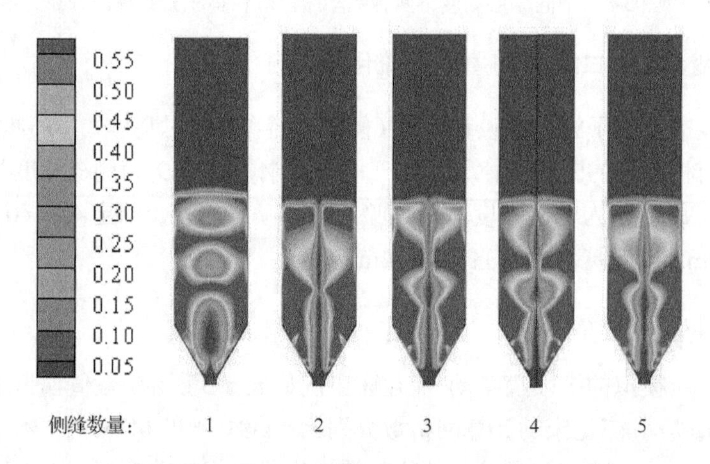

图 5-9　不同侧缝数量下多喷嘴喷动-流化床内颗粒浓度分布

3. 颗粒体积分数分布

图 5-10 为不同床层高度下侧缝数量对多喷嘴喷动-流化床圆锥处颗粒体积分数分布影响。由图 5-10 可知，在 0.023m 床层高度下，喷动床内颗粒体积分数沿径向距离呈现先增大后逐渐减小的趋势。这是因为在低床层高度处，床壁处侧缝中气体分流对环隙区颗粒分层运动的影响最为显著，起到了扰动和破坏作用，颗粒群沿着径向出现了重新分布与均匀化趋势，减小了壁面处的颗粒体积分数。在 0.046m、0.069m 和 0.092m 床层高度下，颗粒体积分数沿径向距离先增大后逐渐趋于稳定，这是因为环隙区离侧缝喷嘴的距离逐渐增加，侧缝数量对环隙区颗粒

体积分数分布的影响逐渐减弱。总体而言，侧缝数量为 3 时，环隙区整体颗粒体积分数沿径向分布最为均匀，表现出最佳颗粒体积分数分布状态。

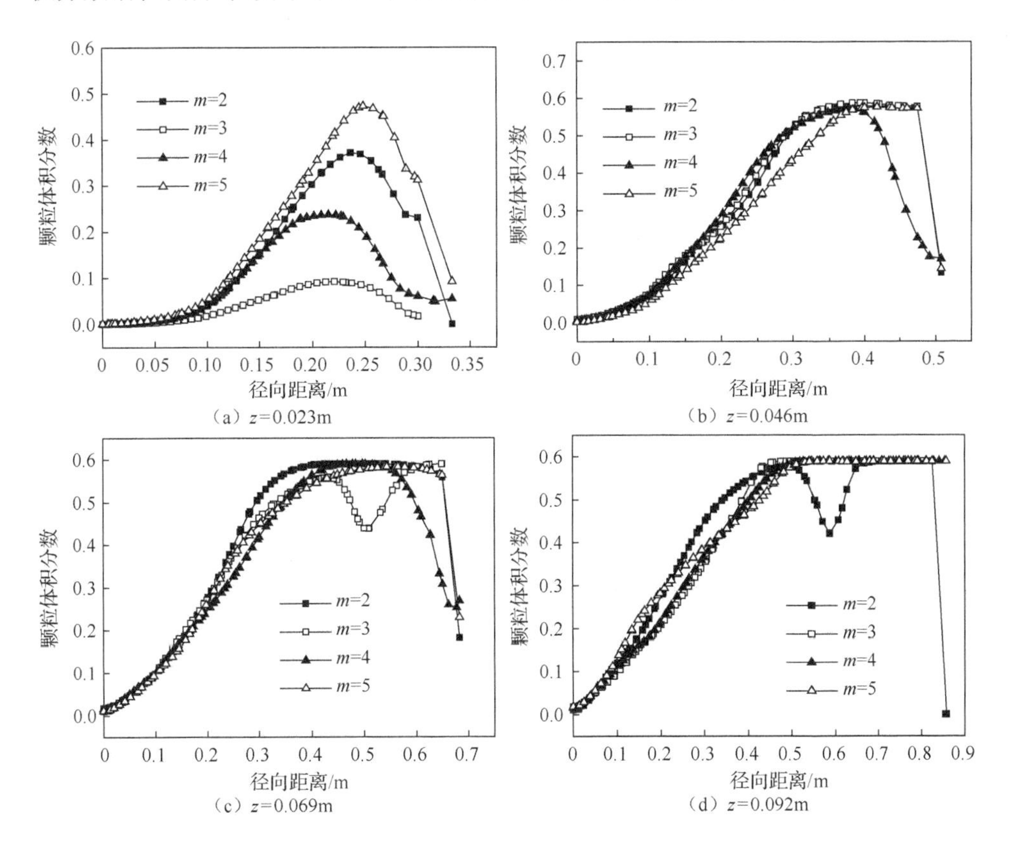

图 5-10　不同床层高度下侧缝数量对多喷嘴喷动-流化床圆锥处颗粒体积分数分布影响

4. 颗粒速度分布

图 5-11 为不同床层高度下侧缝数量对多喷嘴喷动-流化床圆锥处颗粒速度分布影响。由图可以看出，在喷射区，喷动床内颗粒速度在喷射区与环隙区过渡区沿径向急剧下降；在环隙区，喷动床颗粒速度沿径向出现轻微先增大后减小现象，表明侧缝喷嘴与喷射区上升气流对环隙区颗粒运动起到了扰动作用，且在圆锥处（z=0.023m）侧缝喷嘴气流扰动效果最为明显。当侧缝数量为 3 时，环隙区内颗粒速度被提升的效果最为明显（图 5-11（a））。图 5-10、图 5-11 综合表明：圆锥处侧缝数量为 3 时，多喷嘴喷动-流化床的整体颗粒体积分数分布和颗粒速度分布达到了最佳状态。

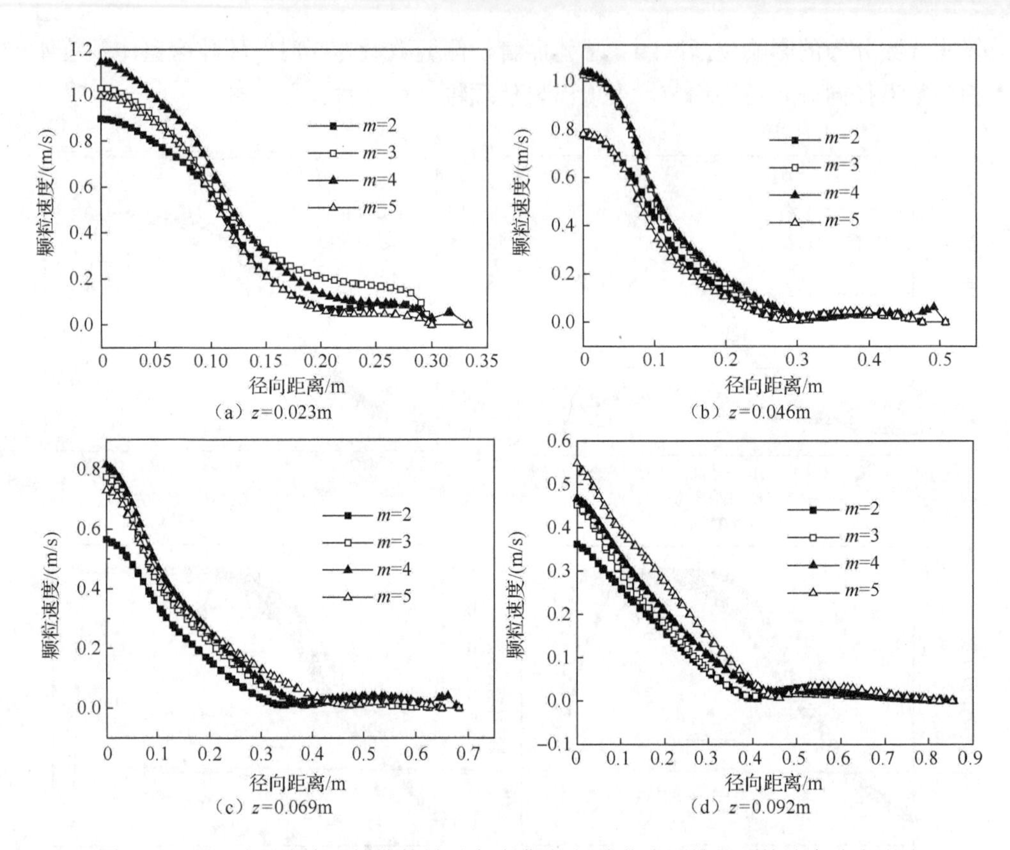

图 5-11　不同床层高度下侧缝数量对多喷嘴喷动-流化床圆锥处颗粒速度分布影响

5. 相对标准偏差

流场速度分布均匀度评价指标一般有五种：相对标准偏差（CV）[4]、均匀度指数（γ_v）、面积加权平均速度和质量加权平均速度（λ）、克里斯琴森均匀系数（CU）、分布均匀系数（DU）[5-9]。

此处采用相对标准偏差（CV）作为流场速度分布均匀度评价指标来分析各喷动床模型流场均匀度。CV 是用来表征相对变异量的度量，是一个无量纲值，可以用来比较均值明显不同的总体离散性，也可以比较流场均匀度的改善程度，其表达式如下：

$$\mathrm{CV}=\left(S/\bar{V}\right)\times 100\% \tag{5-1}$$

式中，

$$S=\sqrt{\frac{1}{n-1}\sum_{j=1}^{n}\left(V_j-\bar{V}\right)^2} \tag{5-2}$$

式中，S 为标准偏差；V_j 为第 j 个采样点的速度值；$\bar{V}$ 为所有采样点的平均速度；n 为采样点个数。通过比较不同工况下的 CV 值来评判流场的均匀度，CV 值越小，流场均匀度越高。

表 5-4 为各模型颗粒速度相对标准偏差 CV 值计算结果比较。从表 5-4 中可以看出，侧缝数量为 1 时 CV 值最小，但结合图 5-9 分析，1 个侧缝时多喷嘴喷动-流化床内未形成连续稳定的喷动状态，因此不考虑此工况时，相对标准偏差出现先减小后增大再减小的现象。除侧缝数量为 1 的情况外，在床层高度 z=0.023m 时，侧缝数量为 3 的相对标准偏差 CV 值最小，颗粒速度流场相对最为均匀。在 z=0.046m 时，侧缝数量为 4 的 CV 值最小；在 z=0.069m 及 z=0.092m 时，侧缝数量为 5 的 CV 值最小，侧缝数量为 5 的 CV 值最小，颗粒速度流场均匀度最高。另外，在各侧缝数量条件下，相对标准偏差 CV 值基本呈现随着床层高度的增加而增大，这是由于随着床层高度的增加，多喷嘴喷动-流化床主喷射区和侧缝处气体速度均降低，颗粒速度随之减小，床内环隙区颗粒流动更为缓慢，从而降低颗粒速度流场均匀度。

表 5-4　各模型颗粒速度相对标准偏差 CV 值计算结果比较

床层高度/m	侧缝数量/个					
	0	1	2	3	4	5
0.023	105.7%	46.9%	86.2%	75.3%	82.1%	93.4%
0.046	141.2%	55.33%	115.2%	161.1%	111.1%	118.3%
0.069	165.7%	51.77%	118.4%	124.8%	110.9%	106.1%
0.092	183.9%	56.11%	116.8%	129.7%	113.8%	110.6%
平均值	149.1%	52.5%	109.2%	122.7%	104.5%	107.1%

从图 5-12～图 5-14 中可以看出，在侧缝宽度为 3mm、主喷嘴直径为 24mm 条件下，随着侧缝数量的增加，CV 值呈现非线性规律。侧缝数量为 1 时，相对标准偏差（CV）最小，说明其均匀度最高，但综合图 5-9，得出侧缝数量为 1 时

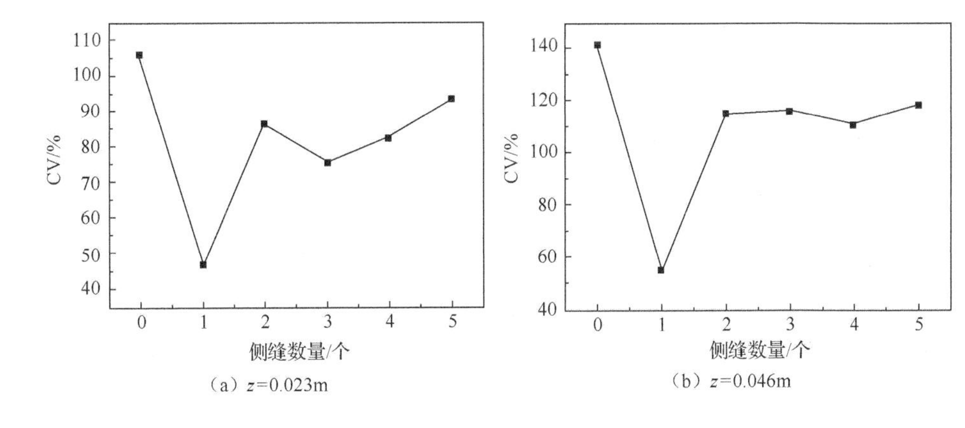

（a）z=0.023m　　（b）z=0.046m

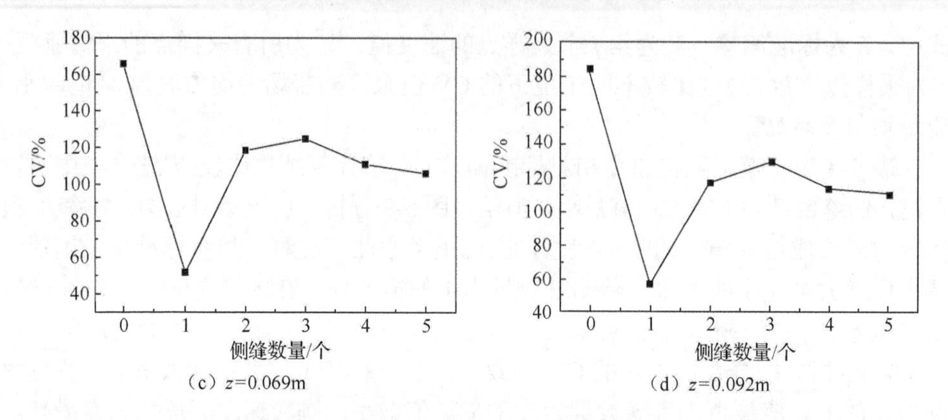

（c）z=0.069m　　（d）z=0.092m

图 5-12　相同床层高度下不同侧缝数量的多喷嘴喷动-流化床 CV 值比较

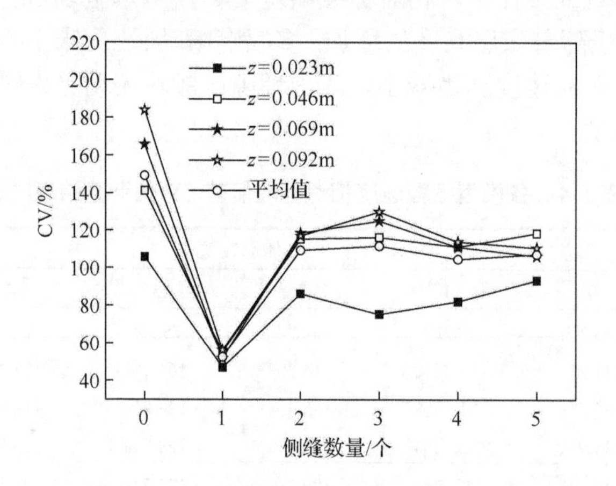

图 5-13　不同床层高度下不同侧缝数量的多喷嘴喷动-流化床 CV 值比较

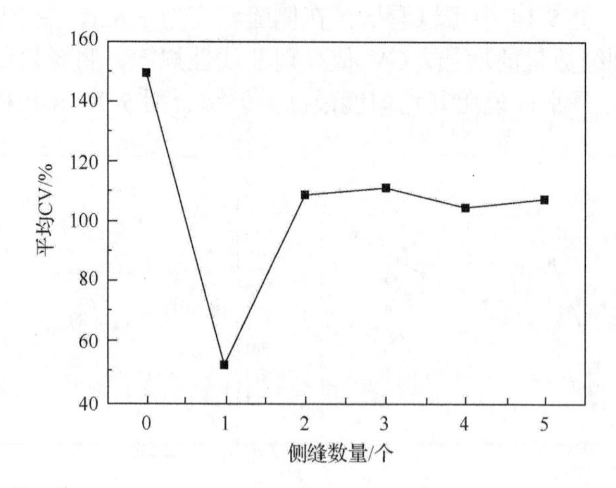

图 5-14　不同侧缝数量的多喷嘴喷动-流化床 CV 值的平均值

床内不能形成连续稳定的喷动状态，因此不考虑此工况。床层高度为 0.023m，侧缝数量为 3 时，CV 值最小，即颗粒速度均匀度最高。在 z=0.046m 时，侧缝数量为 4 的 CV 值最小；在 z=0.069m 及 z=0.092m 时，侧缝数量为 5 的 CV 值最小。

5.1.6　颗粒处理量对二维多喷嘴喷动-流化床影响

为了使二维多喷嘴喷动-流化床能够得到充分利用，有必要深入研究颗粒处理量对二维多喷嘴喷动-流化床内流体流动的影响。本小节所采用的颗粒密度、颗粒直径等物性参数及颗粒最大填充率等物理参数均未改变，因此研究颗粒处理量对二维多喷嘴喷动-流化床内流体流动的影响，就是研究颗粒静床层高度对二维多喷嘴喷动-流化床内流体流动的影响。

本小节所模拟的多喷嘴喷动-流化床工况如表 5-5 所示。

表 5-5　本小节所模拟的多喷嘴喷动-流化床工况

序号	侧缝数量/个	侧缝宽度/mm	静床层高度/m	H/D
1	3	3	0.1	0.658
2	3	3	0.15	0.987
3	3	3	0.2	1.316
4	3	3	0.25	1.645
5	3	3	0.325	2.138

1. 颗粒浓度分布

图 5-15 为 t=12s 时不同静床层高度下多喷嘴喷动-流化床的颗粒浓度分布。可以看出，t=12s 时在各个静床层高度所在多喷嘴喷动-流化床内，颗粒都形成了

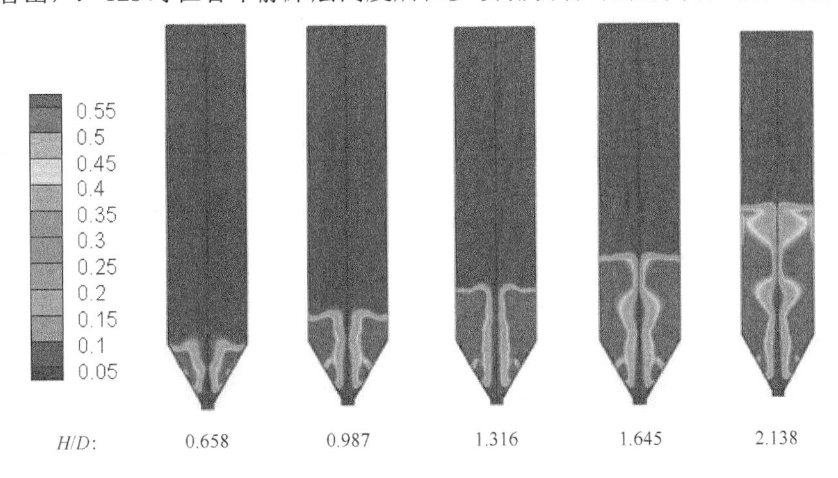

图 5-15　不同静床层高度下多喷嘴喷动-流化床的颗粒浓度分布

稳定的喷动。当 H/D 为 1.645 和 2.138（静床层高度 H=0.25m 和 H=0.325m）时，床内颗粒形成类似波节状的稳定喷动云图。在静床层高度 H=0.1m 时，床内喷动还存在喷泉区，随着静床层高度的增大，颗粒处理量增大，床内颗粒的喷动阻力增大，造成颗粒动能损失相对较大，故喷泉高度稍有降低。在同一床层结构内，H=0.325m 时多喷嘴喷动-流化床内虽然没有明显喷泉区，但依然能形成稳定循环喷动，达到喷动效果，且颗粒处理量远大于 H=0.1m 时，大大提升了多喷嘴喷动-流化床的利用率。

2. 颗粒体积分数分布

图 5-16 为 t=12s 时不同静床层高度下多喷嘴喷动-流化床的颗粒体积分数。可以看出，颗粒体积分数基本在气体入射喷嘴处最小，随着径向距离的增大先增大后减小；在床层高度 z=0.092m 时，颗粒体积分数随径向距离的增大基本呈现增大的趋势，最后维持一个定值不再变化。比较不同静床层高度 H 下颗粒体积分数变化发现：z=0.023m 时，多喷嘴喷动-流化床内静床层高度对颗粒体积分数的影响相比其他床高时更为明显，颗粒体积分数在径向距离为 0.23m 附近达到最大值；

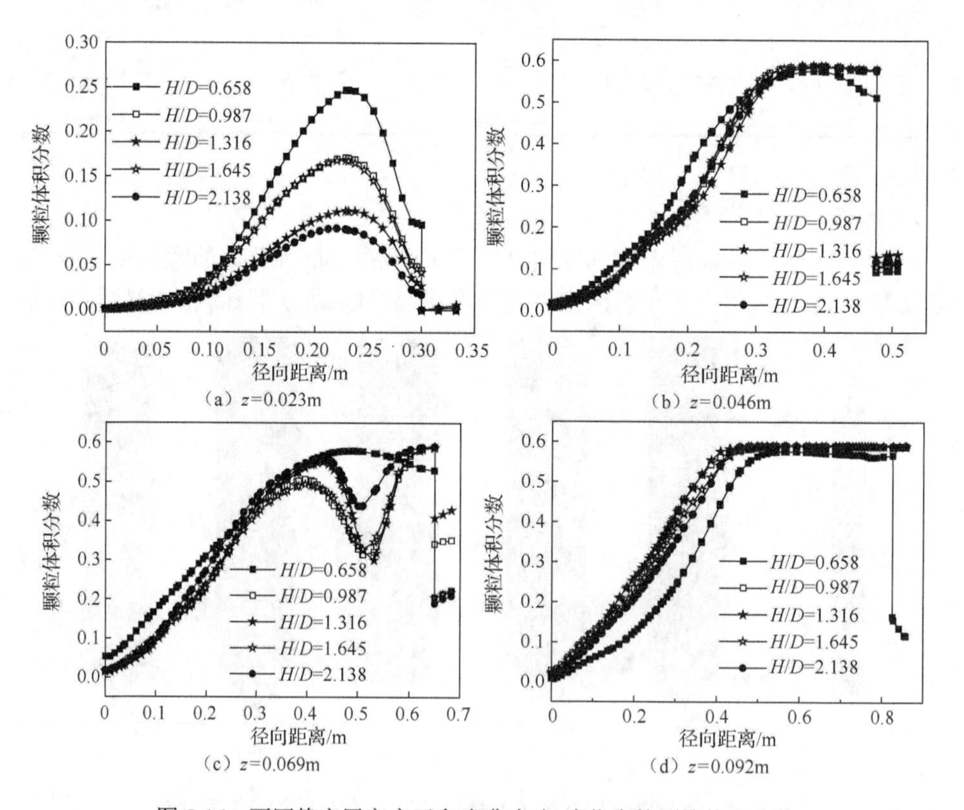

（a）z=0.023m　（b）z=0.046m　（c）z=0.069m　（d）z=0.092m

图 5-16　不同静床层高度下多喷嘴喷动-流化床的颗粒体积分数

H/D=2.138 时，床层内沿径向分布的颗粒体积分数最小。随着床高的增加，侧缝与喷射区距离逐渐减小，侧缝对喷射区流道的缩小作用减弱，颗粒体积分数达到最大值时的径向距离增大。

3. 相对标准偏差

表 5-6 为各模型颗粒速度相对标准偏差 CV 值计算结果比较。结合表 5-5、表 5-6 可以看出，当侧缝数量为 3，侧缝宽度为 3mm，主喷嘴直径为 24mm 时，在床层高度 z=0.023m 处，颗粒静床层高度为 0.325m 的相对标准偏差 CV 值最小，说明其颗粒速度流场最为均匀。在其他床层高度时，均显示颗粒静床层高度为 0.1m 的 CV 值最小，颗粒速度流场均匀度最高。通过计算各床层高度的平均 CV 值，也得出颗粒静床层高度为 0.1m 时颗粒速度流场均匀度最高。但是当多喷嘴喷动-流化床结构确定时，颗粒静床层高度若为 0.1m，则不能使其得到最有效的利用。

表 5-6　各模型颗粒速度相对标准偏差 CV 值计算结果比较

床层高度/m	H/D				
	0.658	0.987	1.316	1.645	2.138
0.023	87.2%	79.4%	77.3%	79.8%	75.3%
0.046	104.7%	115.2%	117.9%	133.8%	116.1%
0.069	73.7%	125.3%	129.3%	121.3%	124.8%
0.092	63.5%	115.9%	123.6%	118.4%	129.7%
平均值	82.3%	109.0%	112.0%	113.3%	111.5%

注：其中侧缝数量为 3，侧缝宽度为 3mm，主喷嘴直径为 24mm。

图 5-17 为床层高度 z=0.023m 时，多喷嘴喷动-流化床内颗粒速度流场相对标准偏差 CV 值随颗粒静床层高度的变化。由图可知，床层高度 z=0.023m 时，随着

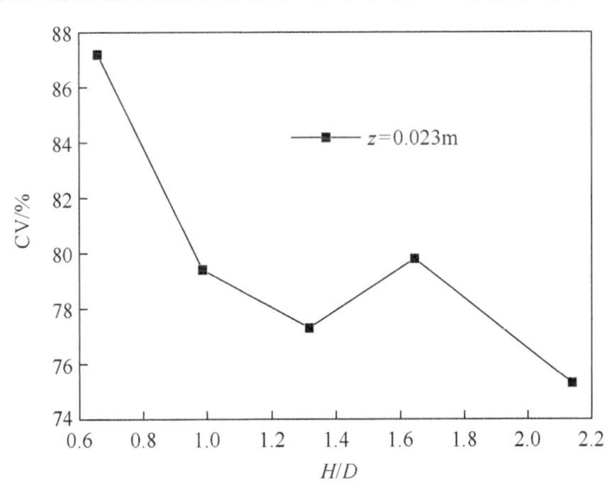

图 5-17　颗粒速度流场相对标准偏差 CV 值随颗粒静床层高度的变化

颗粒静床层高度的增加，颗粒速度流场相对标准偏差 CV 值呈现先减小后增大再减小的非线性规律；H/D=2.138 时 CV 值最小，说明其颗粒速度流场均匀度最高，床内颗粒处理量最大，床层能得到最有效的利用。

5.2　多喷嘴喷动-流化床内气固两相流三维模拟

由于二维模型不能真实体现侧喷嘴丰富的空间结构参数对气固两相流动的影响。因此，有必要将二维模型拓展到三维模型，在三维数值模拟的基础上更加真实地研究分析三维整体式多喷嘴喷动-流化床内气固两相流动特性。为了对环隙区内的颗粒堆积层产生局部流化作用，提出了一种在喷动床锥体处开一定数量的圆孔形侧喷嘴形成的三维多喷嘴喷动-流化床结构，并采用双流体模型（TFM）对三维整体式多喷嘴喷动-流化床内的气固两相流动行为进行了数值模拟。通过计算流体力学（CFD）模拟获得了三维整体式多喷嘴喷动-流化床内颗粒体积分数、颗粒速度和流场均匀度分布情况，并将模拟结果与常规喷动床进行了对比分析。

5.2.1　模拟与实验校核对比

三维的数值模拟能够更加真实、全方位地反映床层内颗粒的运动信息，进而计算得出最优的喷动床操作参数，为工业生产中反应器尺寸的放大提供依据。由图 5-18 可以看出，多喷嘴喷动-流化床内颗粒径向速度的模拟值与实验值的变化趋势基本一致，吻合度较好。两条线的相对误差为 21.76%和 25.5%，所取两条线上模拟值与实验值的平均误差值为 19.2%。虽然实验测量中存在一定的误差，但是通过多次实验测量将误差降到了最小，表明所设计的多喷嘴喷动-流化床的数学模型具有一定的可行性。

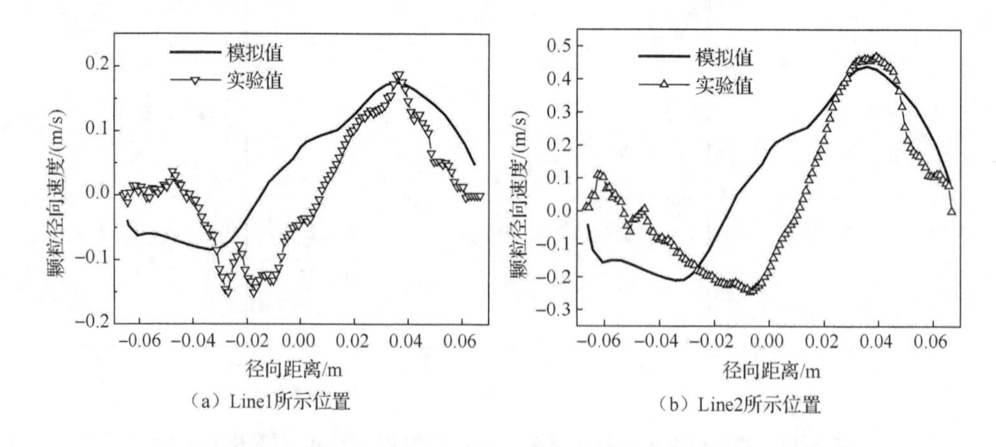

（a）Line1所示位置　　（b）Line2所示位置

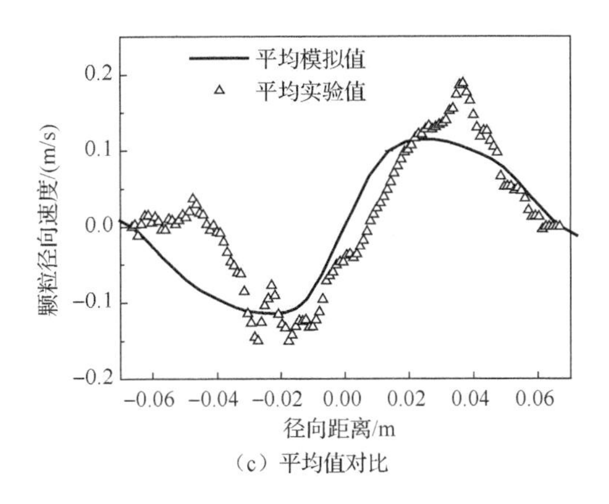

（c）平均值对比

图 5-18　颗粒径向速度的模拟值与实验值的对比分析

5.2.2　模型建立及网格划分

本小节所模拟的多喷嘴喷动-流化床的基本几何尺寸与文献[2]和[3]中的喷动床相同，三维整体式多喷嘴喷动-流化床结构示意图及网格划分情况如图 5-19 所示。喷动床锥体处侧壁开孔数量设定为 24 个（共 8 排，每排 3 个），呈现为三维空间均匀分布，所开圆孔直径δ为 1～5mm。采用双流体模型对三维整体式多喷嘴喷动-流化床内气固两相流动规律进行数值模拟，故采用文献[10]中已验证的数值模型，并将模拟结果与相应尺寸的常规喷动床进行对比。

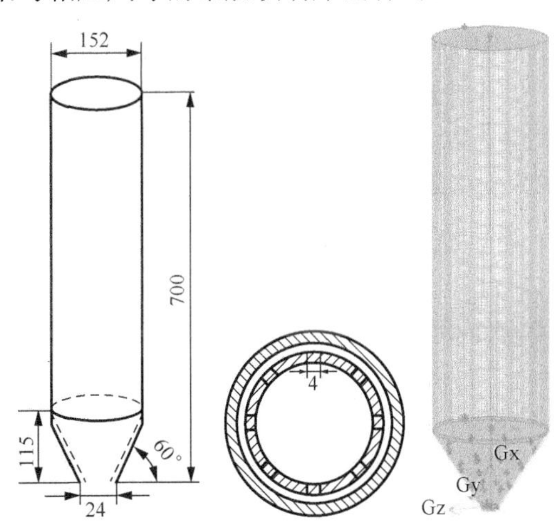

图 5-19　三维整体式多喷嘴喷动-流化床结构示意图及网格划分情况（单位：mm）

5.2.3　模型参数设置

表 5-7 为两种喷动床数值模拟参数的设定。

表 5-7　两种喷动床数值模拟参数的设定

参数	常规喷动床	三维整体式多喷嘴喷动-流化床
颗粒密度ρ_s/（kg/m^3）	2503	2503
气体密度ρ_g/（kg/m^3）	1.225	1.225
气体黏度μ_g/（Pa·s）	1.7894×10^{-5}	1.7894×10^{-5}
颗粒直径 d_s/mm	1.42	1.42
最大颗粒体积分数$\alpha_{s,max}$	0.59	0.59
静床层高度 H/mm	325	325
喷动床直径 D/mm	152	152
主喷嘴直径 D_i/mm	19	24
最小表观气速 u_{ms}/（m/s）	0.54	0.54
入口最小气速 U_{ms}/（m/s）	—	$1.6U_{ms}$
开孔个数 n/个	—	24
侧喷嘴直径 /mm	—	4

5.2.4　网格无关性分析

对三维整体式多喷嘴喷动-流化床模拟进行网格无关性分析，计算网格数分别设定为 220643 个、253283 个、286036 个、306790 个、338446 个。图 5-20 为床层高度 z=0.028m 时，不同网格数量所对应的轴中心颗粒最大速度变化规律。计算结果表明，当网格数大于 253283 个时，数值模拟结果基本达到了网格无关性的要求。在数值模拟中常规喷动床和多喷嘴喷动-流化床的计算网格数分别为 234214 个和 286036 个，将在此网格数下的两种喷动床进行了模拟计算分析对比。

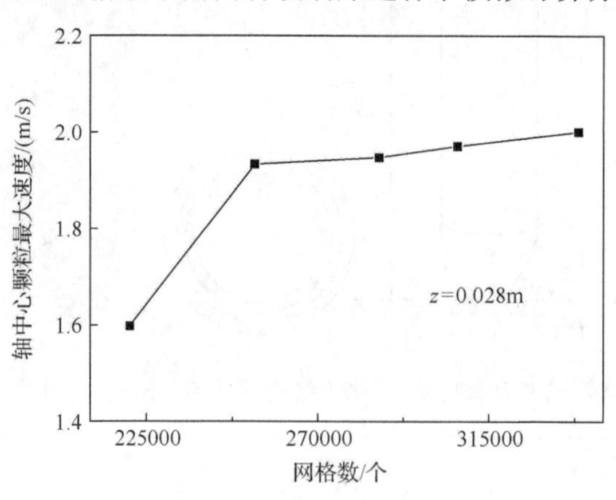

图 5-20　网格无关性验证

5.2.5　气固两相流

1. 颗粒浓度分布

由于流体流动具有连续性，侧喷嘴与主喷嘴的气体流量分配可用侧喷嘴圆孔总横截面积与主喷嘴圆孔总横截面积之比 A_i/A_z 表示（A 为喷嘴通道横截面积）。图 5-21 为主喷嘴的入口气体速度 U=1.6U_{ms}，A_i/A_z=0.67（侧喷嘴直径为 4mm，主喷嘴直径为 24mm）时，多喷嘴喷动-流化床内颗粒浓度随时间分布情况。由图 5-21 可知，在喷动形成之前，喷射区存在不连续的喷动现象，当计算时间 t>9s 时，三维多喷嘴喷动-流化床内气固两相流体流动结构达到稳定的喷动状态，形成明显的喷射区、喷泉区、环隙区三区结构。因此，本小节采用三维多喷嘴喷动-流化床在计算时间 t=9s 时的模拟数据作为研究对象。

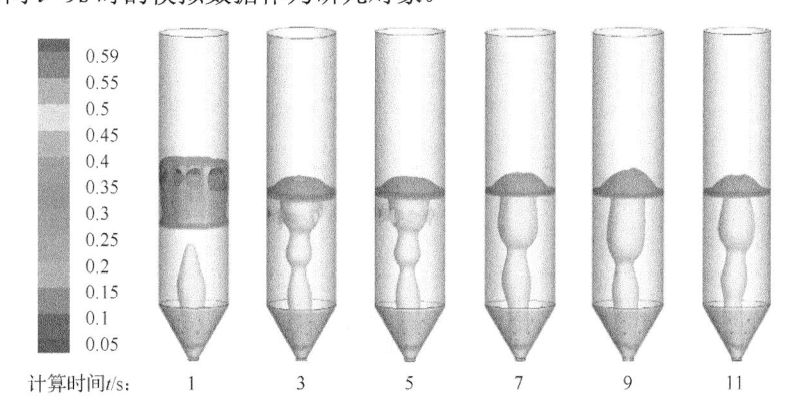

图 5-21　多喷嘴喷动-流化床内颗粒浓度随时间分布情况（U=1.6U_{ms}）

图 5-22 为达到稳定喷动条件下，多喷嘴喷动-流化床与常规喷动床的颗粒浓度分布对比。由图可以看出，多喷嘴喷动-流化床的侧壁开孔在一定程度上消除了

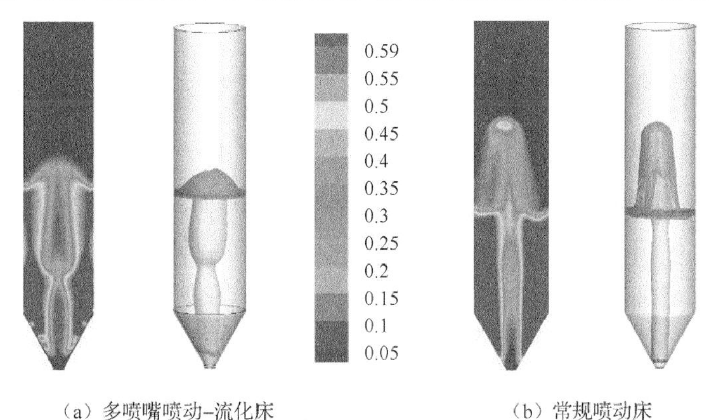

（a）多喷嘴喷动-流化床　　（b）常规喷动床

图 5-22　两种喷动床稳定喷动时颗粒浓度分布对比（U=1.6U_{ms}，t=9s）

锥体区的颗粒堆积现象，进口气体的分流作用增强了环隙区颗粒与喷射区气体之间的径向混合及流化作用。此外，在相同的进口气体流量条件下，由于多喷嘴喷动-流化床结构增强了气固混合程度，增加了能量耗散量，从而增大了床层总压降，降低了喷泉高度。

2. 颗粒速度分布

图 5-23 为不同床层高度下两种喷动床内颗粒速度的径向分布曲线。由图可知，在低床层高度条件下，即 z=0.028m，多喷嘴喷动-流化床的颗粒速度高于常规喷动床，表明柱锥区的侧喷嘴进气流量带动了环隙区颗粒的局部流化及运动，使得喷射区与环隙区整体的颗粒速度有所增加。喷射区与环隙区颗粒速度的增加量随着径向距离的增大而有所降低。随着床层高度的增加，相对于常规喷动床，多喷嘴喷动-流化床的颗粒速度增加速率逐渐降低，当床层高度增加到一定程度时，即 z=0.057m，多喷嘴喷动-流化床喷射区颗粒速度反而低于常规喷动床，表明多喷嘴喷动-流化床对颗粒运动的强化作用主要体现在柱锥区与环隙区，对促进喷动床内颗粒、气体的充分接触与颗粒群的均匀分布具有积极作用。

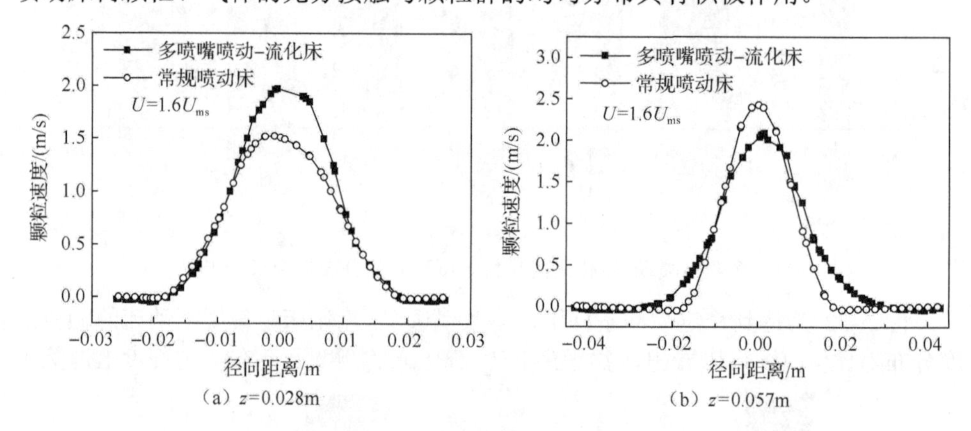

（a）z=0.028m　（b）z=0.057m

图 5-23　不同床层高度下两种喷动床内颗粒速度的径向分布曲线

3. 颗粒体积分数分布

图 5-24 为不同床层高度下两种喷动床内颗粒体积分数径向分布。由图可知，两种喷动床在喷射区的颗粒体积分数接近零，其中常规喷动床的颗粒体积分数随着径向距离的增加基本呈现出先增大后趋于稳定值的规律，而多喷嘴喷动-流化床的颗粒体积分数呈现波动分布并存在颗粒体积分数的局部峰值现象。在床层高度 z=0.028m 处，多喷嘴喷动-流化床环隙区颗粒的体积分数达到最小值并接近零，说明多喷嘴结构对喷动床柱锥区内颗粒堆积的破坏作用尤为明显，能够有效地流化柱锥区内颗粒流动死区，对喷动床内颗粒的均匀流化起到了显著作用。随着床

层高度的增加，由于侧喷嘴气体对柱锥区堆积颗粒的强烈流化作用及能量耗散，流化气体对高床层处环隙区内颗粒的流化作用逐渐减弱。此时，多喷嘴喷动-流化床内颗粒体积分数的分布规律逐渐接近常规喷动床。

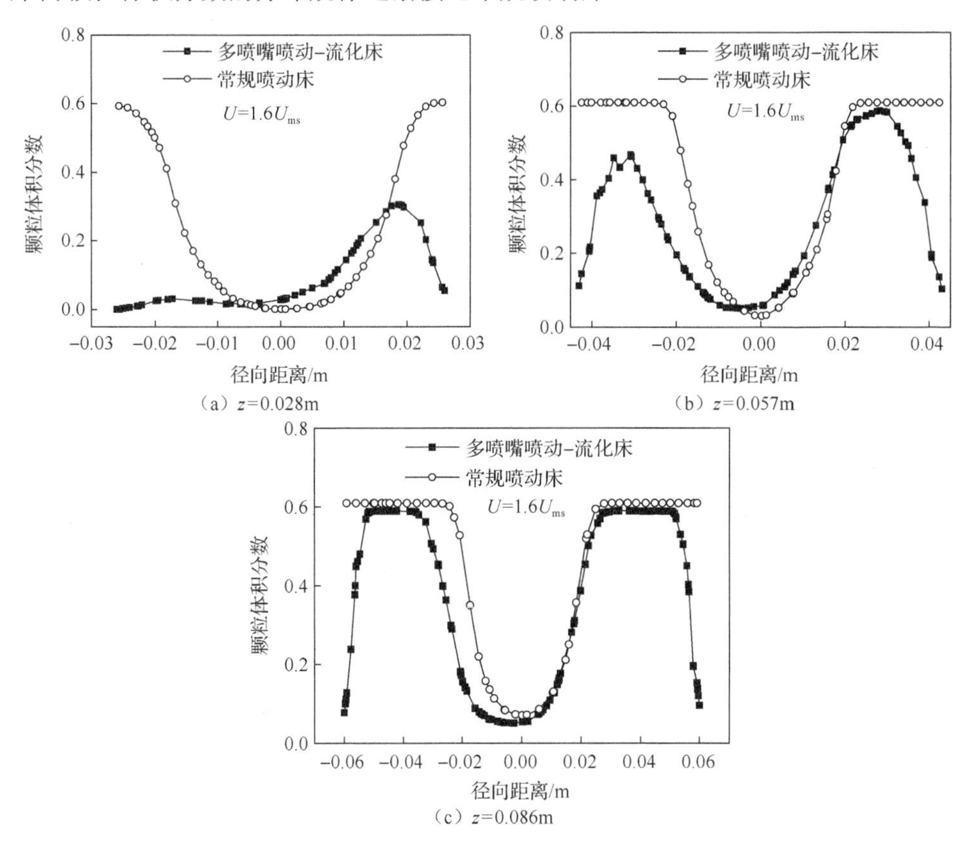

图 5-24　不同床层高度下两种喷动床内颗粒体积分数径向分布

5.2.6　侧喷嘴直径对三维多喷嘴喷动-流化床影响

为了进一步考察关键设计参数对三维整体式多喷嘴喷动-流化床内气固两相流动规律的影响，在入口气体流量保持不变的情况下，进一步分析侧喷嘴直径对三维多喷嘴喷动-流化床内气固两相流动规律的影响。多喷嘴喷动-流化床的主喷嘴直径保持为 24mm，用侧喷嘴的横截面积与主喷嘴的横截面积比值大小表示侧喷嘴直径大小的影响，即 A_i/A_z 值分别设定为 0.042、0.167、0.375、0.67、1.042（侧喷嘴圆孔直径分别设计为 1mm、2mm、3mm、4mm、5mm）。数值模拟计算中气体和颗粒的一些物性参数的设置与 5.1 节的模拟计算设置一样，不同之处在于本小节的数值模拟计算为分析不同侧喷嘴直径对三维多喷嘴喷动-流化床的影响。

1. 颗粒浓度分布

图 5-25 为不同侧喷嘴直径下多喷嘴喷动-流化床内颗粒浓度的分布情况。由图可知，在达到稳定喷动的情况下，喷动床的喷泉高度随着侧喷嘴直径的增大而有所增加，当侧喷嘴与主喷嘴的横截面积比 A_i/A_z=0.67，即侧喷嘴直径为 4mm 时，多喷嘴喷动-流化床所形成的喷动效果最好。

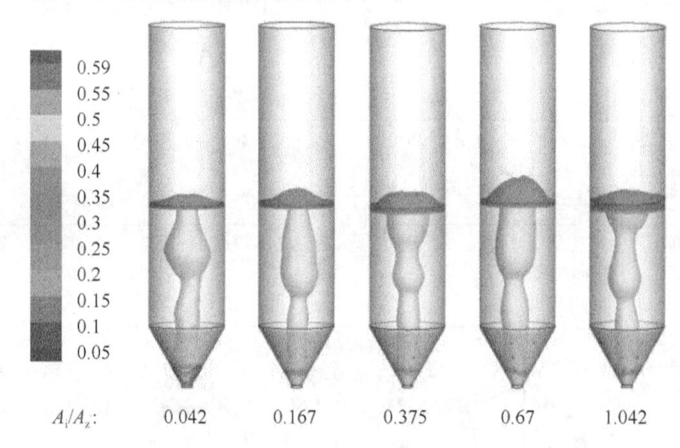

图 5-25 不同侧喷嘴直径下多喷嘴喷动-流化床内颗粒浓度的分布情况（U=1.6U_{ms}）

2. 颗粒体积分数分布

图 5-26 为不同床层高度下侧喷嘴直径对颗粒体积分数径向分布的影响。由图可知，从喷射区到环隙区颗粒的体积分数呈现出轴对称的先增大后减小趋势，在喷动床近壁面处由于侧喷嘴气流的局部流化作用，颗粒体积分数呈现出显著的下降趋势。当 A_i/A_z=0.167 时，环隙区颗粒体积分数达到最大值。整体而言，侧喷嘴的气体分流作用减少了喷动床环隙区颗粒的堆积及流动死区，有利于实现颗粒体积分数径向分布均匀化。

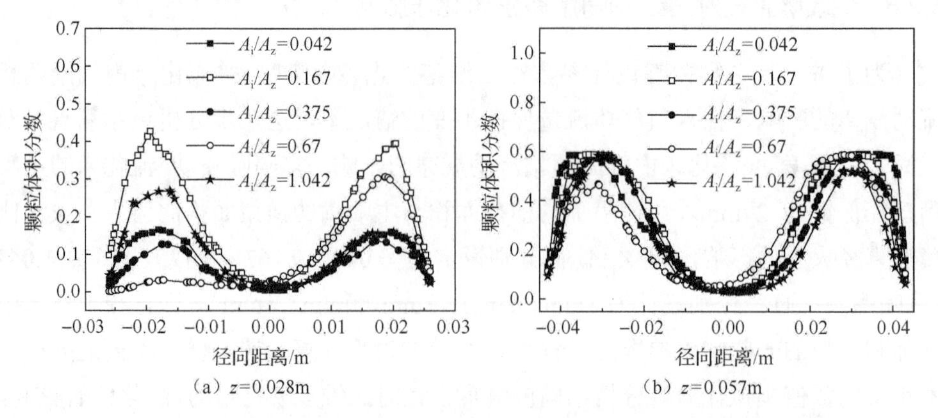

（a）z=0.028m （b）z=0.057m

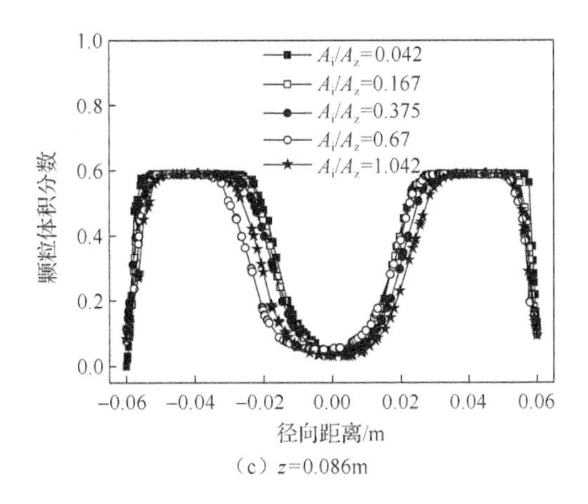

（c）z=0.086m

图 5-26　不同床层高度下侧喷嘴直径对颗粒体积分数径向分布的影响

3. 颗粒速度分布

图 5-27 为不同床层高度下侧喷嘴直径对颗粒速度径向分布规律的影响。由图 5-27 可知，颗粒速度在喷射区达到最大，随着径向距离的增大，颗粒速度呈现出逐渐减小的趋势。在低床层内，即 z=0.028m 处，A_i/A_z=0.167 时颗粒速度达到最大值。这是由于侧喷嘴直径较小时，气体的主体流量集中在主喷嘴，直接加速了颗粒的径向运动速度。随着柱锥区侧喷嘴直径逐渐增大，侧喷嘴开孔气体的分流对颗粒的径向流化作用逐渐增强，消耗了进口气体的一部分动能，从而削弱了主喷嘴进口气体对喷动床颗粒径向运动的影响。在床层高度 z=0.057m 和 z=0.086m 处，A_i/A_z=0.167 时，多喷嘴喷动-流化床喷射区内的颗粒速度高于其他工况。

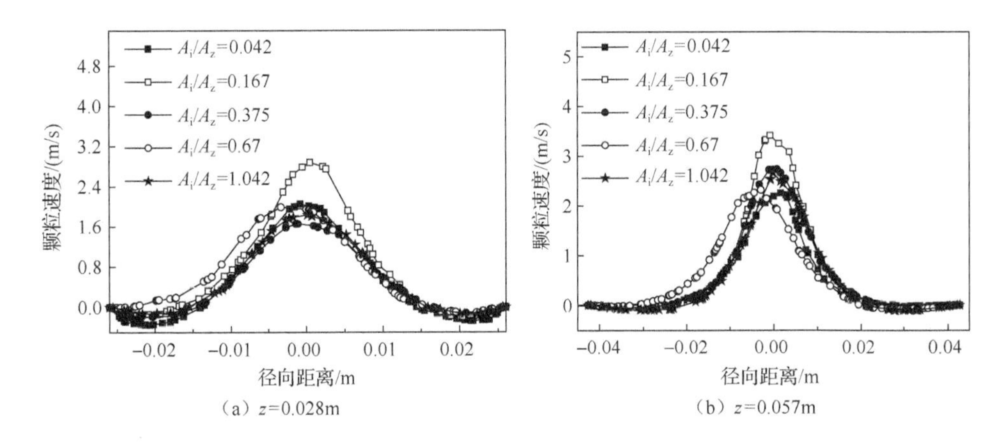

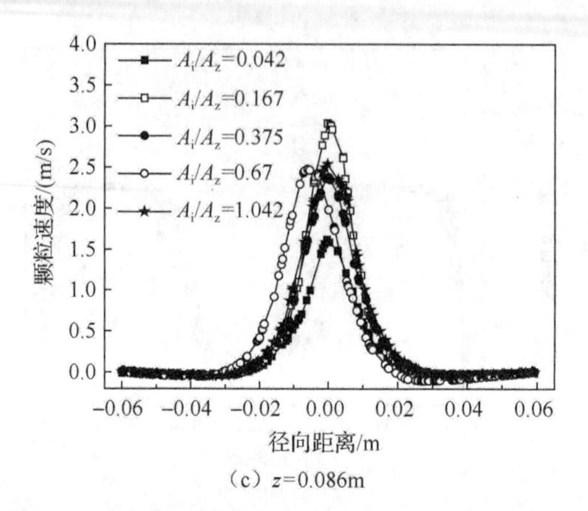

（c）z=0.086m

图 5-27　不同床层高度下侧喷嘴直径对颗粒速度径向分布规律的影响

4. 气体湍动能分布

图 5-28 为不同床层高度下侧喷嘴直径对气体湍动能径向分布规律的影响，由图可知，气体湍动能随着侧喷嘴直径的增大呈现出逐渐减小的趋势，进气横截面

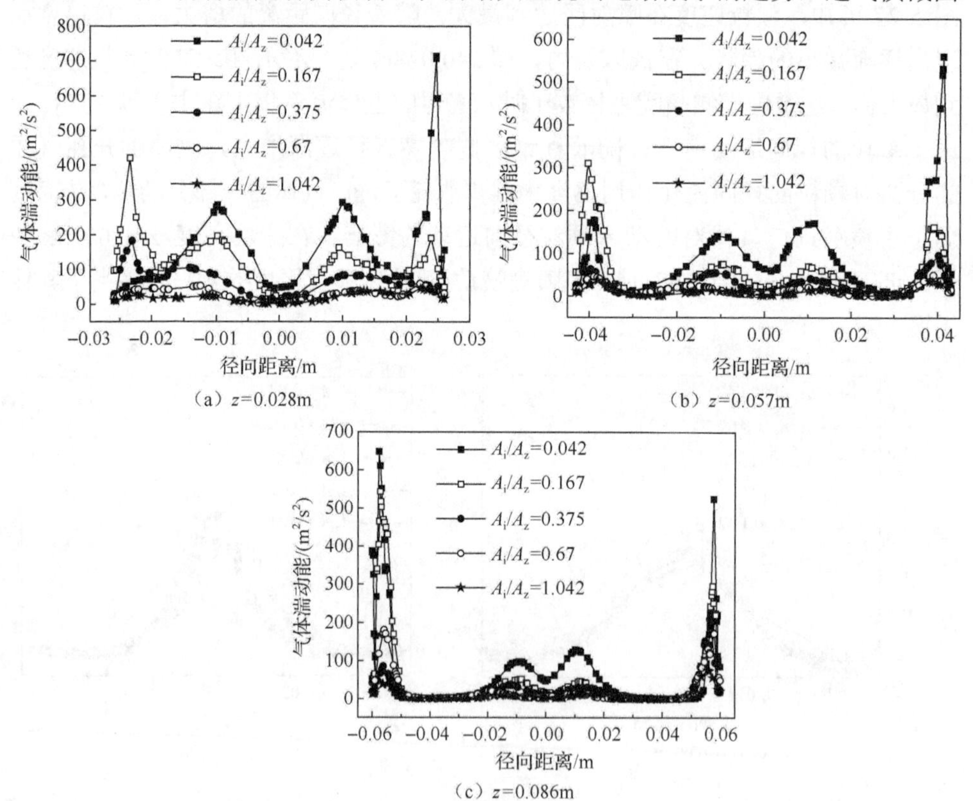

（c）z=0.086m

图 5-28　不同床层高度下侧喷嘴直径对气体湍动能径向分布规律的影响

积比 A_i/A_z=0.042 时，气体湍动能都高于其他侧喷嘴直径，表明在此工况下气流的脉动程度最大。从环隙区到近壁面处气体湍动能先急剧增大后急剧减小，这可能是因为主喷嘴的一部分气体从侧喷嘴进入环隙区，所以环隙区颗粒与气体的碰撞更加激烈。

5. 颗粒拟温度分布

图 5-29 为不同床层高度下侧喷嘴直径对颗粒拟温度径向分布规律的影响，由图可以看出，颗粒拟温度在喷射区呈现出最大值，随着径向距离的增大，整体呈现出逐渐减小的规律，最后趋于稳定值。在床层高度 z=0.028m 处，进气横截面积比 A_i/A_z=0.167 时，喷射区颗粒拟温度最高，A_i/A_z=0.042 时，喷射区颗粒拟温度最小，说明了侧喷嘴直径越大，环隙区颗粒之间运动越剧烈，颗粒与墙壁的碰撞摩擦损失越大。随着床层高度的增加，喷射区不同侧喷嘴直径下颗粒拟温度较低床层处低，说明随着床层高度的增加，侧喷嘴对颗粒运动的扰动作用逐渐降低，导致颗粒拟温度降低。

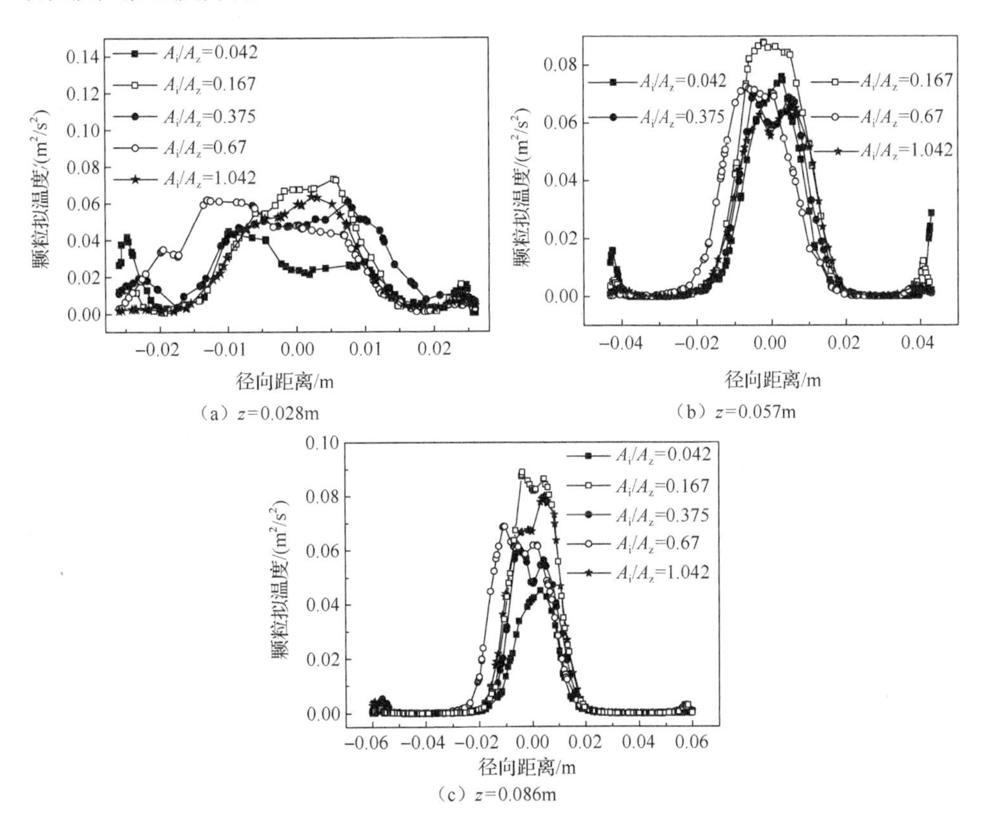

图 5-29　不同床层高度下侧喷嘴直径对颗粒拟温度径向分布规律的影响

6. 床层总压降分布

图 5-30 为不同侧喷嘴直径对床层总压降分布的影响。由图可知，床层总压降随着侧喷嘴直径的增加而逐渐减小，这可能是因为侧喷嘴直径越大，从侧喷嘴进入的气体流化了环隙区的颗粒堆积，带动了环隙区颗粒与喷射区气体的横向混合运动，因此气体携带颗粒冲破床层遇到的阻力越小。综合颗粒的体积分数可以看出，侧喷嘴直径为 4mm 时，床层总压降也相对较小，说明了在该工况下形成的喷泉效果最好，流场均匀度最优。

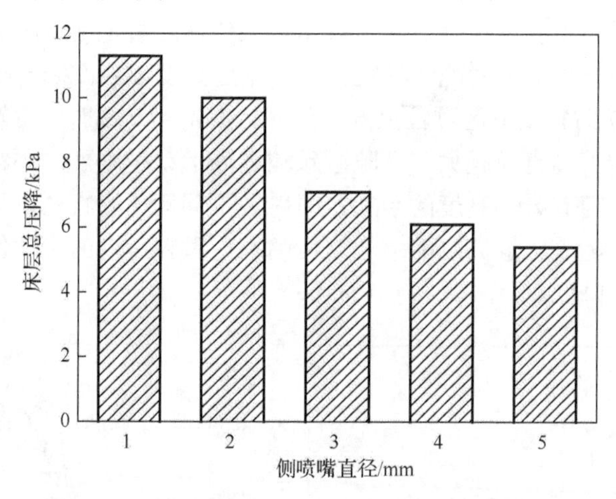

图 5-30　不同侧喷嘴直径对床层总压降分布的影响

7. 相对标准偏差

表 5-8 为不同侧喷嘴直径下颗粒速度的相对标准偏差 CV 值，从表中可以看出，侧喷嘴直径为 4mm 时，除床层高度为 0.028m 情况，各个床层高度下 CV 值均为最小值，平均值也是最小。结合颗粒浓度云图和颗粒体积分数可以看出，侧喷嘴直径为 4mm 时呈现出最优的喷泉效果，此时多喷嘴喷动-流化床内的流场为最佳。

表 5-8　不同侧喷嘴直径下颗粒速度的相对标准偏差 CV 值

床层高度/m	侧喷嘴直径/mm				
	1	2	3	4	5
0.028	95.4%	114.3%	90.2%	98.25%	96.9%
0.057	172.8%	174.4%	149.9%	129.5%	147.9%
0.086	195.7%	197.5%	178.2%	160.9%	174.7%
平均值	154.6%	162.1%	139.4%	129.6%	139.8%

注：其中开孔数量为 24，主喷嘴直径为 24mm。

图 5-31 和图 5-32 分别为同一床层高度下和不同床层高度下侧喷嘴直径对多

喷嘴喷动-流化床内颗粒速度分布均匀度的影响。由图可知，颗粒流场 CV 值随着床层高度的增加而增加，且随着侧喷嘴直径的增加呈现出一定的波动变化规律，并在侧喷嘴直径为 4mm 时，CV 值基本较小，表明多喷嘴结构对颗粒流场的均匀化效

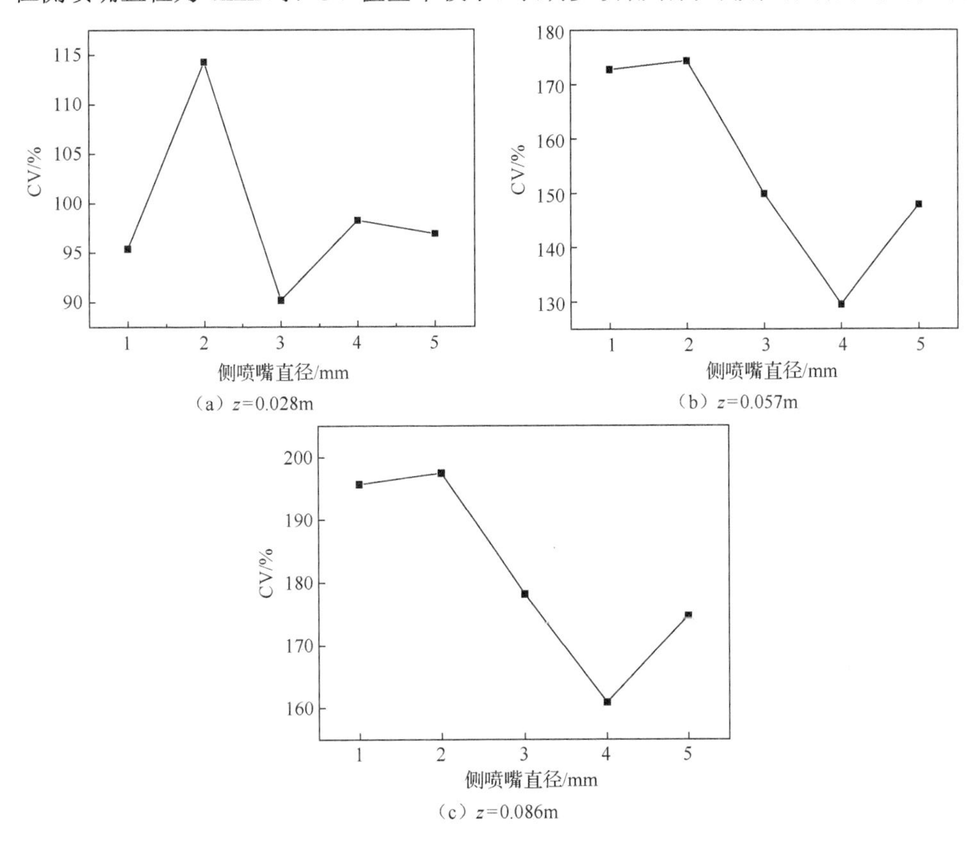

图 5-31　同一床层高度下侧喷嘴直径对多喷嘴喷动-流化床内颗粒速度分布均匀度的影响

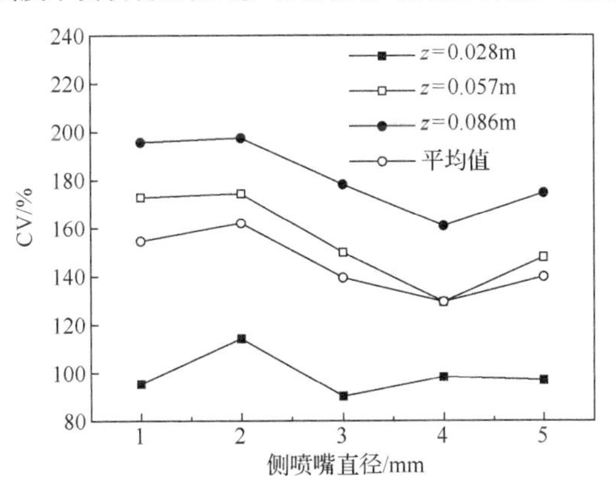

图 5-32　不同床层高度下侧喷嘴直径对多喷嘴喷动-流化床内颗粒速度分布均匀度的影响

应主要体现在喷动床柱锥区。综合各个床层高度的情况，并对 CV 值进行平均值分析发现，当侧喷嘴直径为 4mm 时，多喷嘴喷动-流化床内整体颗粒流场的均匀度为最优状态，即侧喷嘴对多喷嘴喷动-流化床内整体的颗粒流化作用达到最佳。

5.2.7　侧喷嘴分布方式对三维多喷嘴喷动-流化床影响

为了验证多喷嘴结构优化后的结构参数可以得到更加广泛的应用，探究分析了不同侧喷嘴的分布方式对三维多喷嘴喷动-流化床内气固两相流动规律的影响，多喷嘴喷动-流化床的侧喷嘴开孔数量为 24，主喷嘴直径保持 24mm，入口气体流量保持不变，侧喷嘴的分布方式分别为 Case A、Case B、Case C、Case D、Case E。本小节所采用的颗粒密度、颗粒直径等其他物性参数与 5.2.3 小节保持一致。

1. 模型建立及网格划分

图 5-33 为喷动床结构示意图及网格划分与锥体区侧喷嘴不同分布方式示意图。Case A、Case B、Case C、Case D、Case E 分布方式下的网格数量分别为 286087 个、286036 个、285572 个、285283 个、284864 个。

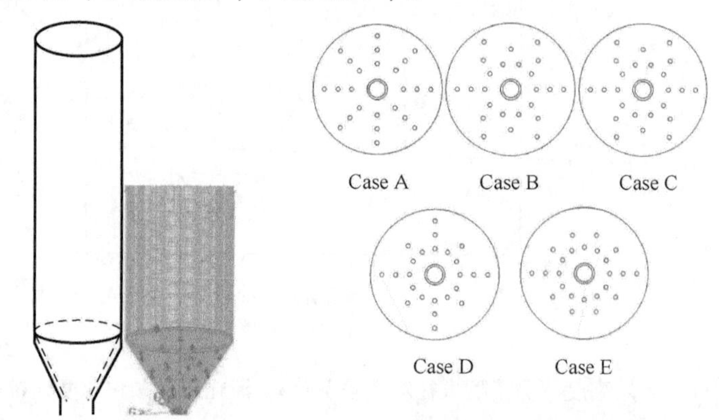

（a）喷动床结构示意图及网格划分　　（b）锥体区侧喷嘴不同分布方式示意图

图 5-33　喷动床结构示意图及网格划分与锥体区侧喷嘴不同分布方式示意图

2. 数值模拟参数设置

数值模拟相关参数设置如表 5-9 所示。

表 5-9　数值模拟相关参数设置

参数	设置
静床层高度 H/mm	325
主喷嘴直径 D_i/mm	24
入口气速 U/（m/s）	$1.6U_{ms}$

续表

参数	设置
开孔个数 n /个	24
侧喷嘴直径/mm	4
分布方式	Case A、Case B、Case C、Case D、Case E

3. 颗粒浓度分布

图 5-34 为在达到稳定喷动的情况下，不同侧喷嘴分布方式下颗粒浓度云图分布规律，由图可以看出，侧喷嘴的排列越密集，环隙区颗粒的堆积量越少，喷射区气体与环隙区颗粒的横向混合更加充分。这说明了在低床层高度处，孔的排列密集程度主要影响锥体环隙区颗粒的浓度，强化了环隙区的颗粒堆积现象，由图可以看出 Case D 的分布方式所形成的喷泉效果最好，流场均匀度最好。

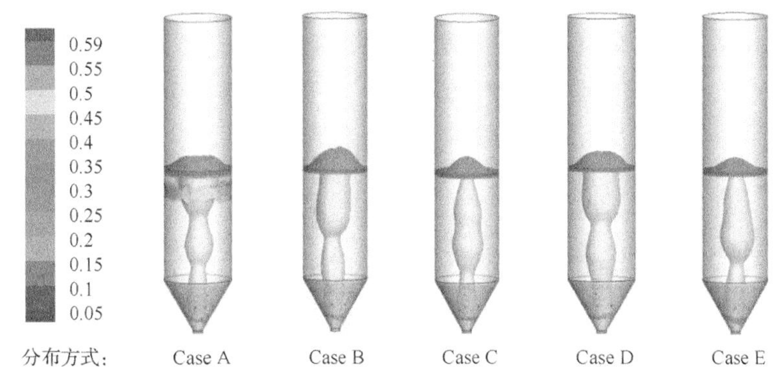

图 5-34　不同侧喷嘴分布方式下颗粒浓度云图分布规律（U=1.6U_{ms}，t=9s）

4. 颗粒体积分数分布

图 5-35 为不同床层高度下侧喷嘴分布方式对颗粒体积分数径向分布规律的影响，由图可以看出，从喷射区到环隙区颗粒的体积分数呈现出先增大后减小的

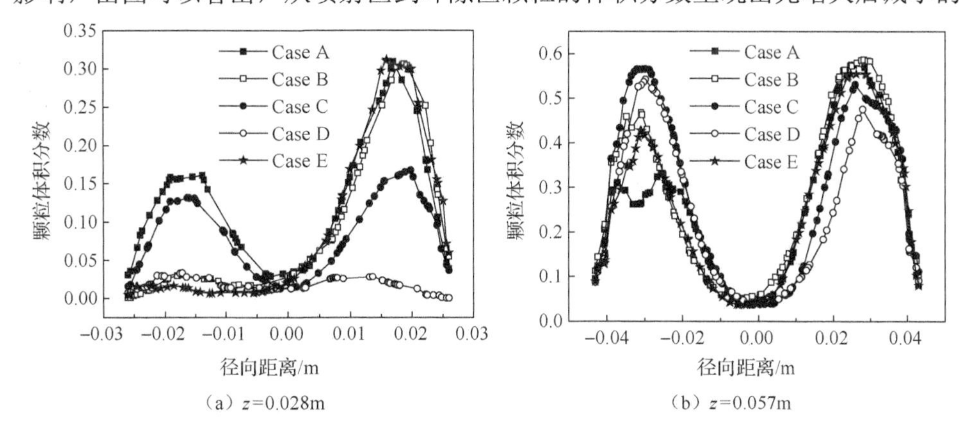

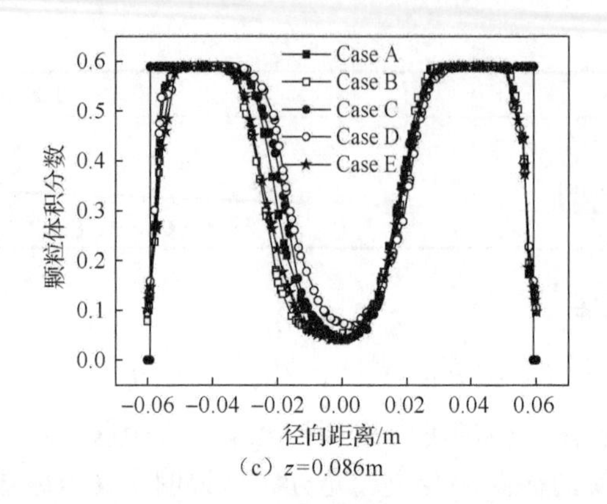

（c）z=0.086m

图 5-35　不同床层高度下侧喷嘴分布方式对颗粒体积分数径向分布规律的影响

趋势。在床层高度 z=0.028m 处，Case D 的侧喷嘴分布方式下从环隙区到近壁面颗粒体积分数呈现出轴对称的近似直线分布，颗粒体积分数达到最小并接近于零。这说明了在低床层高度处孔的排列越密集，侧喷嘴气体的分流作用对环隙区颗粒的强化效果越好，极大地减少了颗粒的堆积及流动死区，即 Case D 的侧喷嘴分布方式下流场均匀度较高。

5. 颗粒速度分布

图 5-36 为不同床层高度下侧喷嘴的分布方式对颗粒速度径向分布规律的影响，由图可以看出，颗粒速度在喷射区呈现出最大值，随着径向距离的增大，颗粒速度呈现出逐渐减小的趋势。整体而言，Case E 下喷射区的颗粒速度达到了最大值，可能是因为低床层高度处孔的排列越密集，侧喷嘴气流携带环隙区的颗粒与主喷嘴气流结合后使得喷射区的颗粒速度增大，侧喷嘴气体的分流作用带动了颗粒与气体的横向混合，因此带动了颗粒的径向运动，使得颗粒速度有所增加。

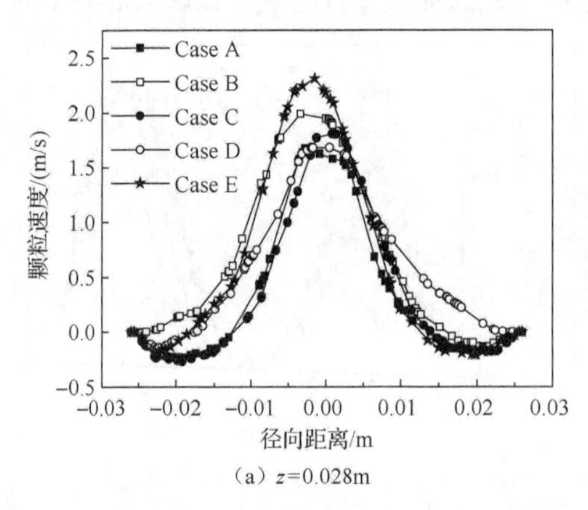

（a）z=0.028m

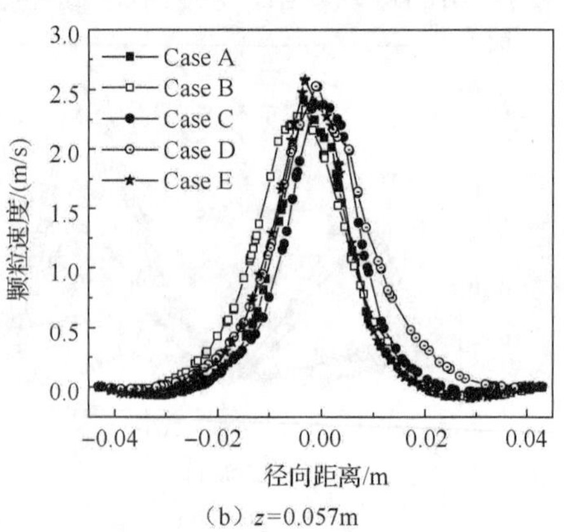

（b）z=0.057m

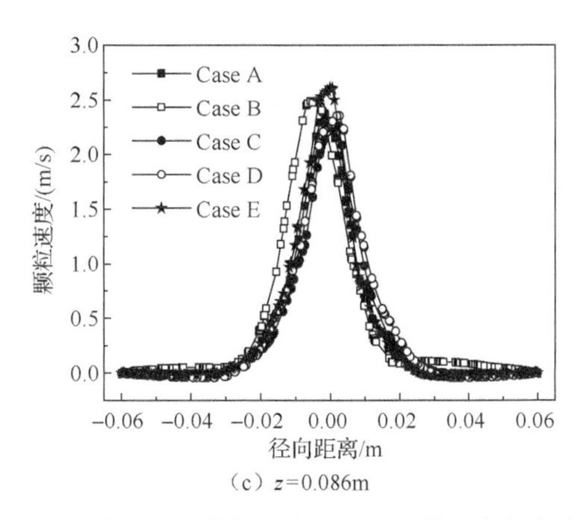

（c）z=0.086m

图 5-36　不同床层高度下侧喷嘴的分布方式对颗粒速度径向分布规律的影响

6. 气体湍动能分布

图 5-37 为不同床层高度下侧喷嘴的分布方式对气体湍动能径向分布规律的影响，由图可知，气体湍动能在喷射区入口处达到了最小值，随着径向距离的增

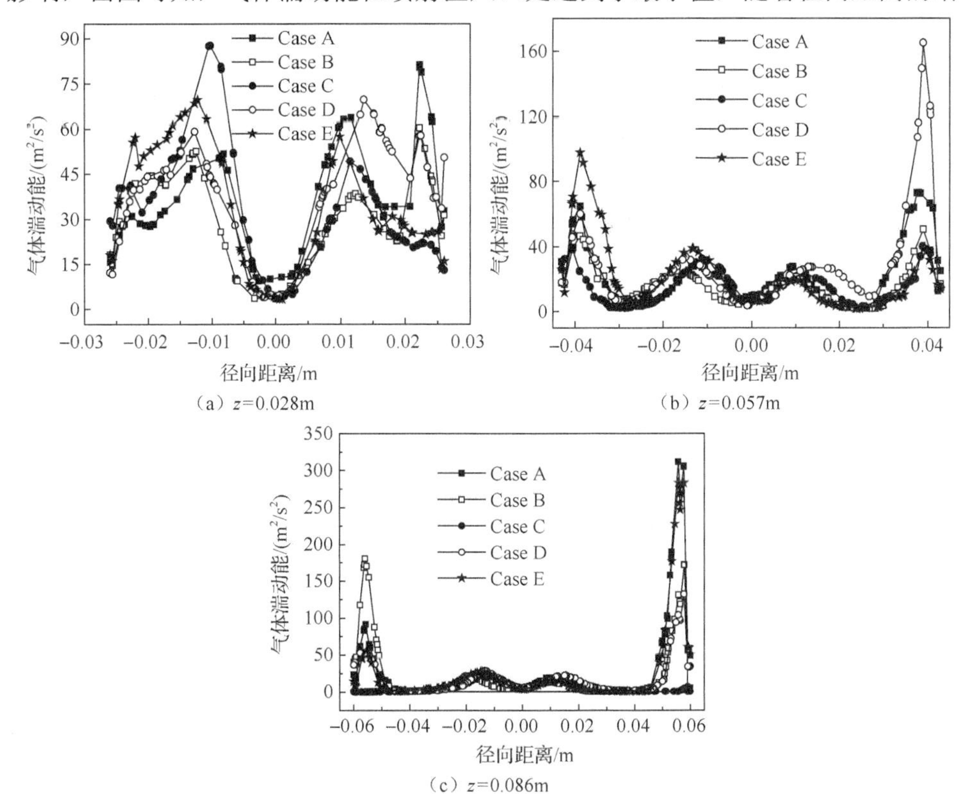

（a）z=0.028m

（b）z=0.057m

（c）z=0.086m

图 5-37　不同床层高度下侧喷嘴的分布方式对气体湍动能径向分布规律的影响

大，呈现出上下波动的趋势。在床层高度 z=0.057m 时，Case D 的分布方式下从环隙区接近壁面处气体湍动能急剧增大又急剧减小，可能是因为在该分布方式下，从侧喷嘴进入环隙区的气体对环隙区颗粒起到了局部流化作用，喷射区气体携带颗粒运动的能力增强，气流的脉动更加剧烈，因此气体湍动能出现急剧变化的趋势。

7. 颗粒拟温度分布

图 5-38 为不同床层高度下侧喷嘴的分布方式对颗粒拟温度径向分布规律的影响，由图可知，颗粒拟温度在喷射区达到了最大值，随着径向距离的增大，呈现出逐渐减小的趋势。在床层高度 z=0.028m 时，Case D 分布方式下从喷射区到环隙区的颗粒拟温度较其他分布方式下大，说明了在该分布方式下，侧喷嘴气流的局部流化作用使得环隙区颗粒与喷射区气体的横向混合运动更加激烈，颗粒与颗粒之间的摩擦加大，因此颗粒拟温度变大。随着床层高度的增加，Case D 分布方式下的颗粒拟温度较其他分布方式大，总之该分布方式下的流场均匀度最优，能够对环隙区的堆积颗粒起到良好的流化作用。

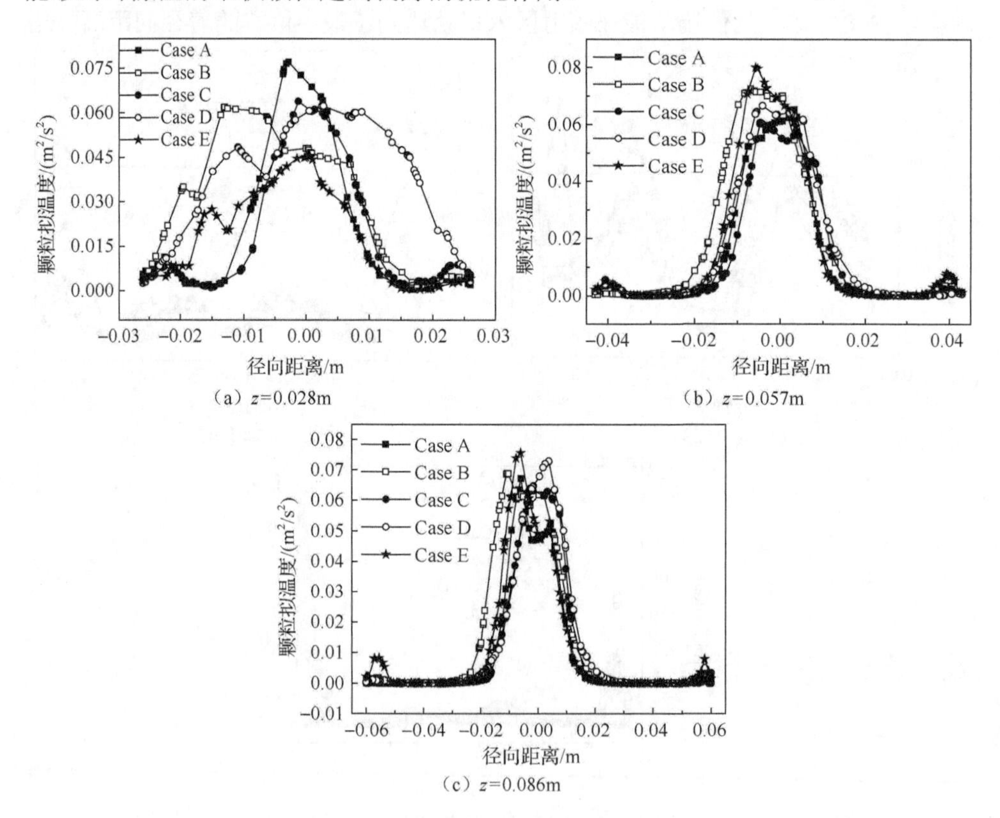

（a）z=0.028m　（b）z=0.057m　（c）z=0.086m

图 5-38　不同床层高度下侧喷嘴的分布方式对颗粒拟温度径向分布规律的影响

8. 床层总压降分布

图 5-39 为侧喷嘴的分布方式对床层总压降分布的影响，由图可以看出在 Case B 分布方式下所形成的床层总压降最小，说明了在该分布方式下耗能最小。对比分析发现 Case D 与 Case B 两种分布方式下所形成的总压降相近，综合分析可知 Case D 分布方式下所形成的流场均匀度最优，有效地流化了锥体区的颗粒堆积。

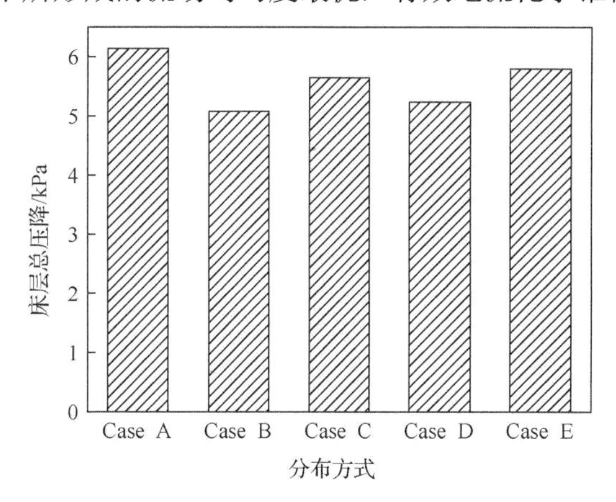

图 5-39 侧喷嘴的分布方式对床层总压降分布的影响

9. 相对标准偏差

表 5-10 为不同侧喷嘴分布方式下颗粒速度的相对标准偏差 CV 值。表中分别给出了不同侧喷嘴分布方式下不同床层高度处的 CV 值，同时也给出了相对标准偏差的平均值。从表中可以看出，在床层高度 z=0.028m 时，不同分布方式下的 CV 值都达到了最小，随着床层高度的增加，相对标准偏差 CV 值逐渐增加，总体上 Case D 分布方式下 CV 值较其他工况要小，说明了该分布方式下的流场较为均匀，效果最好。

表 5-10 不同侧喷嘴分布方式下颗粒速度的相对标准偏差 CV 值

床层高度/m	分布方式				
	Case A	Case B	Case C	Case D	Case E
0.028	101.05%	98.25%	93.12%	73.54%	95.41%
0.057	151.83%	129.56%	157.01%	131.22%	151.92%
0.086	158.6%	160.99%	172.92%	148.52%	175.47%
平均值	138.16%	129.6%	141.02%	117.76%	140.93%

注：其中开孔数量为 24，主喷嘴直径为 24mm，侧喷嘴直径为 4mm。

图 5-40 和图 5-41 分别为同一床层高度下和不同床层高度下侧喷嘴分布方式对颗粒速度分布均匀度的影响，由图可知，颗粒流场 CV 值随着床层高度的增加呈

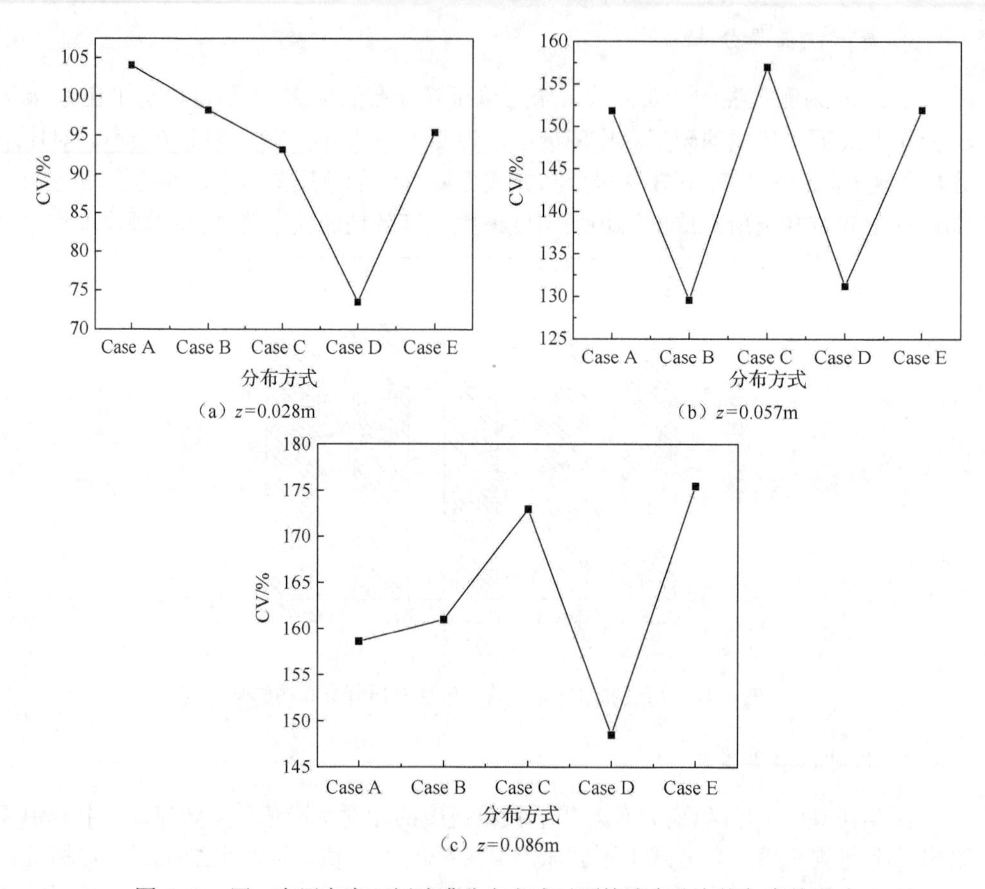

图 5-40　同一床层高度下侧喷嘴分布方式对颗粒速度分布均匀度的影响

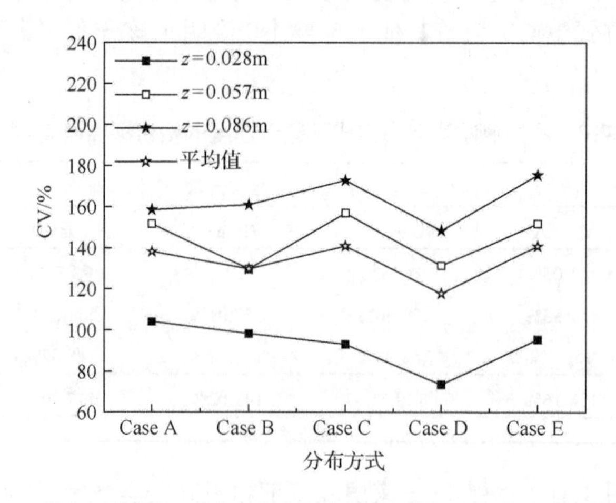

图 5-41　不同床层高度下侧喷嘴分布方式对颗粒速度分布均匀度的影响

现出逐渐上升的趋势，且随着不同的分布方式呈现出上下波动的变化规律。根据不同床层高度下侧喷嘴分布方式对颗粒速度分布均匀度的影响，发现在 Case D CV 值达到极小值。在床层高度 z=0.028m 时，颗粒的相对标准偏差整体呈现出最小值，表明多喷嘴结构对颗粒流场的均匀化效应主要体现在喷动床柱锥区。综合颗粒的体积分数发现 Case D 分布方式下形成的颗粒喷动效果最好，流场的 CV 值最小，多喷嘴喷动-流化床内整体颗粒流场的均匀度为最优状态，即侧喷嘴对多喷嘴喷动-流化床内颗粒的整体流化作用达到最佳。

参 考 文 献

[1] 吴峰，张洁洁，牛方婷，等. 湍流模型对喷动床内气固相流动特性的影响[J]. 中国科技论文，2015，10(24): 2909-2914.

[2] HE Y L, QIN S Z, LIM C J, et al. Particle velocity profiles and solid flow patterns in spouted beds[J]. The Canadian Journal of Chemical Engineering, 1994, 72(4): 561-568.

[3] HE Y L, LIM C J, GRACE J R, et al. Measurements of voidage profiles in spouted beds[J]. The Canadian Journal of Chemical Engineering, 1994, 72(2): 229-234.

[4] 周健，阎维平，石丽国，等. SCR 反应器入口段流场均匀性的数值模拟研究[J]. 热力发电, 2009, 38(4):22-25.

[5] COATS A W, REDFERN J P. Kinetic parameters from thermogravimetric data[J]. Nature, 1964, 201: 68-69.

[6] 韩文霆，吴普特，杨青，等. 喷灌水量分布均匀性评价指标比较及研究进展[J]. 农业工程学报，2005，21(9): 172-177.

[7] 李久生. 喷灌水量分布均匀性评价指标的试验研究[J]. 农业工程学报, 1999, 15(4): 78-82.

[8] 傅维标，张恩仲. 煤焦非均相着火温度与煤种的通用关系及判别指标[J]. 动力工程学报, 1993, 13(3): 34-42.

[9] 陶红歌，陈焕新，谢军龙，等. 基于面积加权平均速度和质量加权平均速度的流体流动均匀性指标探讨[J]. 化工学报, 2010, 61(S2): 116-120.

[10] WU F, YANG C L, CHE X X, et al. Numerical and experimental study of integral multi-jet structure impact on gas-solid flow in a 3D spout-fluidized bed[J]. Chemical Engineering Journal, 2020, 393: 124737.

第6章　旋流器喷动床气固两相流数值模拟

旋流技术作为一种二次强化传热技术，在旋流器工作时，流体在旋流器的导流作用下形成强烈的旋转运动，以一定的角度冲刷固体壁面，流体的强烈扰动加强了流体与壁面之间的动量传递与热量传递[1-2]。众所周知，在喷动床内，颗粒在环隙区的运动十分缓慢，且反应主要在此区域发生。颗粒的缓慢运动导致该区域颗粒浓度大，致使颗粒之间的横向扰动作用几乎消失。为解决这一问题，本章提出一种新型结构的旋流器喷动床，把旋流技术与喷动床技术相结合，期望可以改善喷射区、近环隙区部分颗粒的运动状况[3]。

6.1　模 型 建 立

本章中的常规喷动床结构尺寸与文献[4]和[5]中实验研究所用的喷动床结构尺寸一致。在常规喷动床进口部分加入所设计的旋流器，得到旋流器喷动床。两种喷动床结构如图 6-1 所示，其中图 6-1（a）为常规喷动床，图 6-1（b）为本数值模拟所设计的旋流器喷动床，图 6-1（c）为旋流器喷嘴放大图，图 6-1（d）为进口旋流器结构俯视图。本数值模拟所设计旋流器喷动床结构尺寸及网格划分示意图如图 6-2 所示。两种喷动床数值模拟参数设置如表 6-1 所示。由于目前缺乏所设计旋流器喷动床内气固两相流动实验数据，数值模拟校核建立在常规喷动床与文献[1]和[2]实验数据对比的基础上[6]。

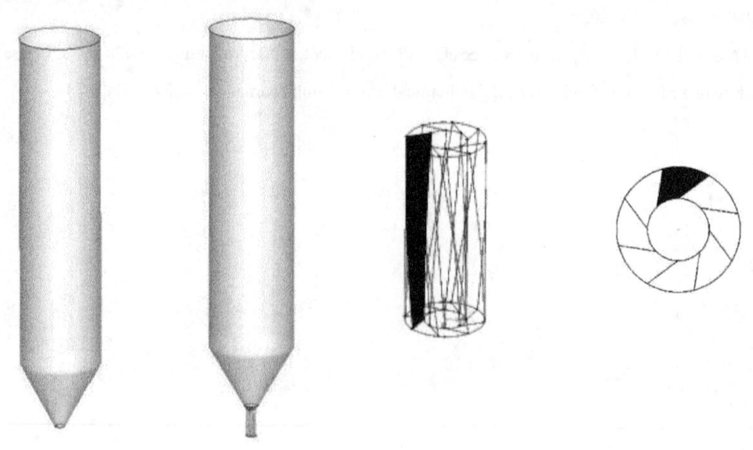

（a）常规喷动床　（b）旋流器喷动床　（c）旋流器喷嘴放大图　（d）进口旋流器结构俯视图

图 6-1　常规喷动床与旋流器喷动床结构示意图

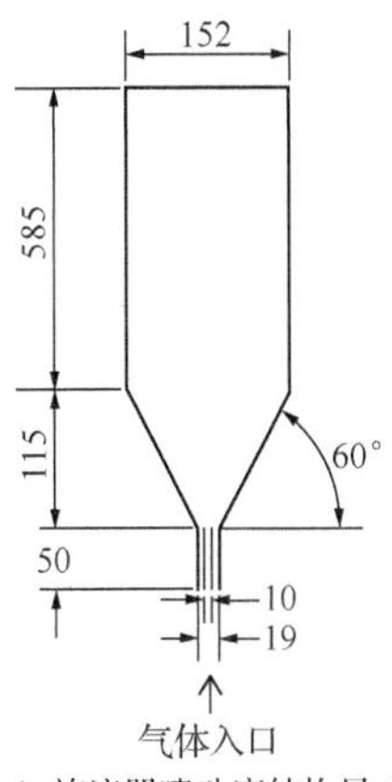

（a）旋流器喷动床结构尺寸

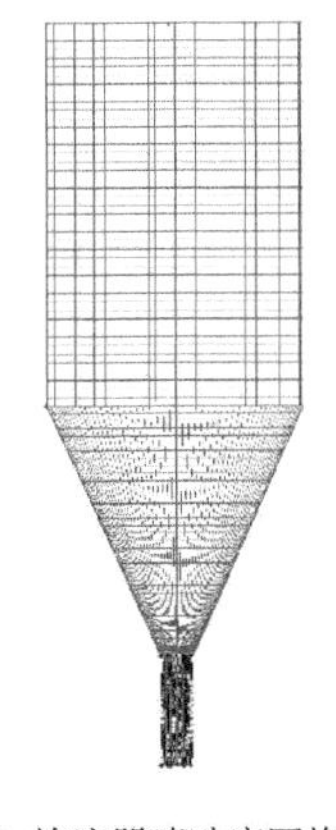
（b）旋流器喷动床网格划分

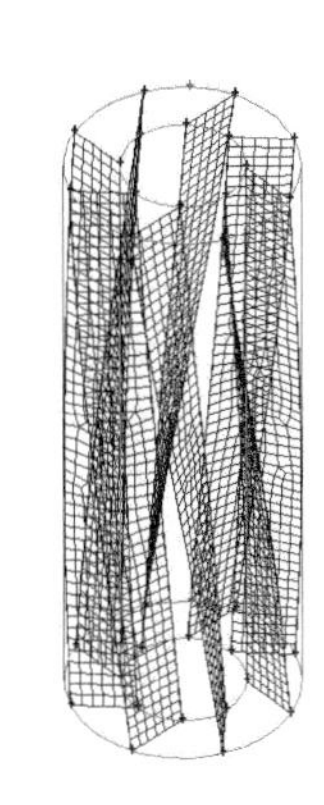
（c）旋流器喷嘴网格划分

图 6-2　旋流器喷动床结构尺寸及网格划分示意图（单位：mm）

表 6-1　两种喷动床数值模拟参数设置

参数	常规喷动床	旋流器喷动床
固体密度ρ_s/（kg/m^3）	2503	2503
气体密度ρ_g/（kg/m^3）	1.225	1.225
气体黏度μ_g/（Pa·s）	1.7894×10^{-5}	1.7894×10^{-5}
颗粒直径 d_s/mm	1.42	1.42
颗粒最大填充浓度$\alpha_{s,max}$	0.59	0.59
静床层高度 H/mm	325	325
喷动床直径 D/mm	152	152
柱锥部分倒锥角θ	60°	60°
主喷嘴直径 D_i/mm	19	19
最小表观气速 u_{ms}/（m/s）	0.54	0.54
入口最小气速 U_{ms}/（m/s）	34.56	34.56
入口气体速度 U	$1.6U_{ms}$	$1.6U_{ms}$
喷动床高度 h/mm	700	700
旋流器长度 L/mm	—	50
旋流器外管直径 D_2/mm	—	19
旋流器内管直径 D_1/mm	—	10
旋流器叶片进口角β	—	45°
旋流器叶片倾斜角γ	—	86°
旋流器叶片个数/个	—	8
旋流器叶片宽度 L_i/mm	—	6.4
旋流器叶片厚度 L_j/mm	—	0.5
网格数量/个	234214	243438

6.2　网格无关性分析

对计算模型进行网格无关性分析，取旋流器喷动床的计算网格数分别为130005个、175976个、243438个、360873个和575633个。图6-3为旋流器喷动床床高 z=0.05m 时，不同网格数下床内轴中心处最大颗粒速度。由图可知，数值模拟的精度与网格数呈正相关，网格数越大，模拟精度越好。当网格数达到243438个时，旋流器喷动床轴中心处最大颗粒速度基本保持不变，数值模拟达到了网格无关性的要求。以下模拟计算中网格数均取值为243438个进行数据分析。

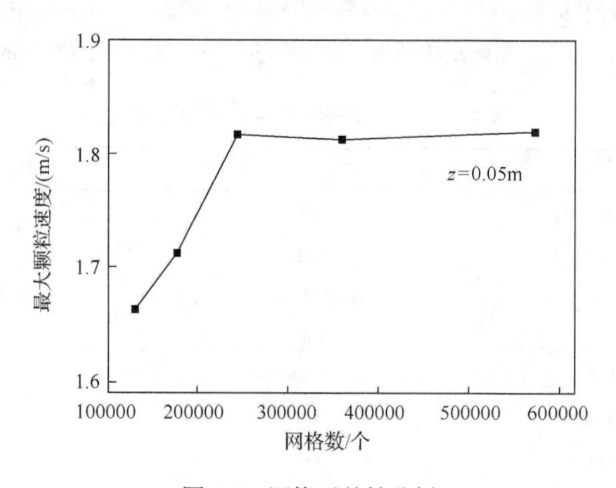

图6-3　网格无关性分析

6.3　气固两相流

6.3.1　颗粒体积分数

在本模拟计算中，当模拟时间 t=15s 时，喷动床内实现了稳定喷动，且喷动床内存在明显三区流动结构：喷射区、环隙区和喷泉区。由颗粒体积分数分布云图可以很直观地观察到颗粒在喷动床内的分布情况，故先讨论颗粒体积分数分布情况。图6-4给出了入口气体速度 $U=1.6U_{ms}$ 时，常规喷动床与旋流器喷动床内颗粒体积分数分布云图。从图中可看出，本章所设计的旋流器喷动床与常规喷动床的喷泉高度略有差异。在旋流器叶片的作用下，进口气体呈螺旋上升，在进入喷动床时气体向四周扩散一部分，造成进口气体部分动能的损失，但是也加强了颗粒间的径向混合，导致旋流器喷动床的喷泉高度较常规喷动床偏低。

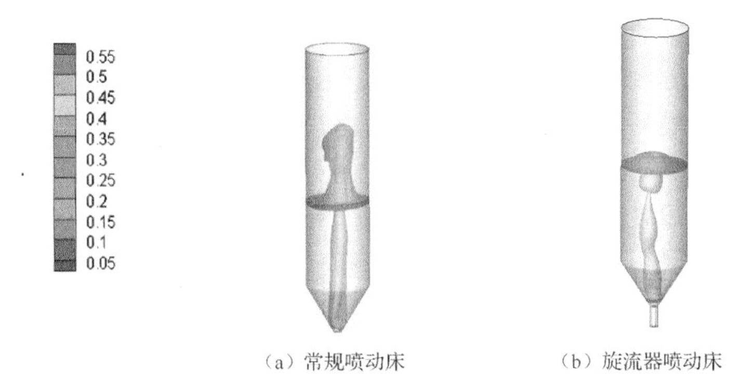

（a）常规喷动床　　（b）旋流器喷动床

图 6-4　常规喷动床与旋流器喷动床内颗粒体积分数分布云图

图 6-5 为不同床层高度下两种喷动床横截面内颗粒体积分数分布云图。可以看出，旋流器喷动床在床中心喷射区颗粒体积分数小于常规喷动床，在环隙区颗粒体积分数无明显变化。

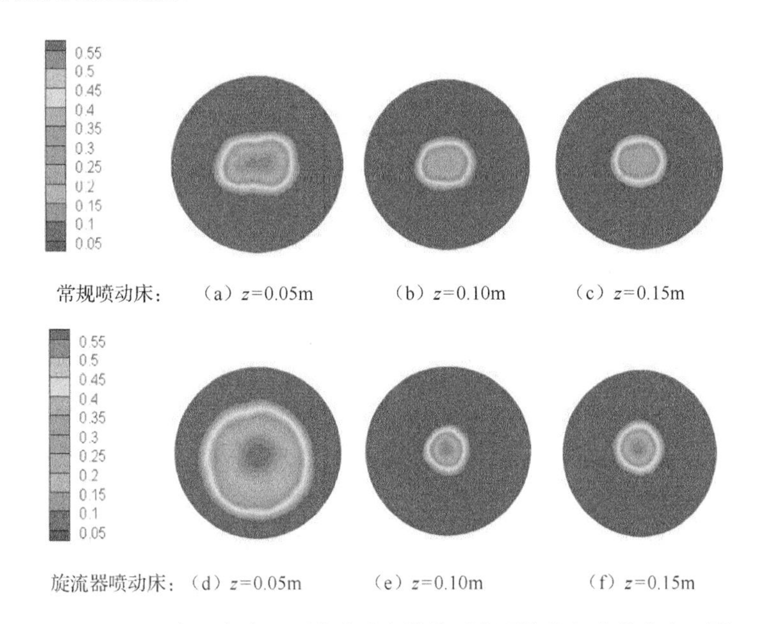

常规喷动床：（a）z=0.05m　（b）z=0.10m　（c）z=0.15m

旋流器喷动床：（d）z=0.05m　（e）z=0.10m　（f）z=0.15m

图 6-5　不同床层高度下两种喷动床横截面内颗粒体积分数分布云图

图 6-6 为不同床层高度下两种喷动床内颗粒体积分数径向分布对比，由图 6-6 可知，颗粒体积分数随径向距离的增加先逐渐增大，当增大至最大值后保持不变，颗粒体积分数最大值处于喷射区与环隙区边界。这是因为气体首先进入喷射区，直接作用于喷射区颗粒，带动颗粒向上运动，在喷射区颗粒速度较大导致颗粒密度小；进口气体对环隙区的作用不太明显，导致环隙区颗粒运动十分缓慢，故喷

射区与环隙区边界的颗粒密度和颗粒堆积程度大。同时发现，加入旋流器后，在喷射区颗粒体积分数明显低于常规喷动床。这是因为进口气体进入喷动床时，在旋流器叶片的影响下，部分气体向四周扩散，虽然导致气体向上动能的部分损失，但带动喷射区与近环隙区颗粒横向运动，加强了床层内的颗粒扰动，进而减小了喷射区与环隙区边界的颗粒体积分数。旋流器的加入促进了喷射区与近环隙区颗粒运动，有利于提高喷动床内颗粒处理效率。

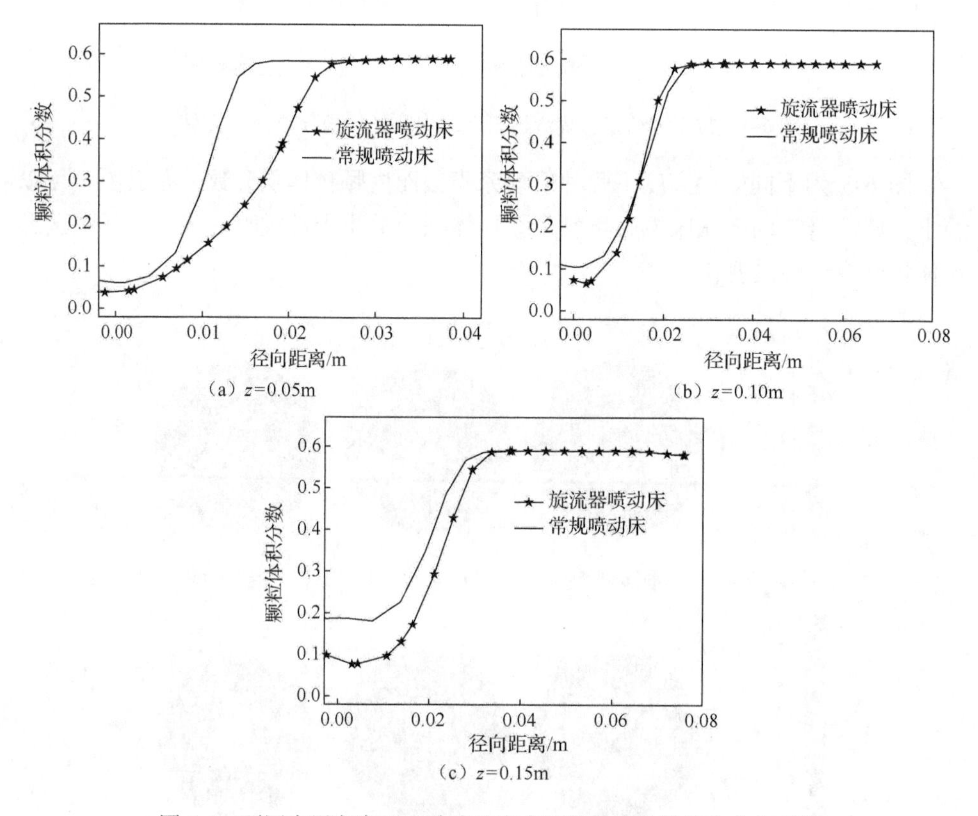

图 6-6　不同床层高度下两种喷动床内颗粒体积分数径向分布对比

图 6-7 为两种喷动床内颗粒体积分数轴向分布对比。由图 6-7 可知，颗粒体积分数随着喷动床内床层高度的增加先逐渐增大至最大值，后减小至接近于零，然后保持不变。颗粒体积分数最大值在床层高度为 0.325m 处，因为在此高度以下，进口气体带动颗粒向上运动，颗粒随着床层高度的增加而不断堆积，当床层高度超过 0.325m，也就是静床层高度时，颗粒向四周运动进入环隙区，颗粒体积分数下降。颗粒体积分数下降为零是因为在重力的作用下，颗粒向上运动到最高点，颗粒速度降为零。

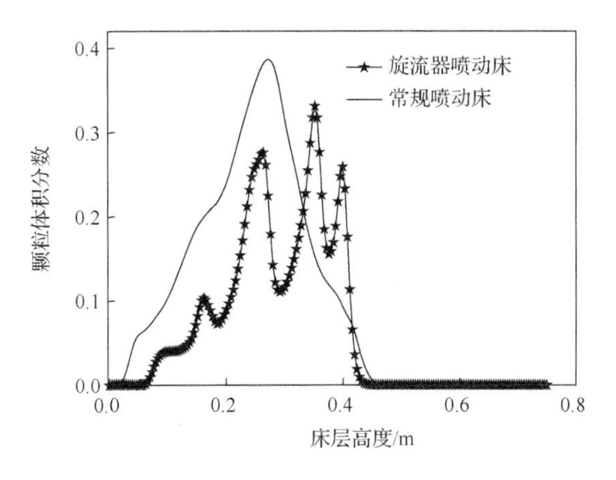

图 6-7　两种喷动床内颗粒体积分数轴向分布对比

6.3.2　颗粒速度

图 6-8 和图 6-9 分别为不同床层高度下两种喷动床横截面内颗粒速度分布云图和颗粒速度径向分布对比，由图 6-8 和图 6-9 可知，颗粒速度随径向距离的增大

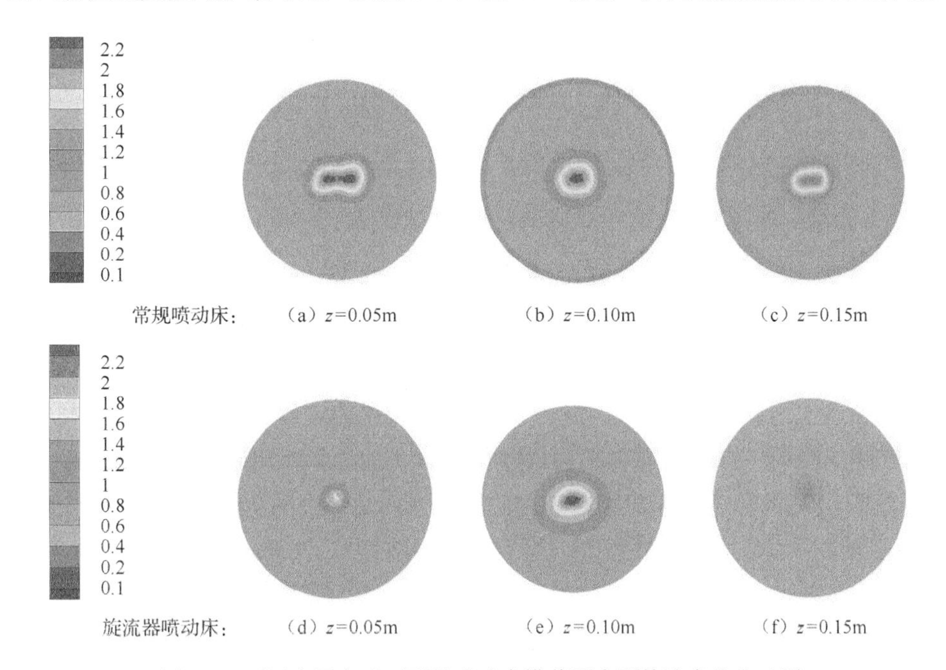

图 6-8　不同床层高度下两种喷动床横截面内颗粒速度分布云图

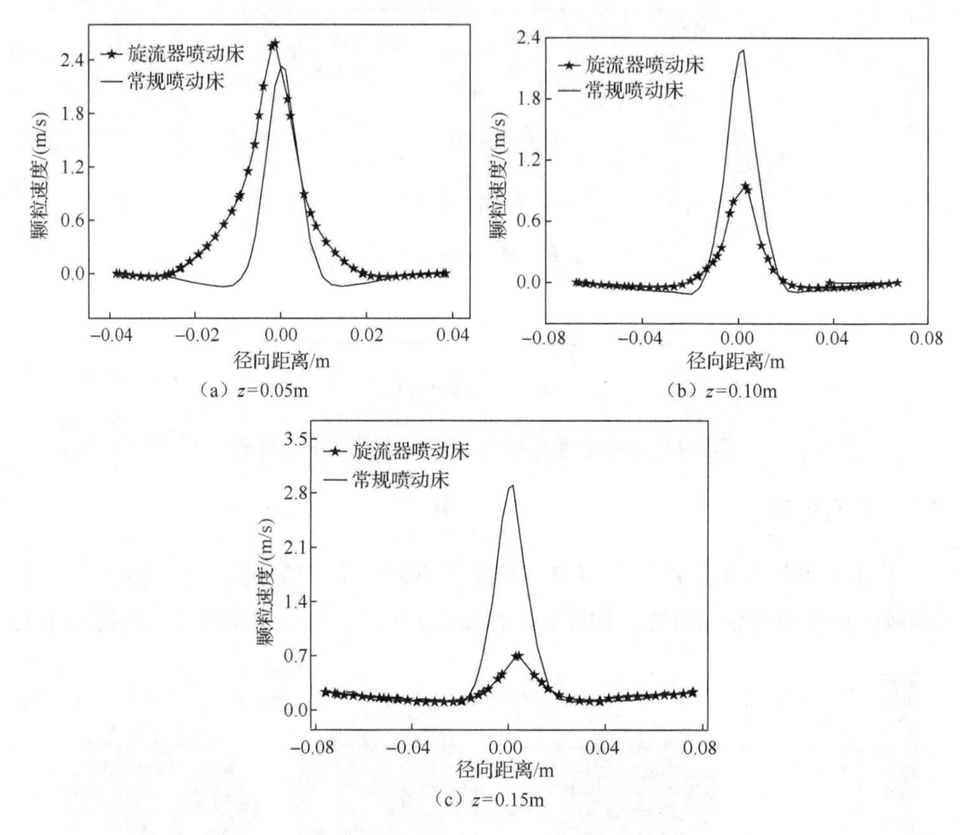

图 6-9　不同床层高度下两种喷动床内颗粒速度径向分布对比（U=1.6U_{ms}）

而逐渐减小，直至接近于零。颗粒速度在喷动床轴中心处最大。在喷射区颗粒体积分数小，颗粒速度大，随着径向距离的增大，颗粒进入环隙区，该区域颗粒大量堆积，导致颗粒速度小于喷射区。很显然，在气体入口处，由于旋流器的加入，旋流器喷动床内颗粒速度大于常规喷动床。这说明旋流器的加入对喷射区颗粒的运动产生了影响，加强了颗粒之间的横向混合，促进了颗粒之间的动量交换。

图 6-10 为两种喷动床内颗粒速度轴向分布对比，由图可知，颗粒速度随床层高度的增大先逐渐增大至最大值，然后在重力和颗粒之间摩擦的作用下逐渐减小，最后减小为零。气体传递给颗粒的动能随床高的增加而被逐渐消耗，但重力对颗粒的影响却不断增加，使颗粒运动至最高点时速度减小为零。旋流器的加入，使进口气体向周围扩散，造成气体动能的部分损失，故旋流器喷动床内沿轴向颗粒速度整体小于常规喷动床。

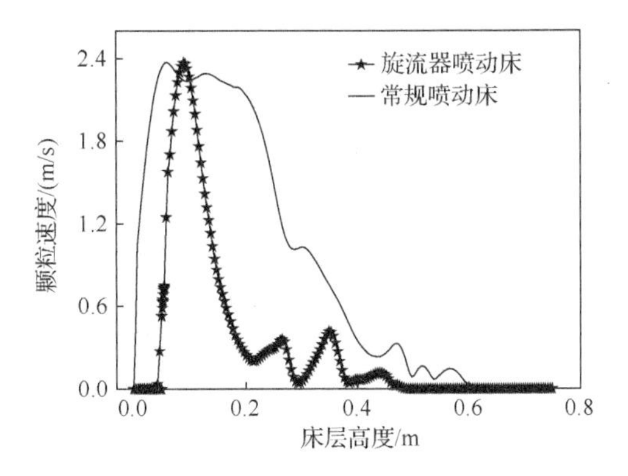

图 6-10　两种喷动床内颗粒速度轴向分布对比

6.3.3　气体湍动能

图 6-11 为不同床层高度下两种喷动床横截面内气体湍动能分布云图对比。可以看出，旋流器喷动床内气体湍动能整体上大于常规喷动床，尤其在中心喷射区十分明显。旋流器喷动床内环隙区气体湍动能小于喷射区。

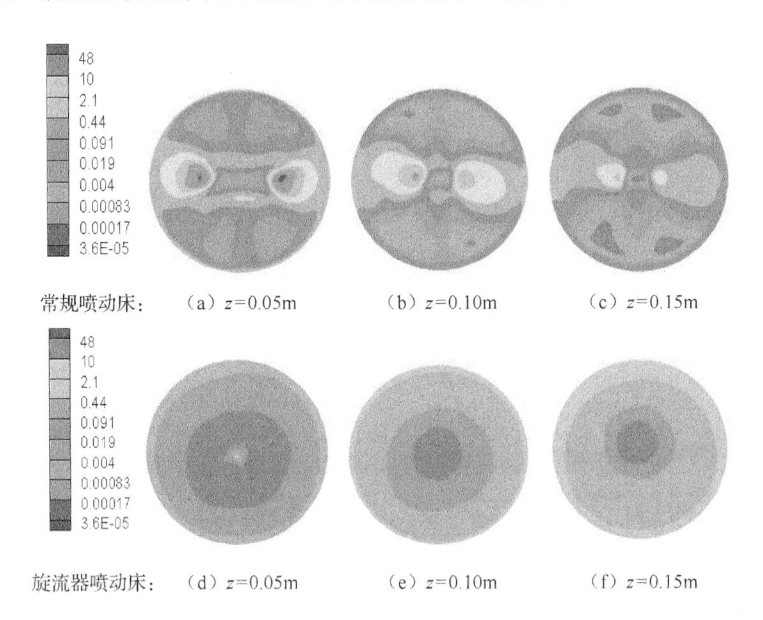

图 6-11　不同床层高度下两种喷动床横截面内气体湍动能分布云图对比

图 6-12 为不同床层高度下两种喷动床内气体湍动能径向分布对比。由图可见，气体湍动能在床层内沿着径向距离的增大先达到最大值，然后逐渐减小为零。气体湍动能是表示气体湍动的物理量，气体带动颗粒沿径向运动，由喷动床喷射区

进入环隙区，喷射区颗粒浓度小，故气体的湍动程度逐渐变大，环隙区颗粒大量堆积，使气体湍动能逐渐减小为零。旋流器喷动床内沿径向气体湍动能整体大于常规喷动床，这是因为旋流器的加入对气体的运动起到了强烈的扰动作用，使气体的湍动加强，故旋流器喷动床内气体湍动能沿径向增大。

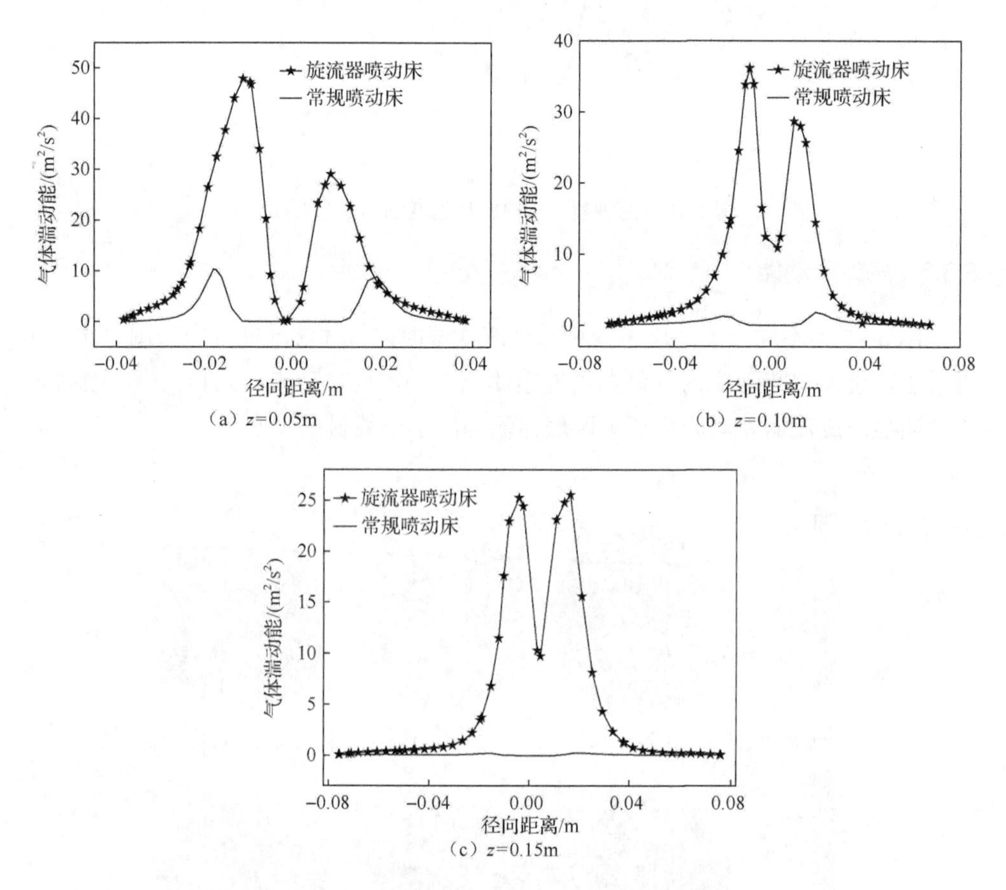

图 6-12　不同床层高度下两种喷动床内气体湍动能径向分布对比（$U=1.6U_{ms}$）

图 6-13 为不同床层高度下两种喷动床内气体湍动能轴向分布对比。很明显，常规喷动床内的气体湍动能近似为零，远远小于旋流器喷动床。这是因为在常规喷动床内气体的动能全部作用于颗粒的向上运动，所以床内气体湍动能很小。在旋流器喷动床中，气体湍动能先升高后逐渐减小。在旋流器喷动床内，旋流器对颗粒产生扰动作用，故旋流器喷动床内气体湍动能增大。

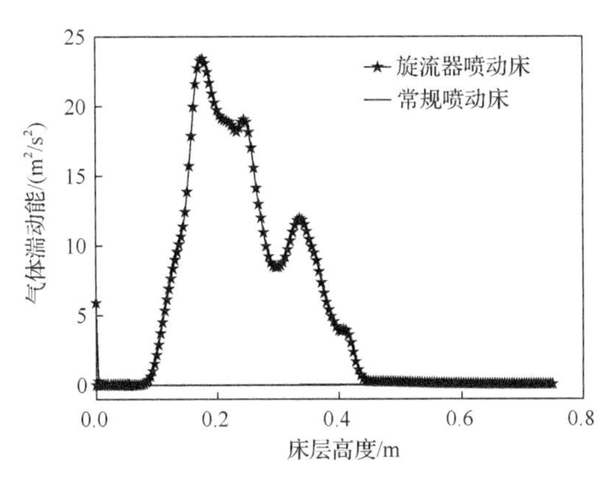

图 6-13　不同床层高度下两种喷动床内气体湍动能轴向分布对比

6.4　旋流器内叶片倾斜角对气固流动的影响

6.4.1　模拟工况

图 6-14 为所设计旋流器喷动床的旋流器叶片倾斜角示意图。旋流器喷动床中旋流器叶片倾斜角为 86°，故本小节选用旋流器叶片倾斜角为 80°、76° 的旋流器喷动床，网格划分相同，设定 γ 为旋流器叶片倾斜角，即 γ 为 86°、80°、76°。

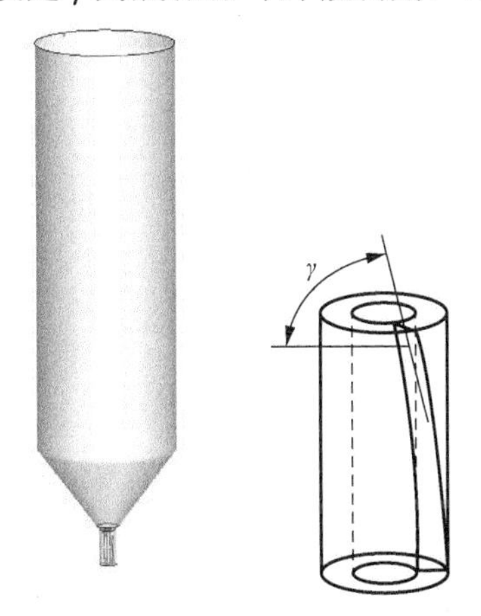

图 6-14　旋流器叶片倾斜角示意图

6.4.2　颗粒体积分数

图 6-15 为 t=15s 时，不同结构喷动床颗粒体积分数分布云图。由图可见，喷动床内都形成了稳定的喷动状态。常规喷动床内颗粒喷泉高度高于三个不同叶片倾斜角旋流器喷动床，原因是旋流器的加入对颗粒造成扰动影响使颗粒喷泉高度降低。

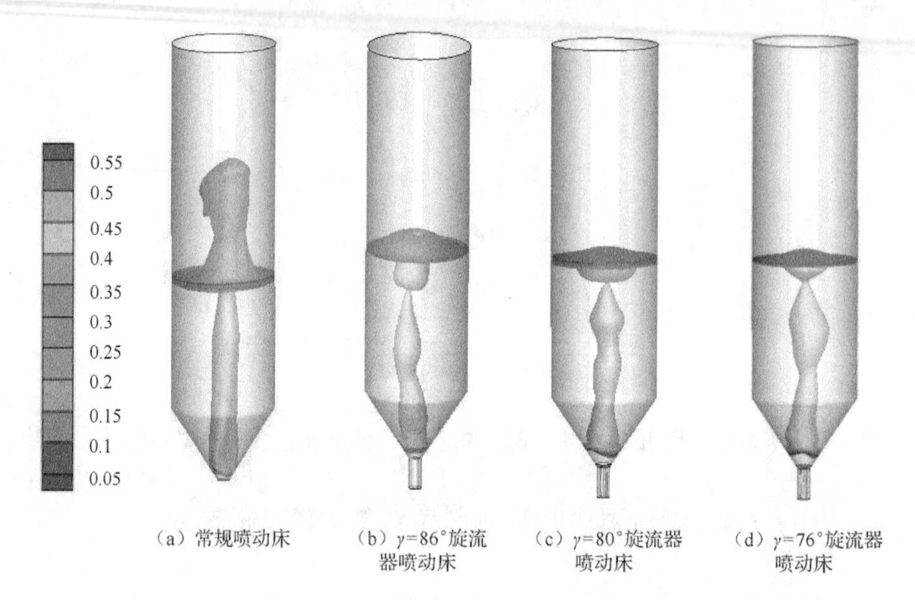

（a）常规喷动床　（b）γ=86°旋流器喷动床　（c）γ=80°旋流器喷动床　（d）γ=76°旋流器喷动床

图 6-15　不同结构喷动床颗粒体积分数分布云图

图 6-16 为喷动床床高 z=0.05m 时，不同结构喷动床横截面内颗粒体积分数分布云图。由图可见，与常规喷动床相比，在旋流器喷动床喷射区颗粒体积分数最小，在环隙区颗粒体积分数最大。从颗粒体积分数云图看出，γ=86° 时旋流器喷动床内喷射区颗粒体积分数小于其他两种旋流器喷动床。

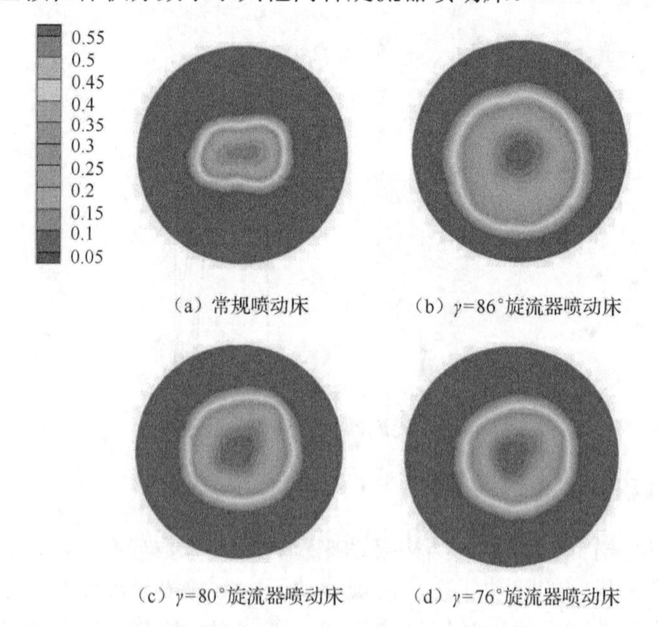

（a）常规喷动床　（b）γ=86°旋流器喷动床

（c）γ=80°旋流器喷动床　（d）γ=76°旋流器喷动床

图 6-16　不同结构喷动床横截面内颗粒体积分数分布云图（z=0.05m）

图 6-17 为不同床层高度下不同结构喷动床颗粒体积分数径向分布图。对比三种不同叶片倾斜角旋流器喷动床发现，喷动床内颗粒体积分数变化规律基本相同：在喷动床中心处颗粒体积分数最小，在喷射区和环隙区颗粒体积分数沿径向逐渐增大至最大值，在环隙区颗粒体积分数最大且保持不变。比较常规喷动床与三种不同叶片倾斜角旋流器喷动床发现，在低床层高度（z=0.05m）下的喷射区与近环隙区，旋流器喷动床颗粒体积分数整体小于常规喷动床，γ=86° 旋流器喷动床强化效果相对最好，在进入环隙区后三种旋流器喷动床颗粒体积分数曲线基本无明显差异。这是因为旋流器叶片倾斜角越小，进口气体通过旋流器时气体动能损耗越大，对颗粒的扰动作用随之减小。

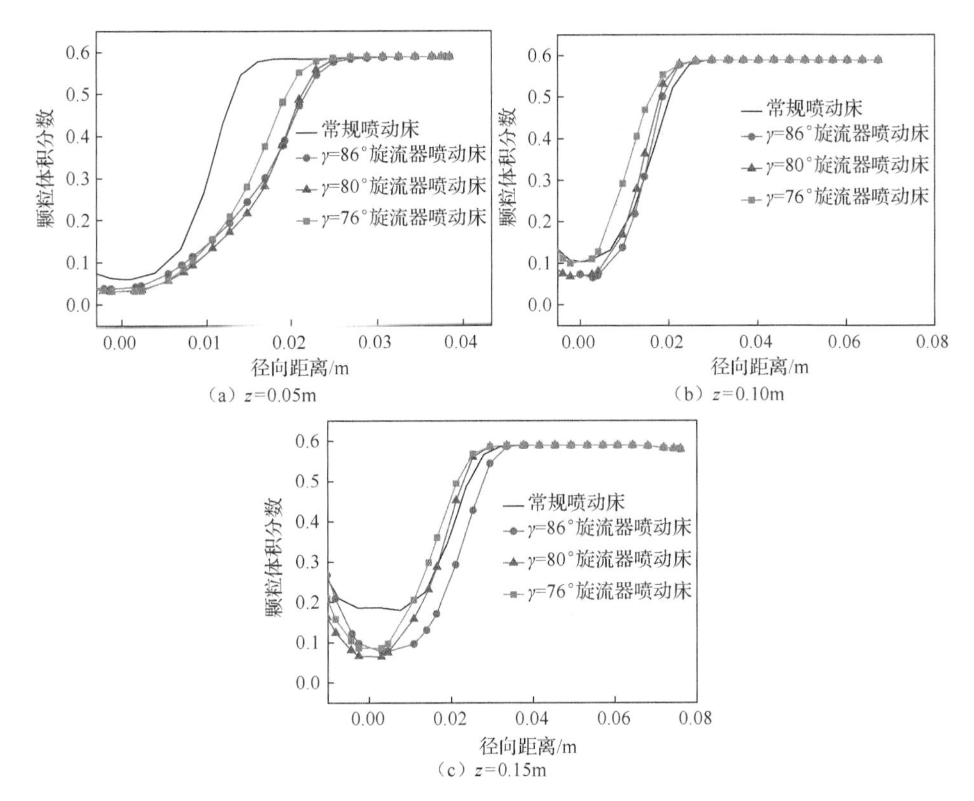

图 6-17　不同床层高度下不同结构喷动床颗粒体积分数径向分布图（U=1.6U_{ms}）

图 6-18 为不同结构喷动床内颗粒体积分数轴向分布图，可以看出，在三种不同叶片倾斜角旋流器喷动床内，床层高度小于 0.325m 时，颗粒体积分数沿床层高度的增大而逐渐增大；床层高度大于 0.325m 时，颗粒体积分数随床层高度增大而逐渐减小为零。旋流器叶片的差异，导致颗粒体积分数曲线变化规律有所差异。

在喷动床喷泉高度以下，γ=80° 与 γ=76° 旋流器喷动床颗粒体积分数整体大于 γ=86° 旋流器喷动床。这是因为叶片倾斜角的差异导致 γ=80° 与 γ=76° 旋流器喷动床内气体向上的动能变小，故颗粒堆积相对增多，在图上表现为颗粒体积分数曲线沿轴向上升。

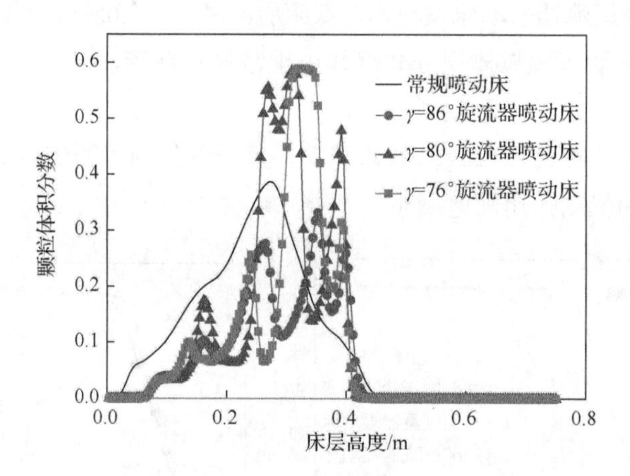

图 6-18　不同结构喷动床内颗粒体积分数轴向分布图

6.4.3　颗粒速度

图 6-19 为不同床层高度下不同结构喷动床颗粒速度径向分布图，可以看出，颗粒速度在轴中心处有最大值，沿径向进入环隙区后，颗粒速度逐渐减小。这是因为喷射区颗粒体积分数小于环隙区，故颗粒动能大，颗粒速度大于环隙区。对比不同叶片倾斜角旋流器喷动床可以看出，γ=86° 时旋流器喷动床内颗粒速度大于 γ=80° 与 γ=76° 时旋流器喷动床，这是因为 γ=86° 时旋流器喷动床内气体动能损失相对更小，对颗粒的横向扰动作用更大，故颗粒速度更大。

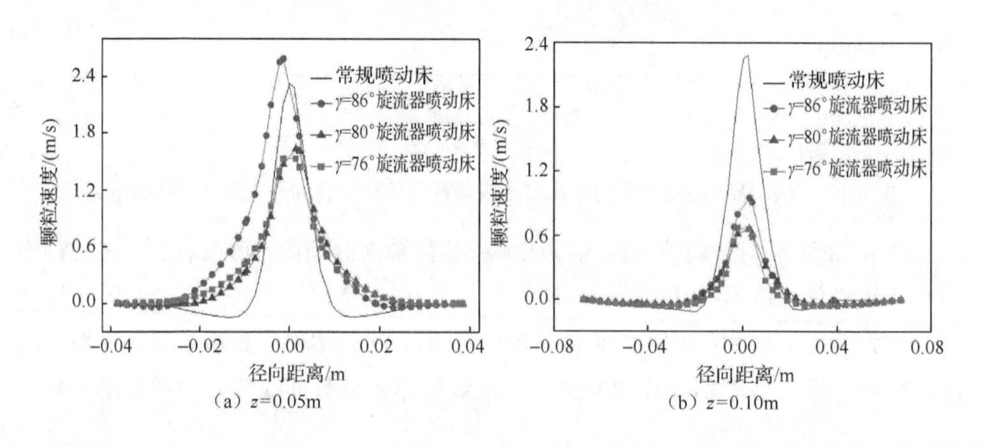

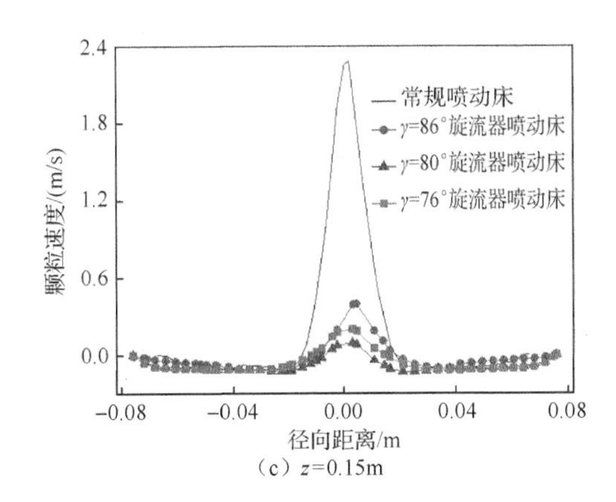

（c）z=0.15m

图 6-19　不同床层高度下不同结构喷动床颗粒速度径向分布图（U=1.6U_{ms}）

图 6-20 为不同结构喷动床颗粒速度轴向分布变化图，由图可见，随着床层高度的增大，颗粒速度先增大后逐渐减小为零。这是因为颗粒在向上运动的过程中，不仅有气体带动颗粒的动能，也有颗粒自身重力及与周围颗粒的摩擦力。旋流器的加入，使气体动能部分损失，故三种不同叶片倾斜角旋流器喷动床内沿轴向颗粒速度整体小于常规喷动床。对比三种不同叶片倾斜角旋流器喷动床，γ=86°时旋流器喷动床内气体带动颗粒向上的动能最大，故颗粒速度整体大于 γ=80°与 γ=76°时的旋流器喷动床。

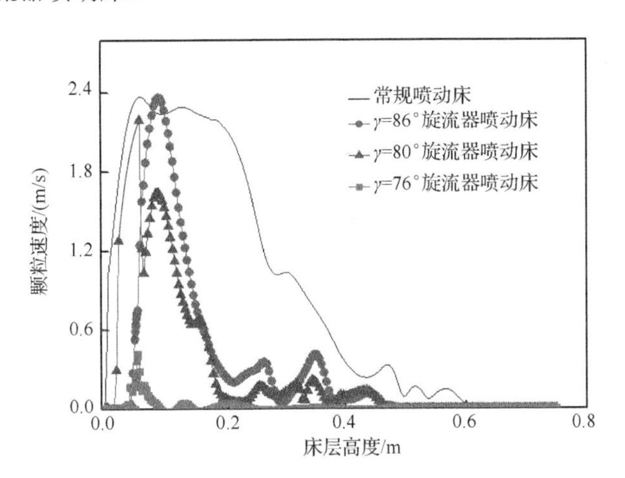

图 6-20　不同结构喷动床颗粒速度轴向分布变化图

6.4.4　气体湍动能

图 6-21 为不同结构喷动床横截面内气体湍动能云图对比。可以看出，不同旋流器叶片倾斜角下，在床中心喷射区气体湍动能最大，在环隙区气体湍动能较小。

从气体湍动能云图可以看出，γ=86° 时旋流器喷动床喷射区气体湍动能大于其他两种旋流器喷动床。

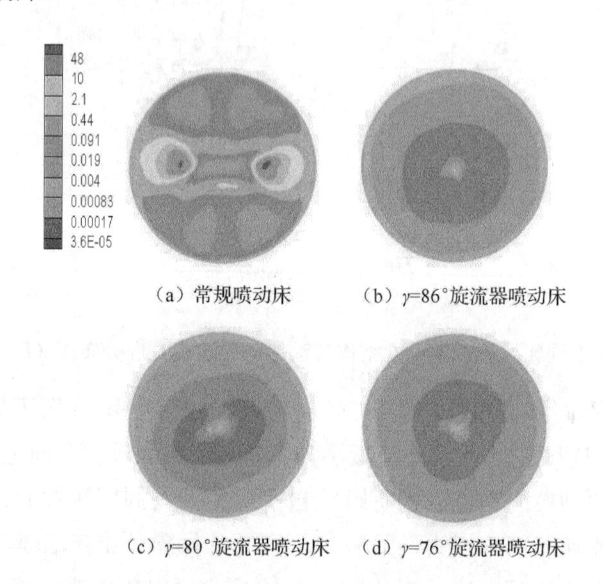

（a）常规喷动床　（b）γ=86°旋流器喷动床

（c）γ=80°旋流器喷动床　（d）γ=76°旋流器喷动床

图 6-21　不同结构喷动床横截面内气体湍动能云图对比（z=0.05m）

图 6-22 为不同床层高度下不同结构喷动床气体湍动能径向分布图，可以看出，除常规喷动床外，其他三种喷动床内气体湍动能在喷嘴处迅速增大到最大值，进入环隙区后逐渐减小并趋近于零，之后保持不变。喷动床内气体带动颗粒沿径向运动，由喷射区进入环隙区，由于喷射区颗粒体积分数小，故气体的湍动程度逐渐变大，而环隙区颗粒大量堆积，使气体湍动能逐渐减小为零。比较不同叶片倾斜角旋流器喷动床内的气体湍动能发现，γ=86° 时旋流器喷动床内气体的扰动最大，气体湍动能最大，整体大于 γ=80° 与 γ=76° 时的旋流器喷动床。

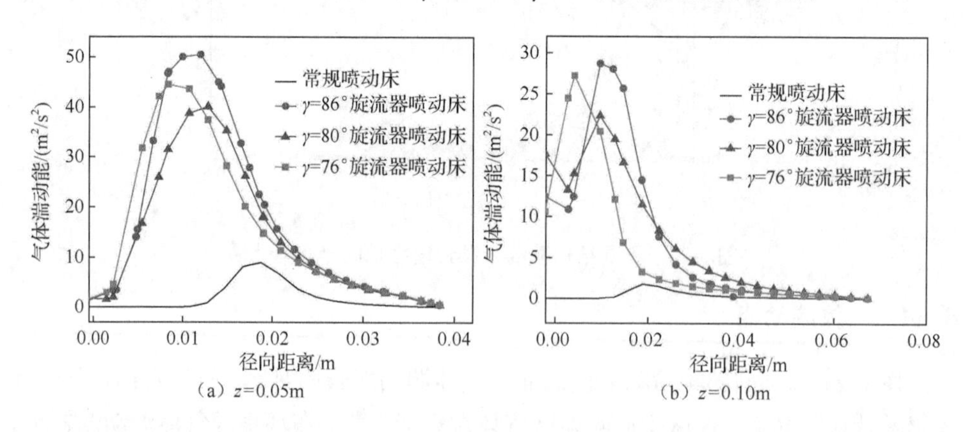

（a）z=0.05m　（b）z=0.10m

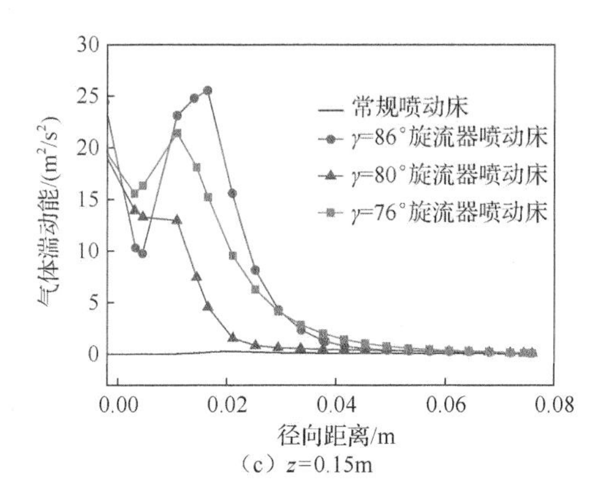

（c）z=0.15m

图 6-22　不同床层高度下不同结构喷动床气体湍动能径向分布图（U=1.6U_{ms}）

由图 6-23 可得，沿轴向床层高度，三种旋流器喷动床内气体湍动能整体远远大于常规喷动床，γ=86° 时旋流器喷动床内气体湍动能最大。这是因为，γ=86° 时旋流器叶片对进口气体的阻碍作用较小，对喷射区颗粒的扰动作用较大，气体在颗粒间的湍动较为剧烈，故此旋流器叶片倾斜角下气体的湍动能较大。

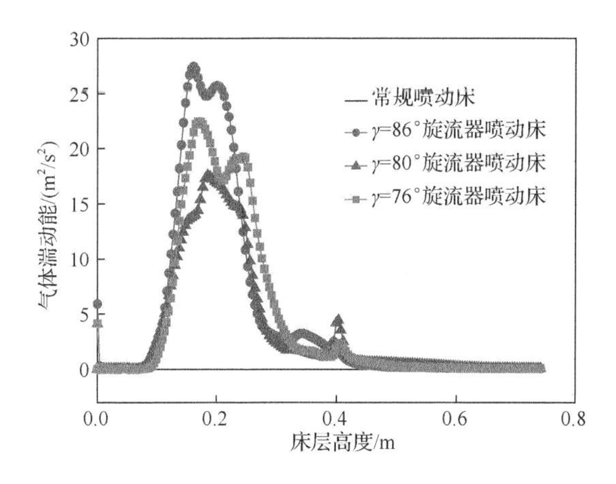

图 6-23　不同结构喷动床气体湍动能轴向分布变化图

6.4.5　相对标准偏差

图 6-24 为不同床层高度下不同结构喷动床内颗粒速度径向分布均匀度，图 6-25 为不同结构喷动床颗粒速度径向分布 CV 平均值。由图可见，三种旋流器喷动床相对标准偏差 CV 值都小于常规喷动床。三种旋流器喷动床中，γ=86° 与 γ=76° 时旋流器喷动床内相对标准偏差 CV 值较小，床内颗粒流场均匀度较高，γ=80° 时旋流器喷动床内相对标准偏差 CV 值最大，床内颗粒流场均匀度最低。

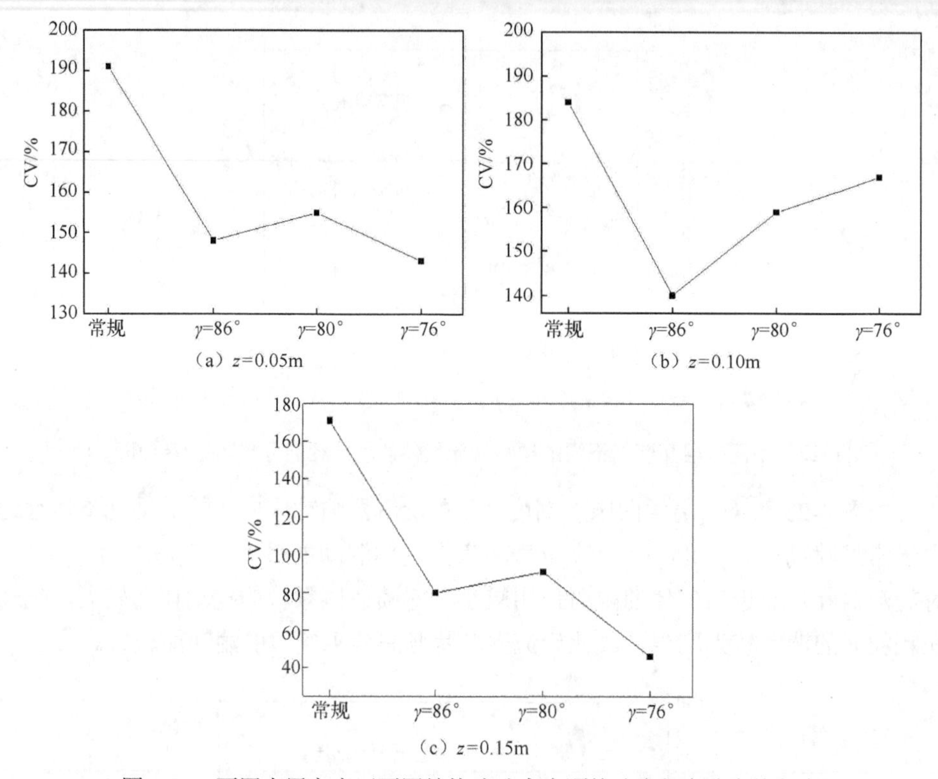

图 6-24 不同床层高度下不同结构喷动床内颗粒速度径向分布均匀度

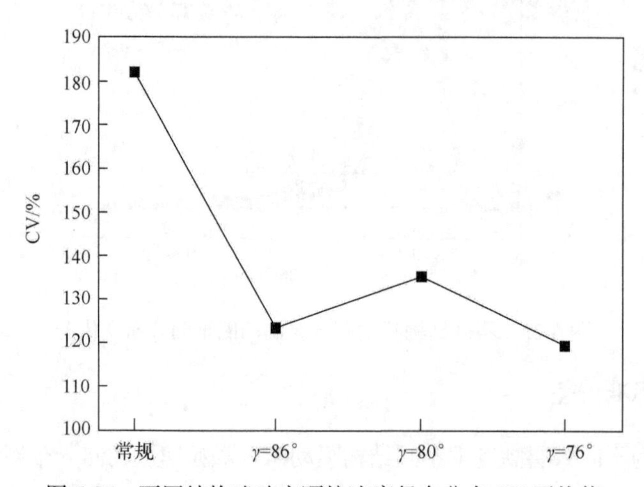

图 6-25 不同结构喷动床颗粒速度径向分布 CV 平均值

6.4.6 床层总压降

图 6-26 为不同结构喷动床内床层总压降分布图，由图可见，三种旋流器喷动床内床层总压降无明显差异，且都大于常规喷动床。这是因为旋流器的加入，使

进口气体对颗粒产生横向作用，造成部分气体动能损失，在同样的静床层高度下，气体穿透床层遇到的阻力变大，床层总压降变大。

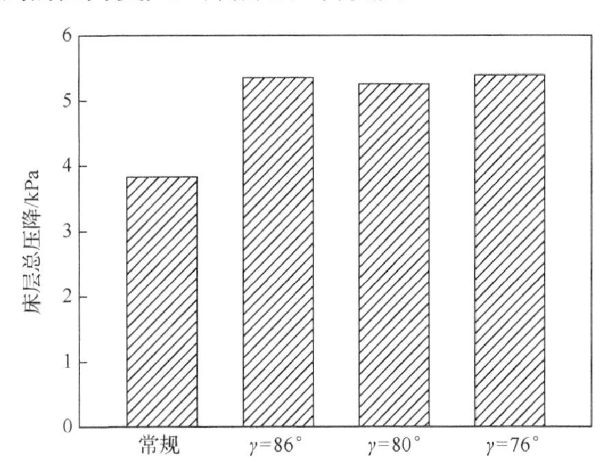

图 6-26　不同结构喷动床内床层总压降分布图

6.5　旋流器内叶片进口角对气固流动的影响

在旋流器叶片倾斜角一定的情况下，本节进一步分析旋流器内叶片进口角对本章所设计旋流器喷动床内气固两相流动的影响规律。

6.5.1　模拟工况

图 6-27 为所设计旋流器喷动床内旋流器叶片进口角示意图，其中 β 为旋流器叶片进口角。旋流器喷动床叶片进口角为 45°，故本节选取叶片进口角为 60°、30° 的旋流器喷动床，网格划分相同，即 β 为 30°、45°、60°。

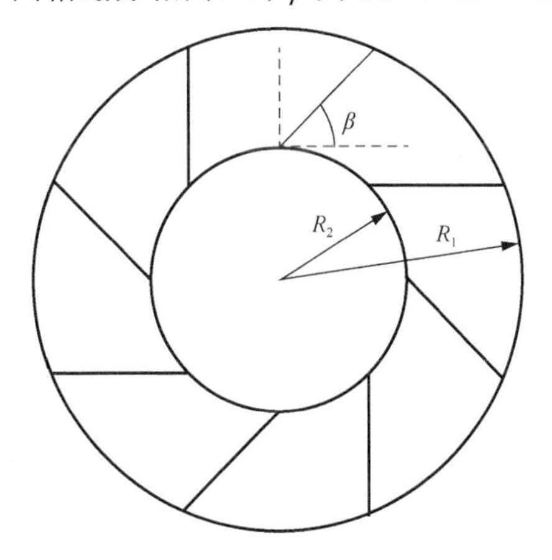

图 6-27　旋流器叶片进口角示意图

6.5.2 颗粒体积分数

图 6-28 为 t=15s 时不同结构喷动床颗粒体积分数分布云图，由图可见，此时喷动床内颗粒都形成了稳定的喷动状态，三种不同叶片进口角旋流器喷动床在稳定时的颗粒喷泉高度都低于常规喷动床。这是因为旋流器喷动床内颗粒的向上运动受到了旋流器的阻碍作用，且 β=45° 旋流器喷动床内颗粒喷泉高度高于 β=30° 和 β=60° 旋流器喷动床，β=30° 和 β=60° 旋流器喷动床对气体向上带动颗粒运动的阻碍作用更大。

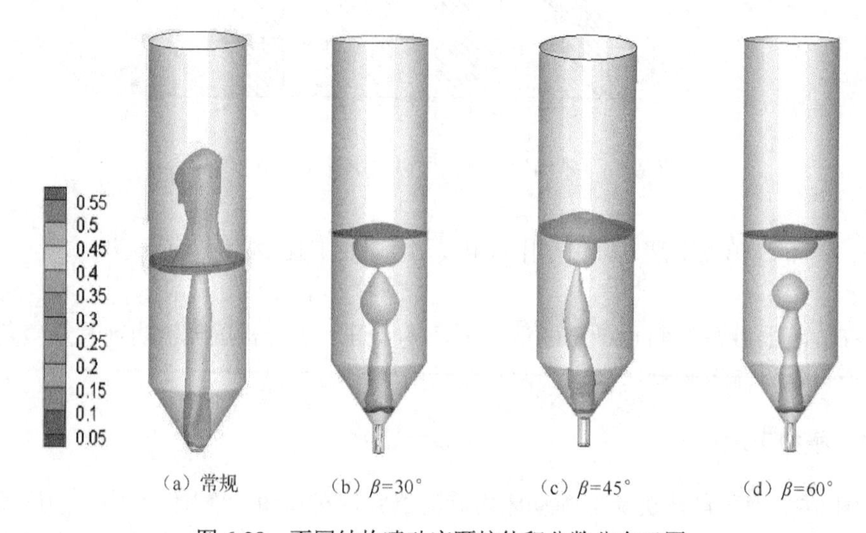

（a）常规　（b）β=30°　（c）β=45°　（d）β=60°

图 6-28　不同结构喷动床颗粒体积分数分布云图

图 6-29 为床高 z=0.05m 处不同结构喷动床横截面内颗粒体积分数分布云图。可以看出，不同叶片进口角下，在床中心喷射区颗粒体积分数最小，在环隙区颗粒体积分数最大。β=45° 旋流器喷动床内喷射区颗粒体积分数低于 β=30° 和 β=60° 旋流器喷动床。

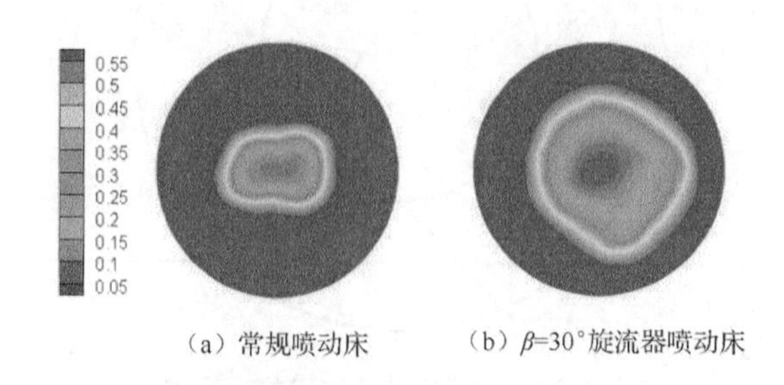

（a）常规喷动床　（b）β=30°旋流器喷动床

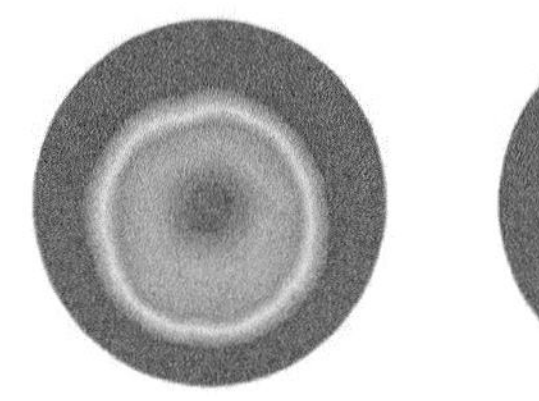

（c）β=45°旋流器喷动床

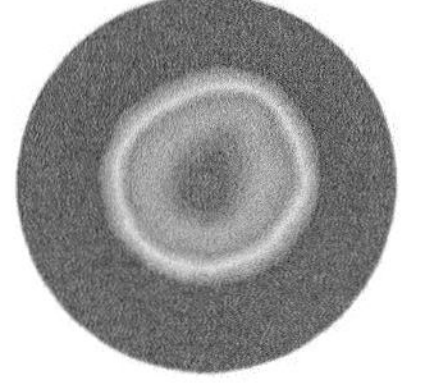

（d）β=60°旋流器喷动床

图 6-29　不同结构喷动床横截面内颗粒体积分数分布云图（z=0.05m）

图 6-30 为不同床层高度下不同结构喷动床颗粒体积分数径向分布图。从图可以看出，四种规格喷动床内颗粒体积分数沿径向的变化趋势基本一致：在床中心轴处颗粒体积分数最小，在喷射区和环隙区颗粒体积分数沿径向距离逐渐增大至最大值，在环隙区颗粒体积分数最大且保持不变。比较常规喷动床与三种不同旋流器喷动床发现，在喷射区与近环隙区，旋流器喷动床颗粒体积分数整体小于常规喷动床，在 z=0.05m 时，三种不同叶片进口角旋流器喷动床内颗粒体积分数沿

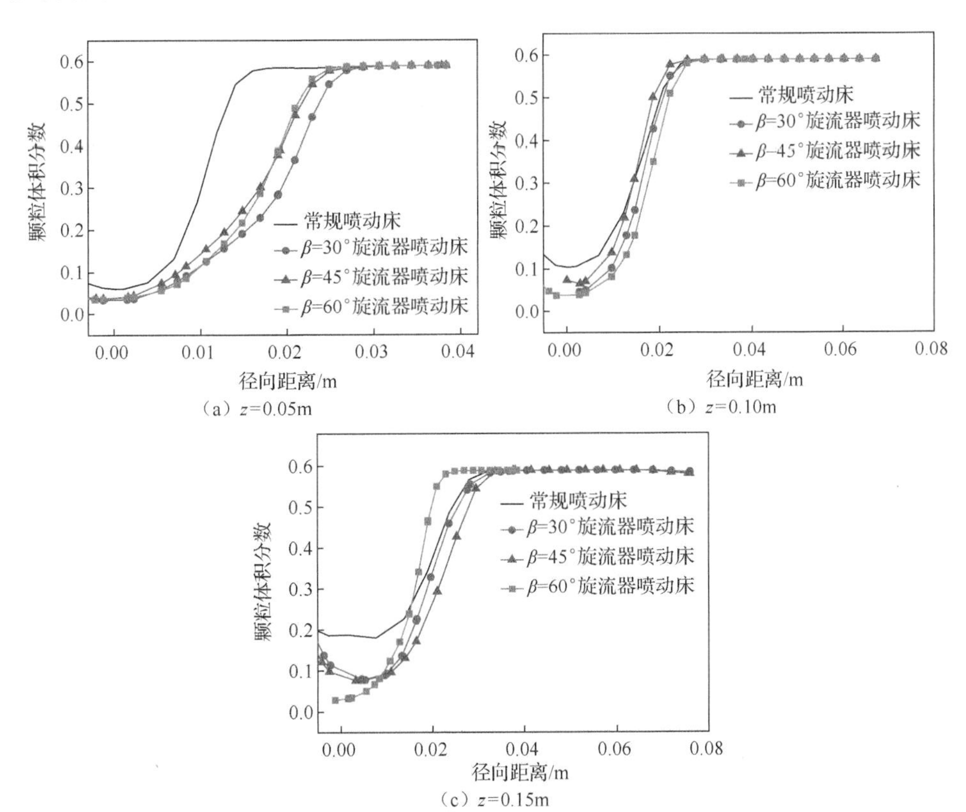

（a）z=0.05m　（b）z=0.10m

（c）z=0.15m

图 6-30　不同床层高度下不同结构喷动床颗粒体积分数径向分布图（U=1.6U_{ms}）

径向整体低于常规喷动床，β=30° 旋流器喷动床颗粒体积分数曲线最低。在 z=0.10m 时，β=60° 旋流器喷动床颗粒体积分数曲线最低。在 z=0.15m 时，β=30° 与 β=45° 旋流器喷动床颗粒体积分数较低于常规喷动床，而 β=60° 旋流器喷动床颗粒体积分数曲线出现一部分高于常规喷动床的情况。

6.5.3　颗粒速度

图 6-31 为床高 z=0.05m 处不同结构喷动床横截面内颗粒速度云图。从云图上可以看出，不同叶片进口角旋流器喷动床内，颗粒速度没有明显差异。相较于常规喷动床，在床中心喷射区，旋流器喷动床颗粒速度较大，在环隙区，旋流器喷动床颗粒速度变化不大。

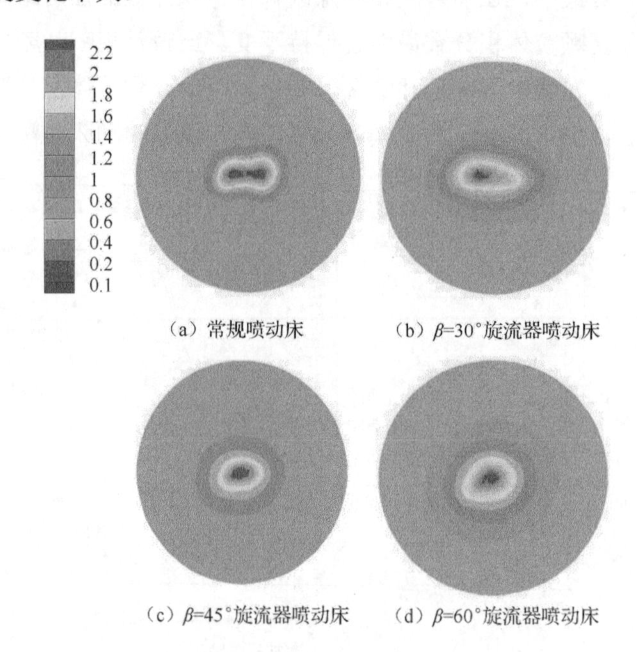

图 6-31　不同结构喷动床横截面内颗粒速度云图（z=0.05m）

图 6-32 为不同床层高度下不同结构喷动床颗粒径向速度分布图，由图可知，颗粒径向速度沿径向距离的增加而逐渐减小。在 0.05m 时的床层喷射区，旋流器喷动床内颗粒径向速度大于常规喷动床，这是因为旋流器对喷射区颗粒的横向扰动作用加快了颗粒在喷射区的运动，降低了颗粒在此区域的体积分数，从而颗粒径向速度变大。比较不同叶片进口角旋流器喷动床，不难发现，在床高 z=0.05m 处，在喷射区，β=45° 旋流器喷动床颗粒径向速度明显大于 β=30° 与 β=60° 旋流器喷动床，甚至出现大于常规喷动床的情况。在床高 z=0.10m 处，β=45° 旋流器

喷动床颗粒径向速度也大于其他两种旋流器喷动床。在床高 z=0.15m 处，三种旋流器喷动床颗粒径向速度无明显差异。

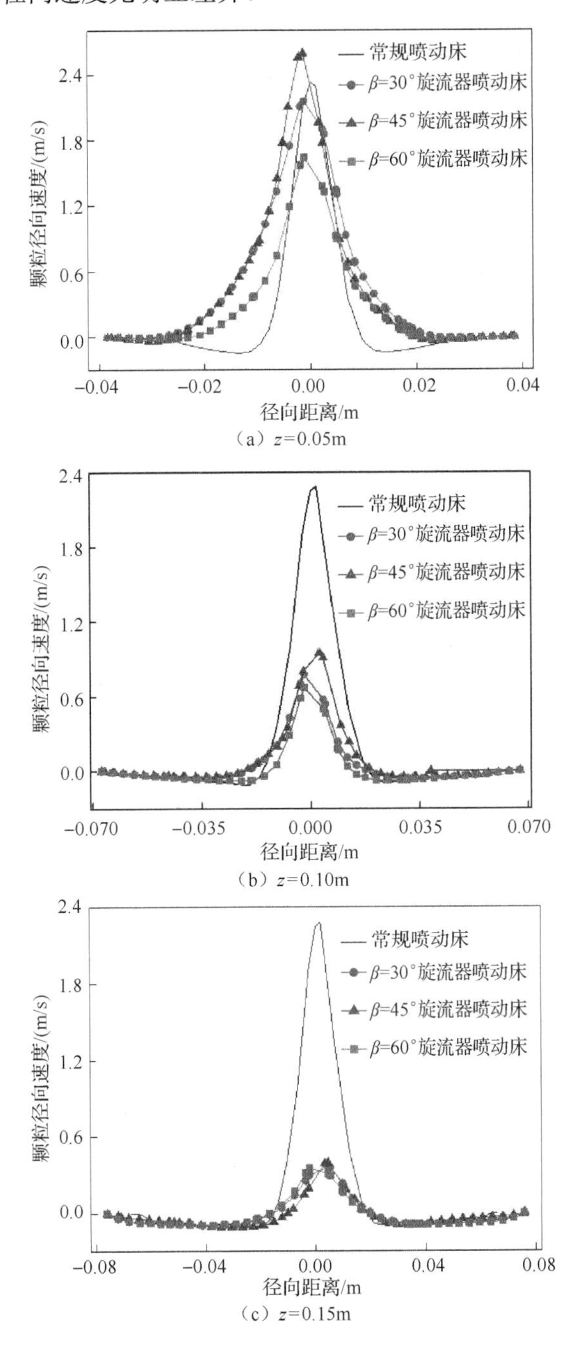

图 6-32　不同床层高度下不同结构喷动床颗粒径向速度分布图（U=1.6U_{ms}）

6.5.4　气体湍动能

图 6-33 为床高 z=0.05m 处，不同结构喷动床横截面内气体湍动能云图。由图可见，不同旋流器叶片进口角下，在床中心喷射区气体湍动能最大，在环隙区气体湍动能较小。旋流器喷动床气体湍动能整体大于常规喷动床。对比三种不同叶片进口角旋流器喷动床发现，在喷动床中心喷射区，β=45° 旋流器喷动床气体湍动能大于 β=30° 与 β=60° 旋流器喷动床。

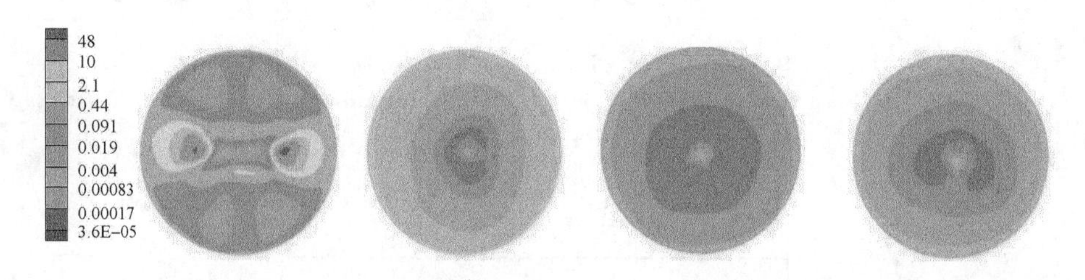

（a）常规喷动床　（b）β=30°旋流器喷动床　（c）β=45°旋流器喷动床　（d）β=60°旋流器喷动床

图 6-33　不同结构喷动床横截面内气体湍动能云图（z=0.05m）

图 6-34 为不同床层高度下不同结构喷动床气体湍动能径向分布图，由图可知，三种旋流器喷动床内气体湍动能整体大于常规喷动床，旋流器喷动床内气体湍动能沿径向在喷嘴处增大至最大值，之后进入环隙区，由于环隙区颗粒大量堆积，故此区域气体湍动能逐渐减小，趋近于零。比较不同叶片进口角旋流器喷动床内的气体湍动能发现，在床高 z=0.05m 处，β=45° 旋流器喷动床气体湍动能整体上大于 β=30° 与 β=60° 旋流器喷动床；在床高 z=0.10m 和 z=0.15m 处，喷射区 β=45° 旋流器喷动床气体湍动能较大，在环隙区三种旋流器喷动床差别不大。

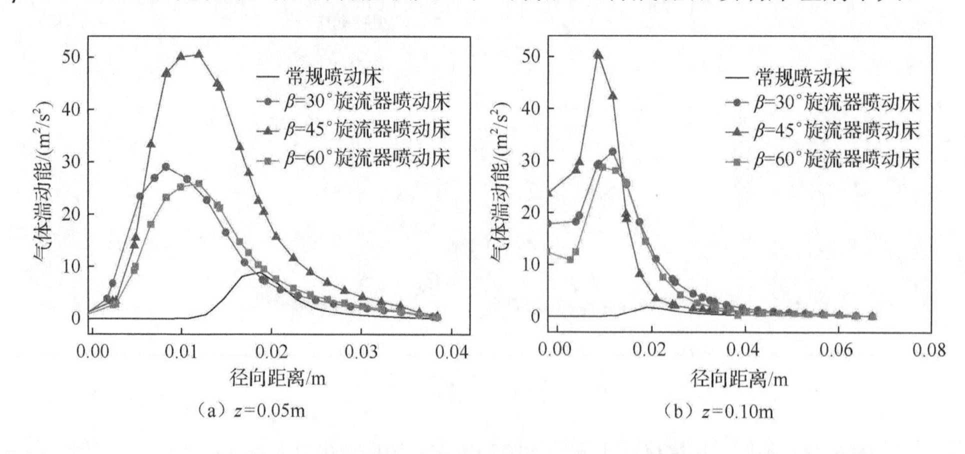

（a）z=0.05m　（b）z=0.10m

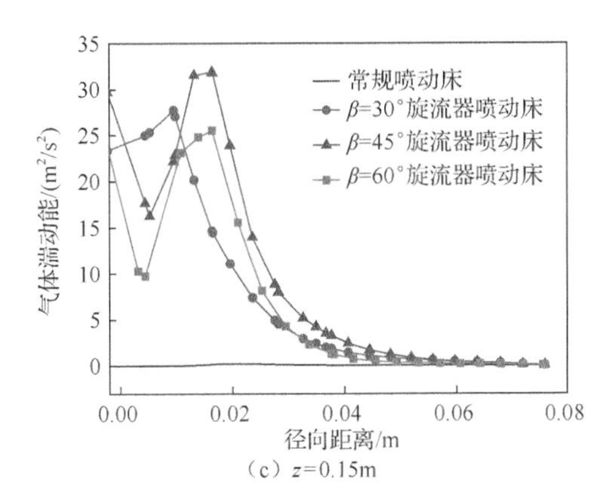

（c）z=0.15m

图 6-34　不同床层高度下不同结构喷动床气体湍动能径向分布图（U=1.6U_{ms}）

6.5.5　相对标准偏差

图 6-35 和图 6-36 分别为旋流器叶片进口角不同时，不同床层高度下不同结构喷动床颗粒速度径向分布均匀度和不同结构喷动床颗粒速度径向分布 CV 平均值。由图可见，由于旋流器的加入，三种旋流器喷动床相对标准偏差 CV 值都小

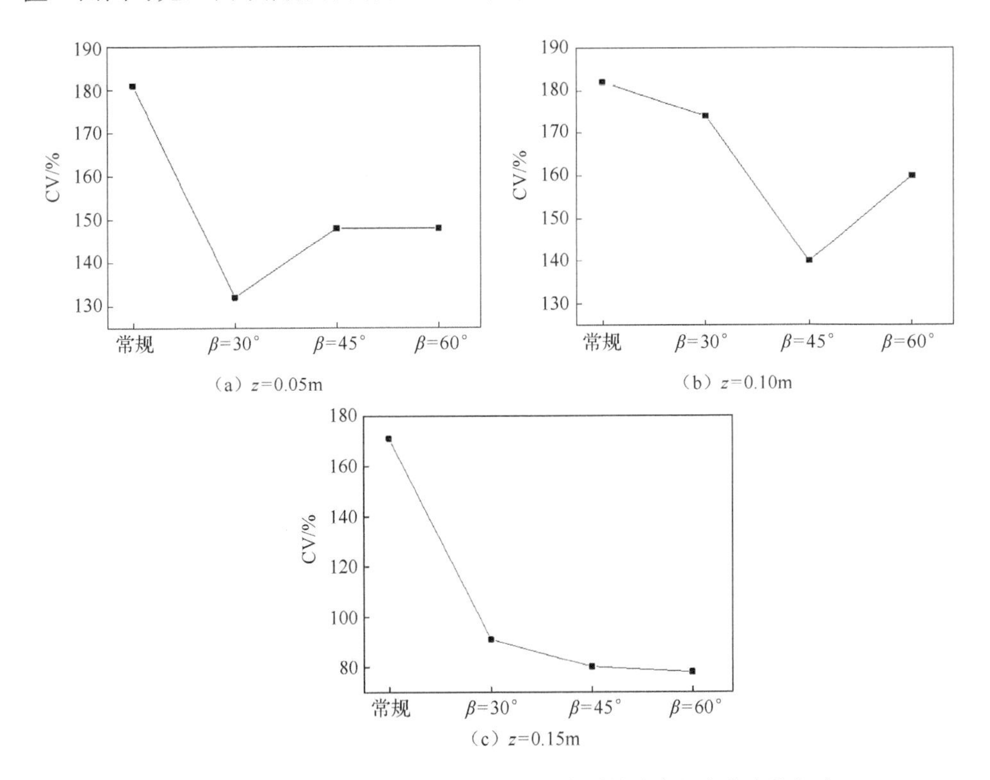

（a）z=0.05m　（b）z=0.10m　（c）z=0.15m

图 6-35　不同床层高度下不同结构喷动床颗粒速度径向分布均匀度

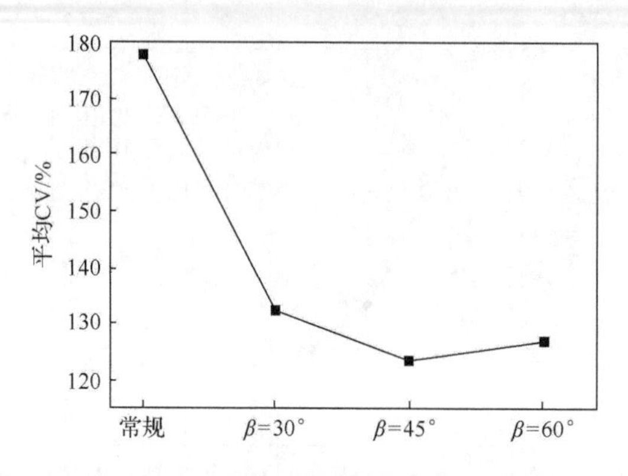

图 6-36　不同结构喷动床颗粒速度径向分布 CV 平均值

于常规喷动床，说明旋流器喷动床内颗粒速度沿径向流场均匀度更高。在三个不同床层高度下，三种不同叶片进口角旋流器喷动床相对标准偏差 CV 值没有明显线性变化规律，但是从图 6-36 所示颗粒速度径向分布 CV 平均值分析看，β=60°与 β=30° 时旋流器喷动床内颗粒速度相对标准偏差 CV 值较大，床内颗粒流场均匀度低；β=45° 时旋流器喷动床内颗粒速度相对标准偏差 CV 值最小，床内颗粒流场均匀度最高。

6.5.6　床层总压降

图 6-37 为旋流器叶片进口角不同时，不同结构喷动床内床层总压降分布，由图可见，三种旋流器喷动床的床层总压降都大于常规喷动床，且三种旋流器喷动床彼此间无明显差异。旋流器的加入使进口气体对颗粒产生横向作用，造成部分气体动能损失，在同样的静床层高度下，气体穿透床层遇到的阻力变大，床层总压降变大。

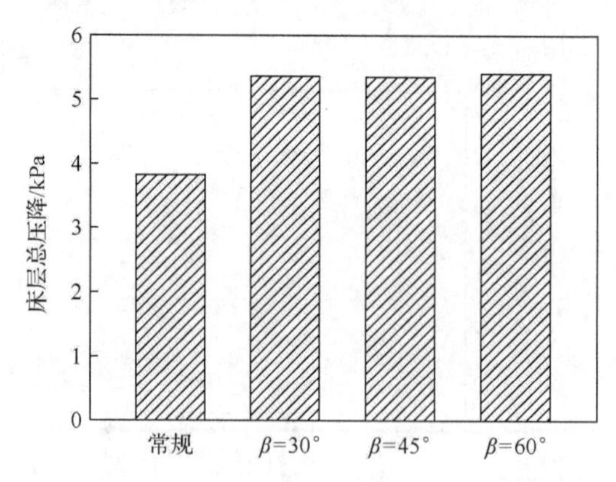

图 6-37　不同结构喷动床内床层总压降分布

6.6　旋流器内外径比对气固流动的影响

在旋流器叶片倾斜角与叶片进口角一定的情况下，本节改变旋流器内外径比，以分析主喷嘴与旋流通道气体流量分配情况对床内气固两相流动的影响。

6.6.1　模拟工况

在旋流器外管直径 D_1=19mm 不变的情况下，改变内管直径（取 D_2=6mm、8mm、10mm、12mm、14mm），进行模拟和数据对比，旋流器外管与内管示意图如图 6-38 所示。取 $\zeta=D_2/D_1$，ζ 分别为 0.316、0.421、0.526、0.632、0.737。

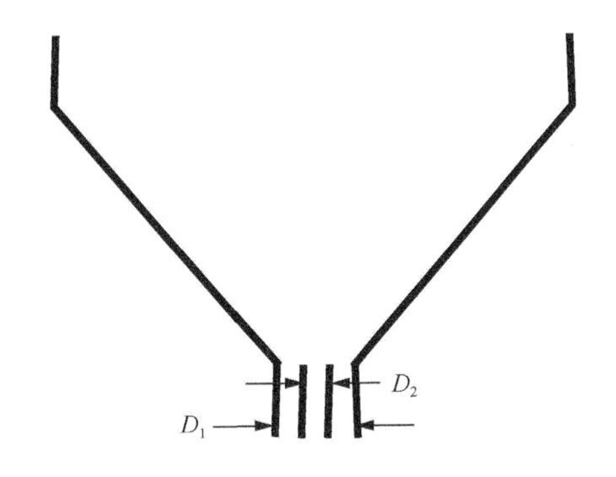

图 6-38　旋流器外管与内管示意图

6.6.2　颗粒体积分数

图 6-39 为 t=15s 时不同结构喷动床内颗粒体积分数分布云图，由图可见，此时喷动床内颗粒都形成了稳定的喷动状态。五种不同旋流器内外径比喷动床在稳定时颗粒喷泉高度均较低于常规喷动床，且 ζ=0.526 时旋流器喷动床内颗粒喷泉高度较高于其他几种不同旋流器内外径比喷动床，这是因为旋流器的加入导致颗粒的向上运动受到了阻碍，ζ=0.526 时旋流器喷动床颗粒受到的阻碍作用较小。

图 6-40 为 z=0.05m 时不同结构喷动床横截面内颗粒体积分数云图。由图可以看出，不同旋流器内外径比下，旋流器对床中心喷射区颗粒影响作用较大，颗粒体积分数较小，对环隙区颗粒影响作用较小，故此区域颗粒体积分数较大。从颗粒体积分数云图看出，ζ=0.526 与 ζ=0.421 时旋流器喷动床喷射区颗粒受到的影响作用较大，颗粒体积分数较小于其他三种不同内外径比旋流器喷动床。

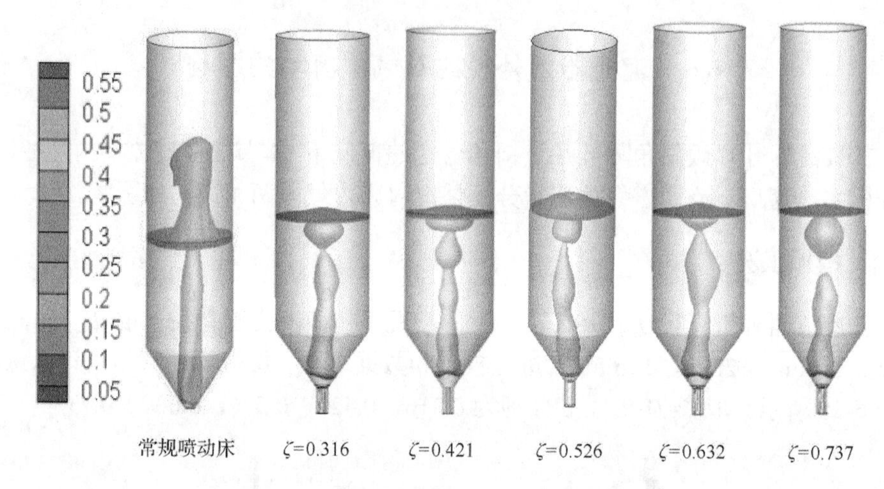

图 6-39 不同结构喷动床内颗粒体积分数分布云图

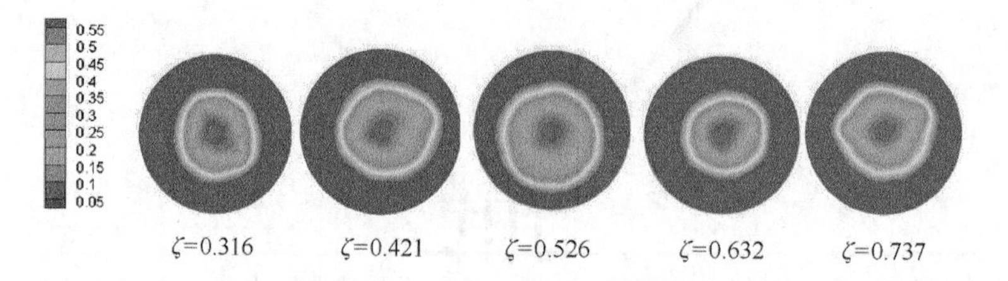

图 6-40 不同结构喷动床横截面内颗粒体积分数云图（z=0.05m）

图 6-41 为不同床层高度下不同结构喷动床颗粒体积分数径向分布图，从图可以看出，不同结构喷动床内颗粒体积分数沿径向距离的变化趋势基本一致：在床中心轴处颗粒体积分数最小，随着径向距离的增加，颗粒体积分数先逐渐增大，在喷射区与环隙区交界处达到最大值，之后基本保持不变。比较常规喷动床与五种不同内外径比旋流器喷动床发现，在 z=0.05m 与 z=0.10m 时，在喷射区与近

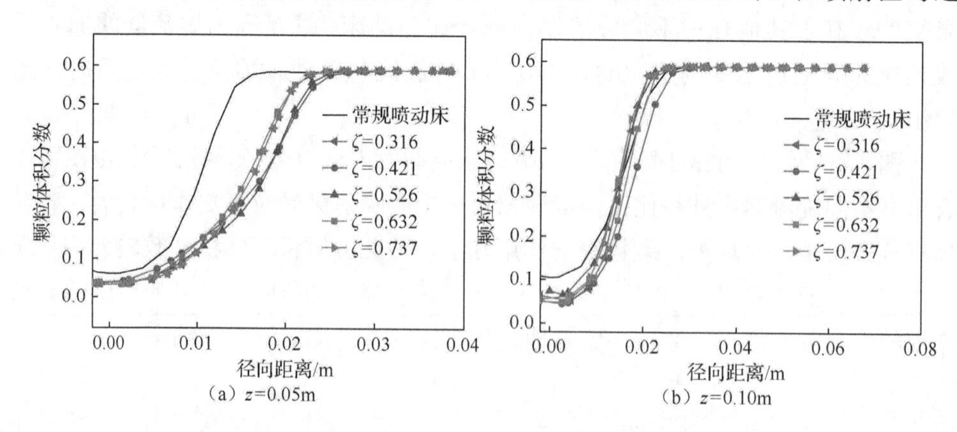

（a）z=0.05m （b）z=0.10m

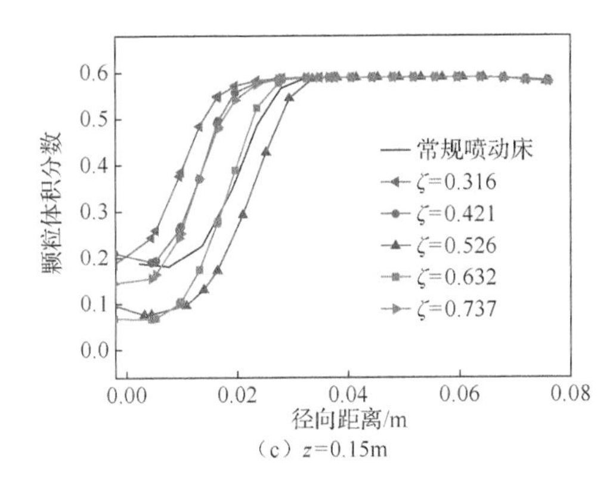

（c）z=0.15m

图 6-41　不同床层高度下不同结构喷动床颗粒体积分数径向分布图

环隙区，旋流器喷动床颗粒体积分数整体小于常规喷动床，但是在 z=0.15m 时，喷射区与近环隙区 ζ=0.316、ζ=0.421 与 ζ=0.737 旋流器喷动床内颗粒体积分数出现大于常规喷动床的情况，同时在 z=0.15m 时喷射区与近环隙区 ζ=0.526 旋流器喷动床内颗粒体积分数曲线最低，说明旋流器在此喷动床内作用效果最好。

6.6.3　气体湍动能

图 6-42 为喷动床内床高 z=0.05m 处不同结构喷动床横截面内气体湍动能云图。明显看到，旋流器喷动床内床中心喷射区气体湍动能最大，环隙区气体湍动能较小。从气体湍动能云图看出，旋流器喷动床气体湍动能整体大于常规喷动床。对比五种不同内外径比旋流器喷动床发现，在喷动床中心喷射区，ζ=0.421、ζ=0.526 与 ζ=0.737 旋流器喷动床气体湍动能较大，效果较好，优于其他两种旋流器喷动床。

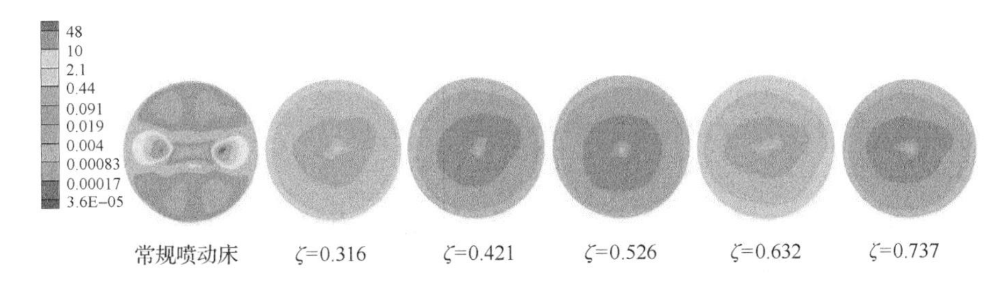

图 6-42　不同结构喷动床横截面内气体湍动能云图（z=0.05m）

图 6-43 为不同床层高度下不同结构喷动床气体湍动能径向分布图，由图可以看出，五种不同内外径比旋流器喷动床内气体湍动能整体大于常规喷动床，旋流器喷动床内气体湍动能在喷射区沿径向距离增大至最大值，之后进入环隙区，由于环隙区颗粒大量堆积，故此区域气体湍动能逐渐减小，趋近于零。比较不同内

外径比旋流器喷动床内的气体湍动能发现，在床高 z=0.05m 处，ζ=0.526 旋流器喷动床气体湍动能整体上大于其他几种旋流器喷动床；在床高 z=0.10m 处，ζ=0.632 旋流器喷动床气体湍动能最大；在床高 z=0.15m 处，ζ=0.737 与 ζ=0.421 旋流器喷动床气体湍动能整体上较小。

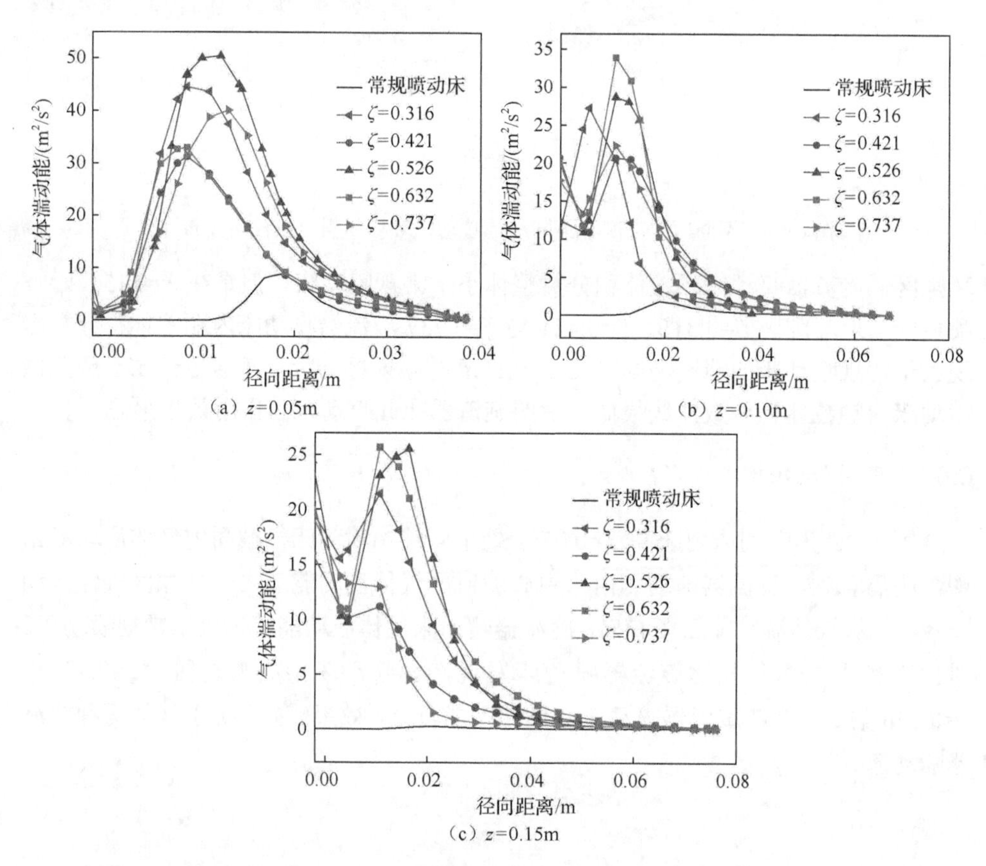

图 6-43　不同床层高度下不同结构喷动床气体湍动能径向分布图（U=1.6U_{ms}）

6.6.4　相对标准偏差

图 6-44 为不同床层高度下不同结构喷动床颗粒速度径向分布均匀度，图 6-45 为不同结构喷动床颗粒速度径向分布 CV 平均值。由图可见，由于旋流器的加入，五种不同内外径比旋流器喷动床的颗粒速度相对标准偏差 CV 值基本小于常规喷动床，相对标准偏差 CV 值越小，流场均匀度越好，这说明旋流器喷动床内颗粒速度沿径向分布流场均匀度更高。在三个不同床层高度下，五种不同内外径比旋流器喷动床内颗粒速度相对标准偏差 CV 值没有明显线性变化规律，但是从图 6-45 所示颗粒速度径向分布 CV 平均值分析看，ζ=0.316、ζ=0.526 与 ζ=0.737 时旋流

器喷动床内颗粒速度相对标准偏差 CV 值较小，说明床内颗粒速度流场均匀度较好；ζ=0.421 与 ζ=0.632 时旋流器喷动床内颗粒速度相对标准偏差 CV 值较大，说明床内颗粒速度流场均匀度较差。

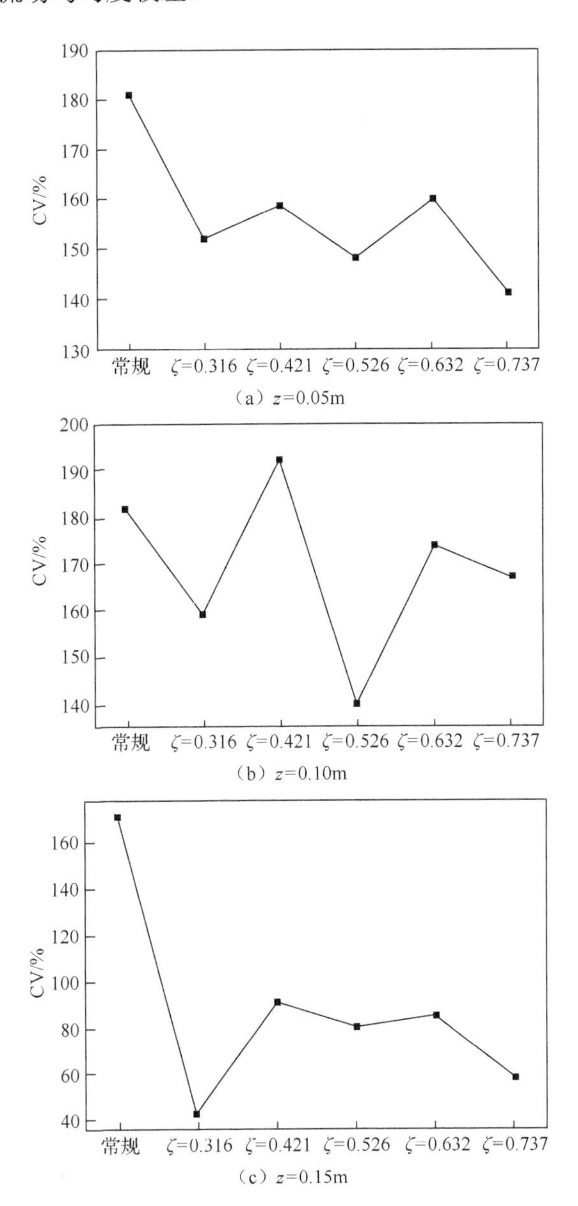

图 6-44　不同床层高度下不同结构喷动床颗粒速度径向分布均匀度

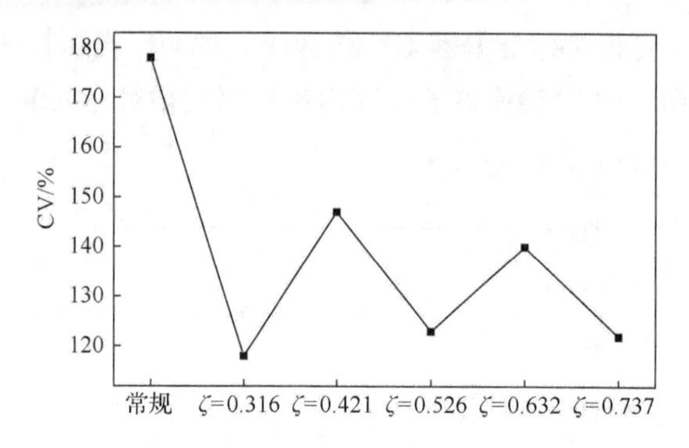

图 6-45　不同结构喷动床颗粒速度径向分布 CV 平均值

6.6.5　床层总压降

图 6-46 为不同结构喷动床内床层总压降分布图。由图可见，五种不同内外径比旋流器喷动床内床层总压降都大于常规喷动床。比较五种不同内外径比旋流器喷动床，发现 ζ=0.316、ζ=0.632 与 ζ=0.737 时旋流器喷动床内床层总压降较小于其他两种旋流器喷动床。旋流器的加入使进口气体对颗粒产生横向作用，造成进口气体的部分动能损失，在同样的静床层高度下，气体穿透床层遇到的阻力变大，故旋流器喷动床内床层总压降变大。

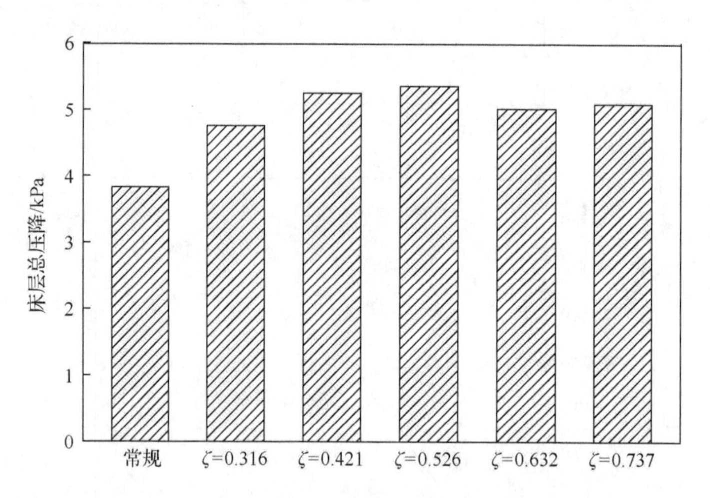

图 6-46　不同结构喷动床内床层总压降分布图

参 考 文 献

[1] WU F, CHE X X, HUANG Z Y, et al. Numerical study on gas-solid flow in a spouted bed installed with controllable nozzle and swirling flow generator[J]. ACS Omega, 2020, 5(2): 1014-1024.

[2] 段豪杰. 旋流喷嘴喷动床内气固两相流动与干燥特性实验研究[D]. 西安: 西北大学, 2021.

[3] 黄振宇. 旋流效应下喷动床内气固两相流动规律数值模拟[D]. 西安: 西北大学, 2019.

[4] HE Y L, QIN S Z, LIM C J, et al. Particle velocity profiles and solid flow patterns in spouted beds[J]. The Canadian Journal of Chemical Engineering, 1994, 72(4): 561-568.

[5] HE Y L, LIM C J, GRACE J R, et al. Measurements of voidage profiles in spouted beds[J]. The Canadian Journal of Chemical Engineering, 1994, 72(2): 229-234.

[6] WU F, HUANG Z Y, ZHANG J J, et al. Influence of longitudinal vortex generator configuration on the hydrodynamics in a novel spouted bed[J]. Chemical Engineering and Technology, 2018, 41(9): 1716-1726.

第7章　粉-粒喷动床内水汽化和脱硫反应过程模拟与优化

7.1　烟气脱硫技术概述

随着人们生活质量的日益提高，能源需求越来越大，对环境的要求越来越高。在我国能源消费中，煤炭消费占比高达 60%，其中在发电行业，燃煤发电量占总发电量的 70%[1]。许多学者投入大量的精力研究如何高效减少二氧化硫的排放。其中，对于煤炭燃耗后烟气中二氧化硫的处理技术主要有三类：湿法烟气脱硫、干法烟气脱硫、半干法烟气脱硫。

湿法烟气脱硫技术是通过烟气与含有吸收剂的溶液或者料浆在湿态下接触，发生脱硫反应，并在湿态下生成和处理脱硫产物。常用的工艺主要有石灰石/石灰-石膏湿法烟气脱硫技术[2]、氧化镁湿法烟气脱硫技术[3]、氨法湿法烟气脱硫技术[4]、双碱法烟气脱硫技术[5]和海水法烟气脱硫技术[6]。该技术是气液间的反应，所以具有脱硫反应速度快、脱硫效率高、煤种适应性强等优点。其存在的缺点是系统复杂、占地面积大、运行和维护成本高、设备腐蚀严重，同时有二次污染。

干法烟气脱硫技术是在干态下进行脱硫吸收反应和产物处理。主要的工艺有电子束干法脱硫技术、金属氧化物干法脱硫技术、炉膛喷钙干法脱硫技术、活性焦干法脱硫技术和 CO_2 碳化 $CaCO_3$ 干法脱硫技术等[7-9]。该技术的优点为工艺简单、投资小、没有废酸污水排出、二次污染小等，缺点为脱硫效率低、脱硫剂利用率低、反应慢。

半干法烟气脱硫技术是指二氧化硫脱硫剂在湿态下脱硫，干态下处理脱硫产物，或者是二氧化硫脱硫剂在干态下脱硫，湿态下处理脱硫产物的脱硫技术。目前常见的半干法烟气脱硫技术有循环流化床脱硫、粉-粒喷动床半干法烟气脱硫、喷雾干燥脱硫法等。该技术的优点主要是在干态下脱硫产物处理方便、废水无需处理、脱硫效率高，与湿法烟气脱硫技术相当。喷雾干燥脱硫法[10]是一种将吸收剂分散成极细小的雾状液滴，雾状液滴与烟气形成比较大的接触表面积，在气液两相之间发生热量交换、质量传递和化学反应的脱硫方法。一般采用的吸收剂为碱液、石灰乳、石灰石浆液等。一般情况下，喷雾干燥脱硫法的脱硫率为 65%～85%。半干法烟气脱硫技术的优点为脱硫是在气、液、固三相状态下进行，工艺设备简单，生成物为干态的 $CaSO_4$，$CaSO_4$ 易处理，没有严重的设备腐蚀和堵塞情况，耗水也比较少。但其缺点是自动化要求比较高，吸收剂的用量难以控制，吸收效率不是很高。因此，如何克服这些缺点成为新的研究课题。粉-粒喷动床的工艺流程：含 SO_2 的烟气经过预热器预热之后，进入粉-粒喷动床，同时将脱硫剂制成粉末状与水混合，以料浆形式从喷动床的顶部连续喷入床内，与喷动粒子充分混合，借助于和热烟气的接触，脱硫与干燥同时进行。脱硫反应后的产物以干态粉末形式从旋风分离器中吹出。图 7-1 为粉-粒喷动床半干法烟气脱硫装置示意图。

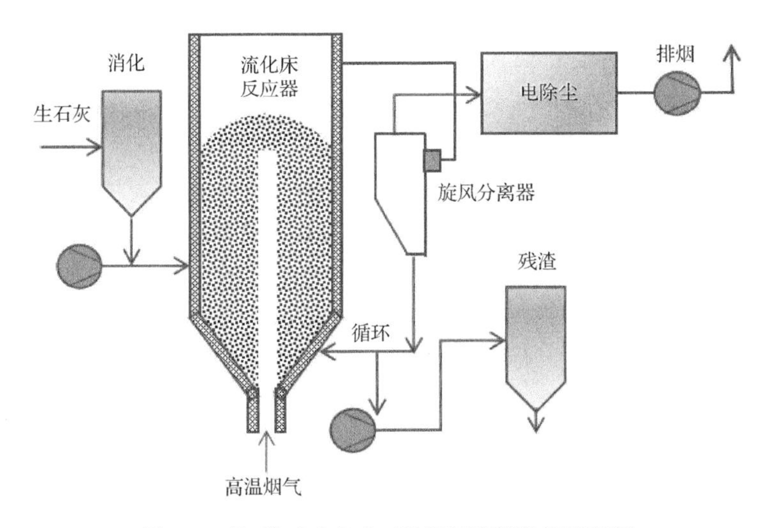

图 7-1　粉-粒喷动床半干法烟气脱硫装置示意图

从图 7-1 中可以看出，脱硫剂预先与水混合以料浆形式从床层顶端加入，高温烟气从床底喷嘴处通入，带动介质大颗粒运动并形成稳定的三区喷动结构。脱硫料浆遇到介质大颗粒，被打散并附着在介质大颗粒表面，随着颗粒的运动而运动。在运动过程中脱硫料浆会与烟气中的 SO_2 反应生成 $CaSO_3$ 或者 $CaSO_4$，同时料浆中的水也会被高温气体汽化。最终脱硫产物和未反应掉的脱硫剂在水的汽化和颗粒之间的摩擦碰撞下从介质大颗粒表面脱落，并被高速气流带出床层，实现脱硫过程的连续化操作。

由此可以推断出粉-粒喷动床半干法烟气脱硫技术的主要特点如下。

（1）脱硫率高。料浆被打散并附着在颗粒表面上，增大了反应面积；气体在床内的停留时间长，延长了反应时间；喷动床内颗粒的内循环使得气固相间的传质、传热效率高。

（2）脱硫剂利用率高。脱硫剂与二氧化硫反应生成的产物不断地固化脱落，颗粒表面不断地更新，使得脱硫剂可以被充分利用。

（3）小装置大气量。喷动床内气速较高，可以采用小体积装置来处理大流量气体，设备投资小。

（4）对床内条件要求比较高。例如，如果床层温度、相对湿度和气体温度等条件达不到要求，脱硫剂容易粘在壁面上，降低脱硫率和脱硫剂利用率。

7.2　粉-粒喷动床内水汽化过程

粉-粒喷动床半干法烟气脱硫是在湿态下反应，干态下处理脱硫产物，或者在干态下反应，湿态下处理脱硫产物的脱硫工艺。在该工艺中，含有二氧化硫的高温气体从入口喷嘴处通入，带动介质大颗粒形成稳定喷动结构，并与附着在介质大颗粒表面的料浆发生脱硫反应，该过程中还发生了汽化、离子化、溶解、沉淀。水的汽化在此过程中有着如下至关重要的作用。

（1）只有在水分活化条件下脱硫反应才能进行。只有当水和脱硫剂共同存在时，才可能发生二氧化硫的吸收过程，并且随着相对湿度的增加，二氧化硫与脱硫剂的反应速率增加[11-13]。

（2）水的汽化会使脱硫产物和未反应掉的脱硫剂干燥，从而减少了与大颗粒表面间的黏附作用，再加上大颗粒之间的碰撞摩擦，脱硫产物和未反应掉的脱硫剂从介质大颗粒表面脱落并被高速气流带出喷动床，实现了脱硫产物被连续带出的效果，如图 7-2 所示。

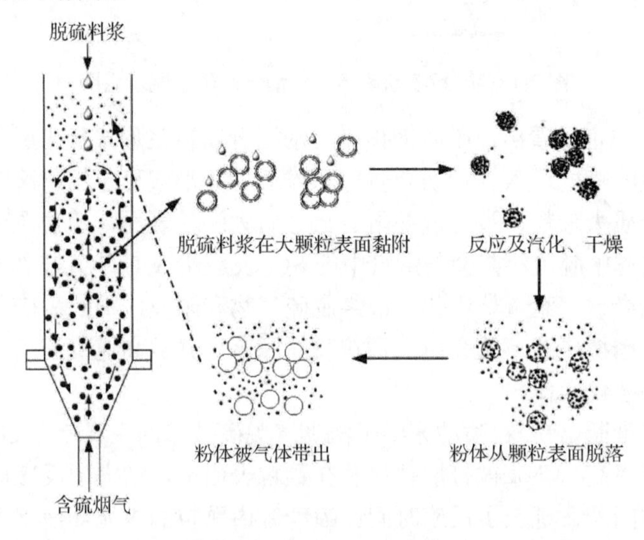

图 7-2　脱硫料浆在粉-粒喷动床内相态变化示意图

（3）水的汽化带动床内的热量传递。

因此，研究粉-粒喷动床半干法烟气脱硫过程中的水汽化过程是进一步研究脱硫反应过程的基础。

7.2.1　水汽化数学模型

水的汽化需要大量的热量，增大了气液间的温度差，温度差的变化会影响气液之间的传热，热量的传递又会影响气液之间物质传递。因此，水汽化过程是一个传质和传热共同存在的过程。

目前，对于水汽化过程已经做了大量的研究。陈国庆[14]把液滴的蒸发过程分为两个过程：恒速蒸发和降速蒸发。Sazhin[15]针对燃料液滴的汽化推导出一系列有关传质传热的模型，龚明[16]在此基础上由温度梯度作为传质推动力建立了适合水汽化的传质传热方程。

Sazhin S. S 模型将燃料液滴的汽化过程分为两个步骤：①燃料分子从液滴表面汽化进入近界面气相；②燃料分子从近界面气相向气相主体中扩散。该模型假设气相主体中的燃料分子被快速燃烧消耗，传质推动力为燃料组分的质量浓度差；同时体系中燃烧反应释放热量极大且流体湍动极其剧烈，故忽略汽化热对气-液相间温差和传热对传质的影响。

由以上假设可以看出，燃料液滴挥发过程与水汽化过程有明显的不同：①气相中水分为惰性组分，不会被燃烧消耗，反而会逐步累积并趋于饱和；②粉-粒喷动床脱硫体系中不存在强热源，水的汽化潜热对水气间温差影响极为显著，传热速率对传质过程的影响不可忽略。基于以上差异，传质推动力不再适合采用质量浓度差计算，故本节对以上模型做了进一步推导，采用相对湿度作为传质推动力，得到了考虑传质与传热耦合作用的水汽化模型。此外，粉-粒喷动床脱硫体系中水并未形成液滴，而是分散附着于介质大颗粒表面发生汽化，故气-液相间传质面积需根据含水量做修正。

如图 7-3 所示，本节推导的水汽化模型基于以下几点假设。

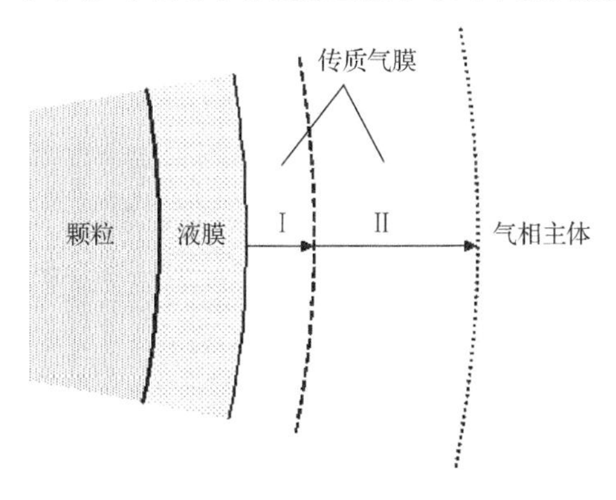

图 7-3　水汽化模型示意图

首先，水汽化分为两个过程，即近界面汽化传质和由近界面气相向气相主体的扩散传质。因此，整个传质气膜分为两层：内层为近界面汽化层，其厚度极薄；外层为扩散层，占据了传质气膜的大部分。

其次，对于近界面汽化层Ⅰ，由于其厚度极薄，且水的比热容远远大于气相比热容，故认为该层气体温度均等于液相温度。同时近界面汽化层内存在汽化组分质量浓度梯度，液相表面为饱和状态，并且随距离增大饱和度逐渐降低。

再次，扩散层具有明显的温度梯度，其内侧温度等于近界面汽化层温度，即液相温度，外沿则与气相主体状态相同。扩散层厚度受相间相对滑移速度、汽化组分扩散系数等影响。

最后，近界面汽化层的传质推动力由传质气膜内的相对湿度梯度决定，而扩散层的传质推动力由汽化组分质量浓度梯度决定。

1. 水汽化过程的传质模型

水汽化传质质量源项 $\dot{m}$ 为单位传质面积汽化速率 m_a 与汽化面积 A_m 之积：

$$\dot{m} = m_a \cdot A_m \tag{7-1}$$

水汽化速率表达式为

$$m_a = \frac{D_\mathrm{g}}{2R_d} \mathrm{Sh} \cdot \rho_\mathrm{total} \cdot B_M \tag{7-2}$$

式中，ρ_total 为相界面饱和密度；D_g 为水-空气扩散系数；Sh 为传质质量数，表达式为

$$\mathrm{Sh} = \left(2.0 + 0.552 Re^{\frac{1}{2}} Sc^{\frac{1}{3}}\right)\left(1 + B_M\right)^{-\frac{2}{3}} \tag{7-3}$$

式中，B_M 为传质推动力，表达式为

$$B_M = \frac{Y_\mathrm{sat}\left(1-\varphi\right)}{1-Y_\mathrm{sat}} \tag{7-4}$$

式中，Y_sat 为相界面处饱和摩尔分数；φ 为气相相对湿度，表达式为

$$\varphi = \frac{P_{\mathrm{H_2O}}}{P_\mathrm{sat}\left(\mathrm{MIN}\left(T_\mathrm{w}, T_\mathrm{g}\right)\right)} \tag{7-5}$$

式中，$P_{\mathrm{H_2O}}$ 为水蒸气分压；$P_\mathrm{sat}\left(\mathrm{MIN}\left(T_\mathrm{w}, T_\mathrm{g}\right)\right)$ 为利用液相温度和气相温度中比较小的一个值来计算水蒸气饱和蒸气压函数。

液相在颗粒表面形成液膜发生汽化，液滴从床层顶端加入，被介质颗粒打散，然后附着在颗粒表面。考虑到这个过程中液膜在颗粒表面的涂覆程度，对单位体

积相界面传质面积进行如下修正：

$$A_T=\alpha_s\cdot\alpha_w\frac{6\varepsilon_{pc}}{d_{pc}} \tag{7-6}$$

式中，α_s 为液膜在颗粒表面的涂覆程度，当液体体积分数较小时，液体不能把颗粒全部覆盖。假设液膜厚度为吸收剂粉体直径（在第三步脱硫会涉及）的两倍，得到表达式为

$$\alpha_s=\mathrm{MIN}\left(\frac{\varepsilon_w\ d_{pc}}{12\varepsilon_{pc}\ d_{pf}},1\right) \tag{7-7}$$

式中，d_{pf} 为吸收剂粉体直径；d_{pc} 为颗粒直径；ε_{pc} 为颗粒体积分数；ε_w 为水的体积分数。

α_w 为传质面积受到液相分散程度的影响，实验过程中所用料浆较少，本节假定液体面积分数较大的情况只发生在喷泉区，在喷射区和环隙区则有 $\alpha_w=1.0$；在喷泉区的表达式为

$$\alpha_w=\begin{cases}1, & \varepsilon_w\leqslant 0.0001\\ \dfrac{1}{100000(\varepsilon_w-0.0001)+1}, & \varepsilon_w>0.0001\end{cases} \tag{7-8}$$

2. 水汽化过程的传热模型

气相、液相和固相三相之间的能量传递采用 Ranz & Marshall 传热模型[17]，并对传热面积进行修正。

Ranz & Marshall 传热模型中描述单位体积相间传热的表达式为

$$Q_{pq}=\frac{k\cdot N_u}{d_{pc}}A_T\cdot\Delta T \tag{7-9}$$

式中，N_u 的表达式为

$$N_u=2+0.6Re^{\frac{1}{2}}Pr^{\frac{1}{3}} \tag{7-10}$$

A_T 为单位体积传热面积，其表达式具体分以下几种情况。

1）气相和液相之间传质面积

具体表达式见式（7-6），即为水汽化面积。

2）气相和颗粒相之间传热面积

液相附着在颗粒表面，因此对气相和颗粒相之间的传热面积进行如下修正：

$$A_T=(1-\alpha_s)\alpha_w\frac{6\varepsilon_{pc}}{d_{pc}} \tag{7-11}$$

式中，α_{w} 为液相分散程度对传热面积的影响，表达式为

$$\alpha_{\mathrm{w}}=\begin{cases}1, & \varepsilon_{\mathrm{w}}\leqslant 0.0001\\ \dfrac{1}{100000(\varepsilon_{\mathrm{w}}-0.0001)+1}, & \varepsilon_{\mathrm{w}}>0.0001\end{cases} \tag{7-12}$$

3）液相和颗粒相之间传热面积

由于模型假设液膜在颗粒表面附着，所以液相和颗粒相之间没有对流传热，只存在热传导。因此，$N_{\mathrm{u}}=2$，传热面积仍然采用式（7-11）所示的传热面积表达式。

对气液两相能量源项进行如下修正。

气相能量源项表达式为

$$S_{\mathrm{h,g}}=\dot{m}_{\mathrm{vap}}\cdot h_{\mathrm{vap}}\left(T_{\mathrm{w}},T_{\mathrm{g}}\right) \tag{7-13}$$

液相能量源项表达式为

$$S_{\mathrm{h,w}}=-\dot{m}_{\mathrm{vap}}\cdot h_{\mathrm{vap}}\left(T_{\mathrm{w}},T_{\mathrm{g}}\right) \tag{7-14}$$

式中，$h_{\mathrm{vap}}(T_{\mathrm{w}},T_{\mathrm{g}})$ 为以水相和气相温度所计算出的单位质量水汽化热函数。

7.2.2　粉-粒喷动床内水汽化过程模拟

1. 建立模型和参数设置

因本章是对 Ma 等[11-13]所研究的粉-粒喷动床半干法烟气脱硫进行数值模拟，所以采用的喷动床尺寸与 Ma 等实验研究的喷动床尺寸一致。图 7-4 为喷动床结构

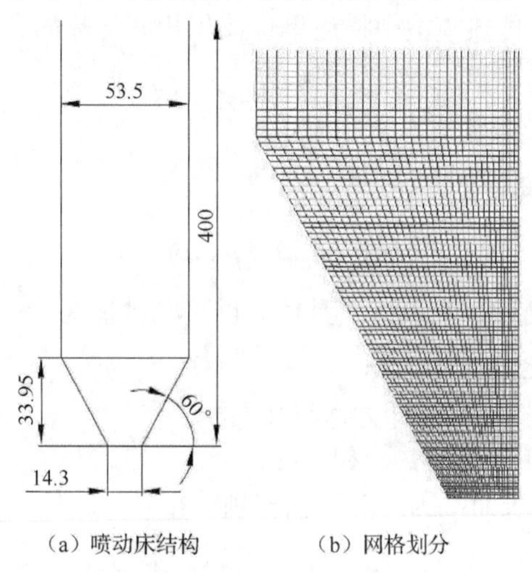

（a）喷动床结构　　（b）网格划分

图 7-4　喷动床结构及网格划分示意图（单位：mm）

及网格划分示意图，网格划分为二维轴对称结构化网格，网格数为 14500 个。表 7-1～表 7-3 分别为喷动床结构尺寸及模拟参数设置、固液两相物料及参数设置、初始及边界条件参数设置。

表 7-1　喷动床结构尺寸及模拟参数设置

参数	参数值	参数	参数值
柱体直径	53.5mm	喷嘴直径	14.3mm
锥体角度	60°	锥体高度	33.95mm
全床高度	400mm	静床层高度	107mm
介质颗粒体积分数	0.55	最大颗粒体积分数	0.551
最小喷动速度	0.56m/s	介质颗粒密度	2700kg/m^3
介质颗粒恢复系数	0.9	颗粒直径	460μm
介质颗粒内摩擦角	28.7°	操作压力	101325Pa

表 7-2　固液两相物料及参数设置

物性参数	颗粒相	水相
化学式	SiO_2	H_2O
密度/（kg/m^3）	2700	998.2
动力黏度/［kg/（m·s）］	1.72×10^{-5}	1.003×10^{-3}
导热系数/［W/（m·K）］	1.4	0.6
摩尔质量/（kg/kmol）	60.084	18.015
标准摩尔生成焓/（J/kmol）	-9.109×10^{8}	-2.858×10^{8}
参考温度/K	298.15	298.15

表 7-3　初始及边界条件参数设置

初始及边界条件	参数设置
气相入口	由表观气速 $1.2U_{ms}$ 计算入口平均气速，速度方向为垂直边界面，用层流平方定律修正入口速度分布，湍流强度为 2%，水力直径为 0.0143m，入口气体温度为 520K，入口气体各组分质量分数：$m_{(H_2O)}=0$，$m_{(SO_2)}=0.00118$，$m_{(O_2)}=0.23264$
水相入口	T=300K，流速为 0.026m/s，速度方向为垂直边界面
壁面	入口气相为零滑移剪切应力；介质大颗粒相滑移摩擦系数为 0.01
出口	自由流出口
对称轴	轴对称边界
流体域	初始温度设为 300K；介质大颗粒初始静床层高度为 0.107m，填充体积分数为 0.55；颗粒轴向压力进行修正

2. 气固两相流数值模拟分析

下面先讨论气固两相流的模拟结果。

由表观气速为 $1.2U_{ms}$ 时颗粒的体积分数分布云图（图 7-5）可知，通入气体携带的能量使得颗粒在床内的分布状态发生变化。t=0.3s 时喷动床内颗粒开始振动形成鼓泡，并不断向上运动；在 t=0.6s 时鼓泡冲破床层，出现腾涌现象；随着时间的增加，当 t=0.9s 时气体已穿透床层基本形成喷动状态；当计算至 t=5s 时颗粒运动完全达到稳定状态，形成三区喷动结构。颗粒体积分数在环隙区达到最大，其值为 0.55。在气体的带动下颗粒向上运动，形成喷射区。运动到一定的高度后，由于颗粒所受的重力大于曳力，颗粒在两者的共同作用下减速至最高点，然后落至床层，形成喷泉区。回落的颗粒缓慢向下运动，从而形成环隙区。颗粒经过环隙区到达喷动床锥体底部，在气体的作用下，依次通过喷射区、喷泉区、环隙区，这使得喷动床形成了有规律的循环状态。

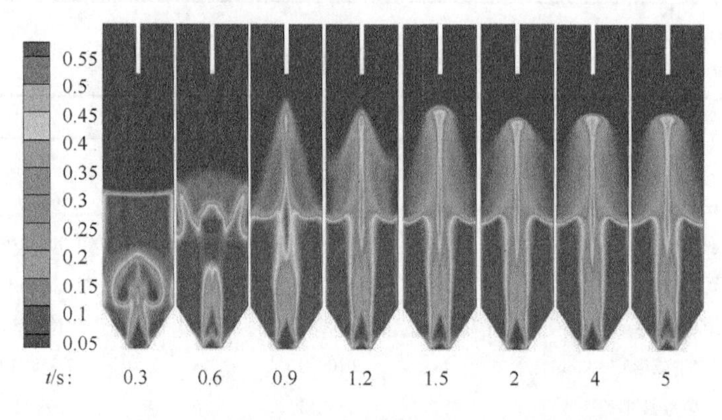

图 7-5　颗粒体积分数分布云图（U_g=$1.2U_{ms}$）

图 7-6（a）为气体速度分布云图，由图可以看出，在喷嘴入口处和喷射区气体速度值最大，随着床高的增加其值逐渐减小。气体刚进入床层时速度最大，随着床高的增加气体与颗粒间进行能量交换，将动能传递给颗粒使其运动，所以气体速度随床高的增加而减小。由图 7-5 可知，喷射区颗粒体积分数较小，对气体的运动阻力小，而环隙区颗粒体积分数较大且气体流量小，故气体的速度在喷射区较大，在环隙区较小。图 7-6（b）为颗粒径向速度分布云图，由图可知，颗粒径向速度在喷泉区外围最大，在环隙区接近于零。这是因为当颗粒运动到一定的高度后，在力的作用下回落。在喷泉区外围，颗粒体积分数小，横向剧烈的混合使得该区域颗粒径向速度值最大。在环隙区，颗粒体积分数大，气体流量小，颗粒横向缺乏运动，故该区域颗粒径向速度很小。图 7-6（c）为喷动床内颗粒轴向速度分布云图，由于在喷射区气体速度最大且颗粒随气体沿轴向向上运动，所以

颗粒轴向速度值在此处最大。当床层高度增加时，颗粒的重力势能大于动能，所以颗粒沿轴向做减速运动，到喷泉区时速度减小为零。在喷泉区外侧，颗粒由两侧落至环隙区，因此在该区域颗粒向下运动，颗粒速度值为负。在环隙区颗粒轴向速度较小，这是因为喷泉区外侧颗粒积聚，缓慢向下运动，而气体向上运动，其对颗粒运动形成阻碍作用。

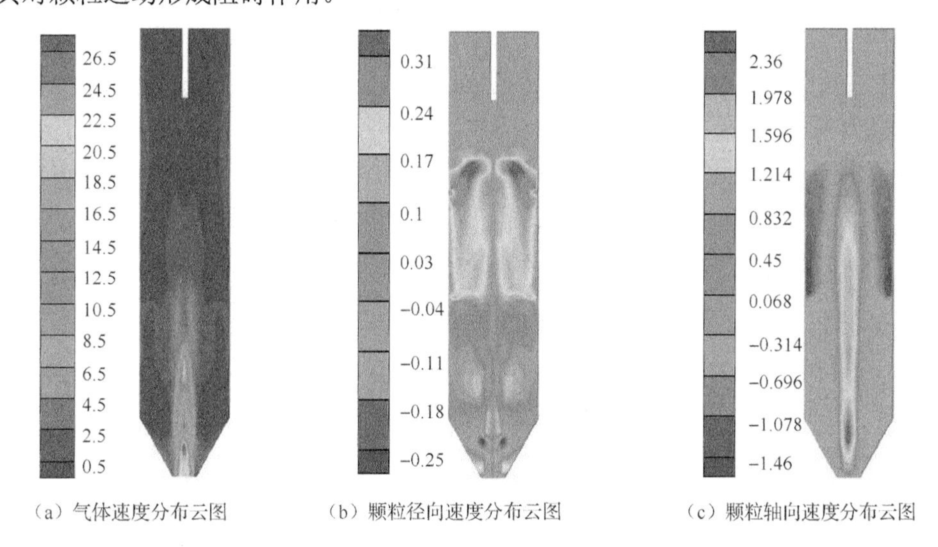

（a）气体速度分布云图　（b）颗粒径向速度分布云图　（c）颗粒轴向速度分布云图

图 7-6　t=5s 时喷动床内气体及颗粒速度分布云图

3. 水汽化过程模拟

在气固两相流计算稳定的基础上使用能量方程和组分运输方程研究水汽化及脱硫反应过程的传质传热。以下为料浆含水量为 40kg，进口表观气速为 $1.2U_{ms}$，进口气体温度为 520K 时水汽化过程模拟结果。图 7-7 为喷动床内水汽化速率分布云图。由图可以看出，水汽化速率在喷射区、喷泉区顶端、环隙区外侧较大。这

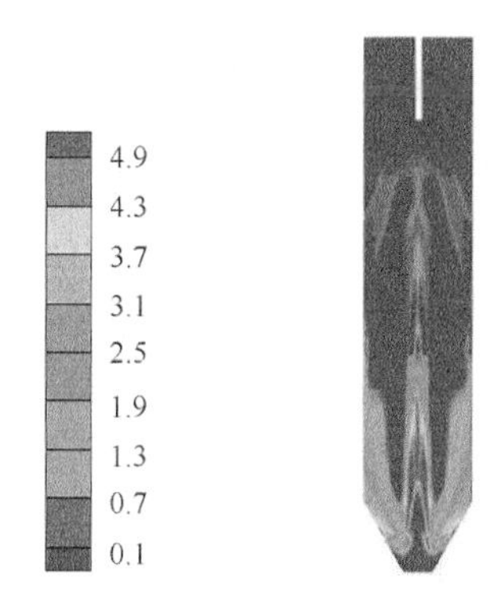

图 7-7　喷动床内水汽化速率（v_w:kg/（m^3·s））分布云图

是因为在喷射区，颗粒相体积分数和水相体积分数较小，且大量高温含硫烟气的存在有利于水的汽化；在喷泉区顶端，气体将刚进入床层的料浆打散并充分分散在颗粒表面，这加大了水汽化传热面积，且该区域颗粒径向运动剧烈，进而加快了水的汽化。

图 7-8 为在 0.03m、0.06m、0.09m 三个不同床层高度下喷动床内水汽化速率径向分布图。由图可知，水汽化速率随着径向距离的增加整体上先减小后增加，最后趋于定值，且随床高的增加逐渐减小。当床高较低，即 z=0.03m 时，水汽化速率最大为 4.91。这是因为喷射区水相体积分数小，该高度接近气体入口，故水相温度较高，水汽化速率较大。随着径向距离的增大，在环隙区水相体积分数最大而温度较低，因此该区域水汽化速率较小且几乎为定值。当床高为 0.06m、0.09m 时，气体温度较 z=0.03m 时低，不利于水汽化的进行。

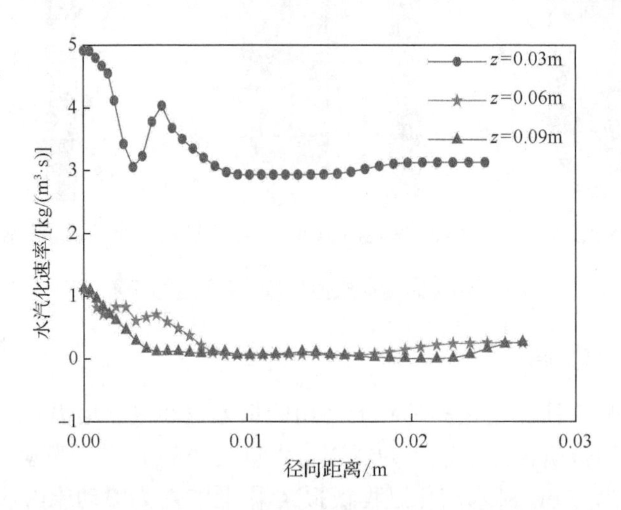

图 7-8 不同床层高度下喷动床内水汽化速率径向分布图

图 7-9（a）为气相温度分布云图，将气体入口温度设置为 520K。由图可知，气体入口处温度最高，其次为喷射区、床体周围，在环隙区及喷泉区内侧最低。这是因为刚进入床层的高温烟气还未进行热量交换，随着床高的增加，气体进入环隙区、喷射区与水相及颗粒相进行传热，故喷射区气体温度有所下降。但喷射区气体速度较大，传热时间短，使得温度下降值小。在床体周围，气流量大，气体与颗粒、水间交换热量多。在环隙区及喷泉区内侧，颗粒缺乏径向混合，不利于热交换与传递。

图 7-9（b）为水相温度分布云图，由图可知，料浆入口处水相温度最高。在料浆入口处高温气体将附着在颗粒表面的水加热，因此该区域温度升高。在床体周围温度较高是因为较大的气流量携带更多的热量，将热量传递给水相，使得水

相温度升高。在环隙区内侧水随着颗粒的堆积而堆积且该区域气流量小，这使得气液相间传热效果差。

图 7-9（c）为颗粒相温度分布云图，由图 7-6（a）可知，喷射区气体速度大，因此颗粒从气相获得较多的动能从而剧烈运动，这加强了颗粒与气体间的传热。在喷泉区外侧，体积分数较小的颗粒间径向运动剧烈，这有利于两相间交换热量，故此处颗粒相温度较高。在环隙区外侧，因水的汽化速率高，高温气体所提供的热量除了用于水汽化外，还对颗粒相与水相进行了加热。

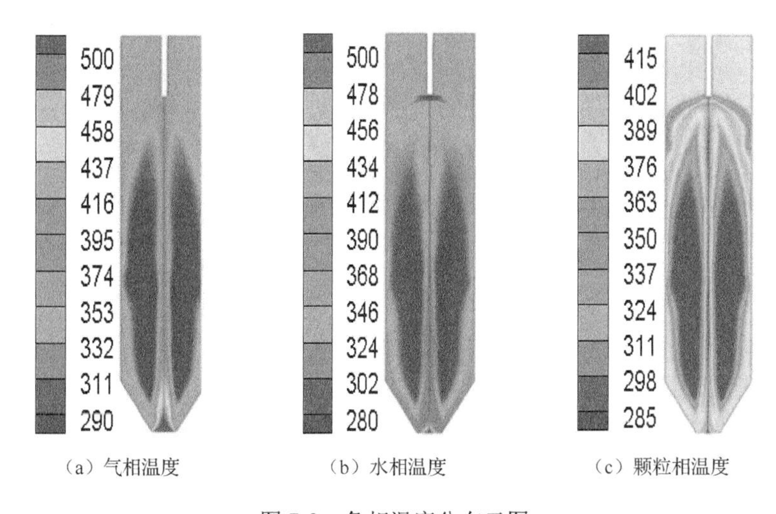

（a）气相温度　（b）水相温度　（c）颗粒相温度

图 7-9　各相温度分布云图

综上所述，环隙区外侧及喷射区各相间的传质和传热效果最好，这两个区域也为水汽化发生的主要区域。

7.3　溶解模型对粉-粒喷动床脱硫反应过程影响

7.3.1　脱硫反应过程分析

本章以 $Ca(OH)_2$ 为脱硫剂，利用半干法技术进行烟气脱硫。SO_2 由粉-粒喷动床底部中心喷嘴进入床层，从喷动床顶部连续喷射进来的 $Ca(OH)_2$ 料浆附着在颗粒表面随颗粒循环运动，同时进行高温烟气的脱硫与脱硫产物的干燥过程。$Ca(OH)_2$ 料浆与高温含硫烟气逆流接触混合，发生 SO_2 的吸收过程，其过程包含复杂的物理、化学变化，最终生成 $CaSO_3$。生成的脱硫产物和未参加反应的料浆利用高温含硫气体的热量进行干燥并经过颗粒间的碰撞摩擦，从颗粒表面脱落，最后被气流带离床体。由此可知，粉-粒喷动床半干法烟气脱硫即为湿态下 SO_2 的脱除和干态下脱硫产物及料浆干燥的连续化过程。在上述过程中，SO_2 与脱硫剂都溶于水，形成相对应的离子，所以脱硫反应是离子反应。该离子反应过程如下。

（1）高温烟气中的 SO_2 由气相主体经过气膜扩散至气-液界面；

（2）由气-液界面进入液相的 SO_2 开始溶解；

（3）SO_2 与液相中的水发生化学反应生成 H_2SO_3，并且发生解离：

$$SO_2(g) + H_2O(l) = H_2SO_3(l)$$

$$H_2SO_3(l) \rightleftharpoons H^+ + HSO_3^-$$

$$HSO_3^- \rightleftharpoons H^+ + SO_3^{2-}$$

（4）脱硫剂 $Ca(OH)_2$ 在水中发生溶解电离：

$$Ca(OH)_2(s) \rightleftharpoons Ca^{2+} + 2OH^-$$

（5）上述离子在水中发生反应，生成脱硫产物：

$$Ca^{2+} + SO_3^{2-} + \frac{1}{2}H_2O(l) = CaSO_3 \cdot \frac{1}{2}H_2O(s)$$

$$H^+ + OH^- \rightleftharpoons H_2O(l)$$

综上所述，该反应的总方程式为

$$SO_2(g) + Ca(OH)_2(s) = CaSO_3 \cdot \frac{1}{2}H_2O(s) + \frac{1}{2}H_2O(l)$$

7.3.2　脱硫反应过程数学模型

脱硫反应过程数学模型假设：粉-粒喷动床半干法烟气脱硫是一个复杂的多相反应系统，内部 $Ca(OH)_2$ 溶解、SO_2 吸收等过程同时发生和相互作用。这些复杂的过程使得没有准确的模型进行数学描述。因此，本小节做出如下几点假设建立数学模型：

（1）附着在颗粒表面的料浆形成较薄的液膜，其中含有脱硫剂；

（2）液膜中，SO_2、$Ca(OH)_2$ 处于电离平衡状态且各种离子浓度相同；

（3）不考虑 $CaSO_3$ 的溶解及氧气对其的氧化；

（4）考虑水相及气相温度变化对 $Ca(OH)_2$ 和 SO_2 溶解速率的影响。

1. 气膜传质模型

大量文献报道了 SO_2 与脱硫剂的反应过程[18-19]，气相到气液相界面 SO_2 的传质速率表达式为

$$N_{SO_2} = \frac{k_g}{RT}\left(P_{SO_2,g} - P_{SO_2,l}\right) \tag{7-15}$$

式中，k_g 为气膜传质系数，由如下传质质量数 Sh 的表达式[20]可求其值：

$$\mathrm{Sh} = \frac{k_g d_{pc}}{D_{SO_2,g}} = 2 + 0.55 Re^{\frac{1}{2}} Sc^{\frac{1}{3}} \tag{7-16}$$

由亨利定律知，在气液相界面处 SO_2 的气相分压可以表达为

$$P_{SO_2,l} = H_{SO_2} C_{SO_2,l} \tag{7-17}$$

由双膜理论可以得出传质速率为

$$N_{SO_2} = \phi k_l C_{SO_2,l} \tag{7-18}$$

式中，k_l 为液膜传质系数；ϕ 为液膜传质增强因子。表达式分别为

$$k_l = 0.88 \left[D_{SO_2,g} \left(\frac{8\delta}{3\pi M_P} \right)^{0.5} \right]^{0.5} \tag{7-19}$$

$$\phi = \frac{D_{Ca^{2+}} C_{Ca^{2+}}}{D_{SO_2,g} [\mathrm{ST}]} + 1 \tag{7-20}$$

式中，采用 Hirschfelder-Curtiss-Bird 公式计算气相 SO_2 扩散系数 $D_{SO_2,g}$，表达式为

$$D_{SO_2,g} = \frac{1.8583 \times 10^{-7} T^{1.5}}{P \sigma_{SO_2,g} \Omega_D} \tag{7-21}$$

SO_2 传质速率表达式为

$$N_{SO_2} = \frac{P_{SO_2}}{\mathrm{RT} / k_g + \left(H_{SO_2} / \phi k_l \right)} \tag{7-22}$$

SO_2 在水中发生两步电离，由电离平衡式可知，电离平衡常数分别为

$$K_{s1} = \frac{[H^+][HSO_3^-]}{SO_2} \tag{7-23}$$

$$K_{s2} = \frac{[H^+][SO_3^{2-}]}{[HSO_3^-]} \tag{7-24}$$

2. 液膜传质模型

$Ca(OH)_2$ 的溶解速率 $r_{Ca(OH)_2}$ 为

$$r_{Ca(OH)_2} = k_{Ca(OH)_2} \left(1 - \phi_{Ca(OH)_2} \right) \tag{7-25}$$

式中，$k_{Ca(OH)_2}$ 为脱硫剂 $Ca(OH)_2$ 在水中的溶解速率；$\phi_{Ca(OH)_2}$ 为 $Ca(OH)_2$ 的相对饱和度，表达式为

$$\phi_{Ca(OH)_2} = \frac{\left[Ca^{2+}\right]\left[OH^-\right]^2}{K_{sp,Ca(OH)_2}} \tag{7-26}$$

脱硫率的表达式为

$$\varphi_{SO_2} = \frac{C_{in,SO_2} - C_{out,SO_2}}{C_{in,SO_2}} \tag{7-27}$$

式中，C_{in,SO_2} 与 C_{out,SO_2} 分别为进口与出口 SO_2 的质量浓度。通过以上的简化假设，建立了适合的反应模型，文献[21]将 $Ca(OH)_2$ 溶解速率 $k_{Ca(OH)_2}$ 视为常数，本次模拟根据钟伟飞[22]对再生池中 $Ca(OH)_2$ 溶解速率的研究，将 $Ca(OH)_2$ 溶解速率 $k_{Ca(OH)_2}$ 变为水相温度的函数，即 $k_{Ca(OH)_2}=9\times10^{-5}\times(t\_water-273.15)^2+0.0525\times(t\_water-273.15)-0.4708$，从而建立了合适的溶解模型。

3. 半干法烟气脱硫反应数学模型方程的封闭

SO_2 的溶解与 $Ca(OH)_2$ 的溶解是半干法烟气脱硫反应的两个控制步骤，前面已得到其控制方程，但这两个方程式无法封闭求解，故本小节引入钙原子、硫原子和总反应离子三个衡算方程式进行封闭求解。

1）钙原子衡算方程式

当烟气脱硫反应处于化学平衡状态时，液相中钙原子与反应产物中钙原子的物质的量相等，故：

$$r_{Ca(OH)_2} \cdot A_{l,s} = r_{CaSO_3} \cdot A_{CaSO_3} \tag{7-28}$$

式中，A_{CaSO_3} 为脱硫产物 $CaSO_3$ 的比表面积，取值为 $10m^2/g$；$A_{l,s}$ 为液固相间单位体积传质面积，表达式为

$$A_{l,s} = \frac{12\varepsilon_{pf}}{d_{pf}} \tag{7-29}$$

2）硫原子衡算方程式

当烟气脱硫反应处于化学平衡状态时，液相中硫原子与反应产物中硫原子的物质的量相等，故：

$$r_{SO_2} \cdot A_{g,l} = r_{CaSO_3} \cdot A_{CaSO_3} \tag{7-30}$$

式中，$A_{g,l}$ 为气液相间单位体积传质面积，表达式为

$$A_{g,l} = A_T = \alpha_s \alpha_w \frac{6\varepsilon_{pc}}{d_{pc}} \tag{7-31}$$

3）烟气脱硫反应速率

烟气脱硫反应速率为

$$R_{SO_2} = \text{MIN}\left(r_{Ca(OH)_2} \cdot A_{l,s}, r_{SO_2} \cdot A_{g,l}\right) \tag{7-32}$$

为了简化计算过程，脱硫反应过程模型应用了气液、固液、液固三个质量传递源项。

（1）各相间的质量传递。

SO_2 在液相中溶解时，从气相向液相的质量传递源项：

$$\dot{m}_{g\to w} = R_{SO_2} \cdot M_{SO_2} \tag{7-33}$$

$Ca(OH)_2$ 在液相中溶解时，从固相 $Ca(OH)_2$ 向液相的质量传递源项：

$$\dot{m}_{s\to w} = R_{SO_2} \cdot M_{Ca(OH)_2} \tag{7-34}$$

在脱硫反应中，脱硫产物 $CaSO_3$ 从液相向固相的质量传递源项：

$$\dot{m}_{w\to s} = R_{SO_2} \cdot M_{CaSO_3} \tag{7-35}$$

（2）各相间的动量传递。

在脱硫反应过程中，气相和颗粒相间为 Gidaspow 曳力系数模型；脱硫剂 $Ca(OH)_2$ 和水相间为 Symmetric 曳力系数模型；水相、脱硫剂 $Ca(OH)_2$ 及脱硫产物相与颗粒相间也均为 Symmetric 曳力系数模型；脱硫产物相与气相间为 Wen&Yu 曳力系数模型。

7.3.3　模拟结果与讨论

由图 7-10 可知，脱硫反应产物生成速率在喷射区沿径向距离的增大而增加，在喷射区与环隙区界面出现较大值。脱硫反应产物生成速率随床高的增加而减小，当床高为 0.03m 时脱硫反应产物生成速率最大。环隙区颗粒体积分数较大、运动缓慢，使得气液接触面积大、接触时间长，故环隙区脱硫反应产物生成速率最大。

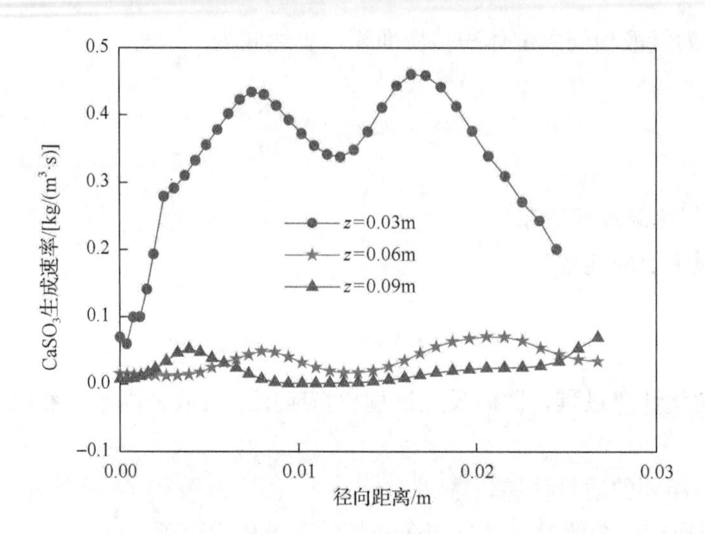

图 7-10 脱硫反应产物（$CaSO_3$）生成速率在不同床高处的径向分布图

由图 7-11 SO_2 体积分数分布图可知，SO_2 体积分数在床入口处最大，在环隙区最小。这是因为环隙区脱硫反应产物生成速率最大，脱硫反应进行得更充分，该区域为脱硫反应的主要区域。溶解模型的改变使得 SO_2 的体积分数在喷射区较大，在喷泉区较小。

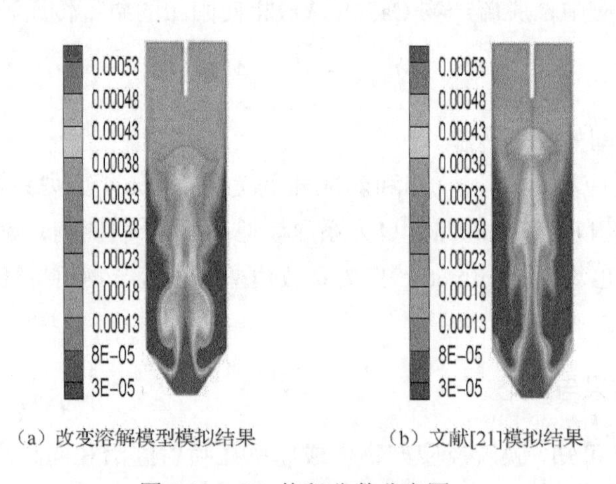

（a）改变溶解模型模拟结果　　（b）文献[21]模拟结果

图 7-11 SO_2 体积分数分布图

图 7-12 为不同高度处喷动床内 SO_2 体积分数随径向变化图。由图可知，SO_2 体积分数在入口处和喷射区最大，随着径向距离的增大整体上减小，在近床壁（即环隙区）处接近零。由于喷射区颗粒浓度小、气体速度大，料浆与气体的接触面积小、接触时间较短，脱硫反应进行得不充分，所以该区域 SO_2 体积分数最大。

相反，环隙区脱硫料浆的堆积使得气体与之有较长的接触时间，脱硫反应进行得更彻底，大量的 SO_2 被脱除，所以该区域 SO_2 的体积分数很小，几乎为零。

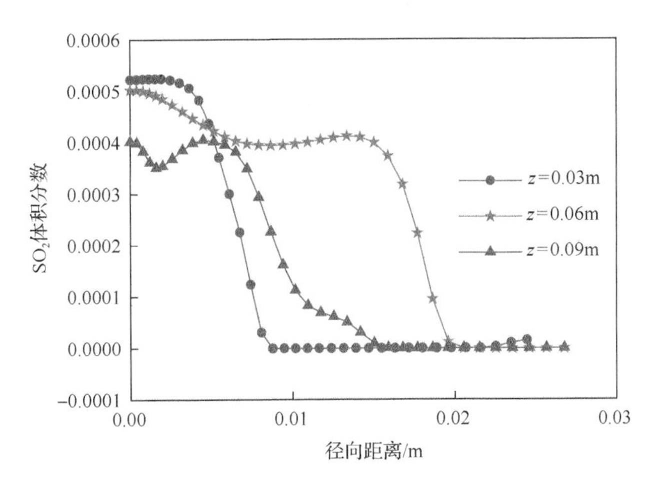

图 7-12　喷动床内 SO_2 体积分数在不同高度处径向分布图

由图 7-13 脱硫产物体积分数分布图可知，环隙区及喷动床出口处是脱硫产物分布最多的区域。由于环隙区是脱硫反应的主要区域，故该区域生成的产物较多；高温含硫气体与脱硫剂之间的反应在颗粒表面进行，反应生成的产物经过颗粒间的碰撞，与颗粒分离，最后由高速气体带离床层，进而实现脱硫过程的连续化操作。溶解模型的改变使得脱硫产物生成速率增加，从而床内的脱硫产物体积分数增大。

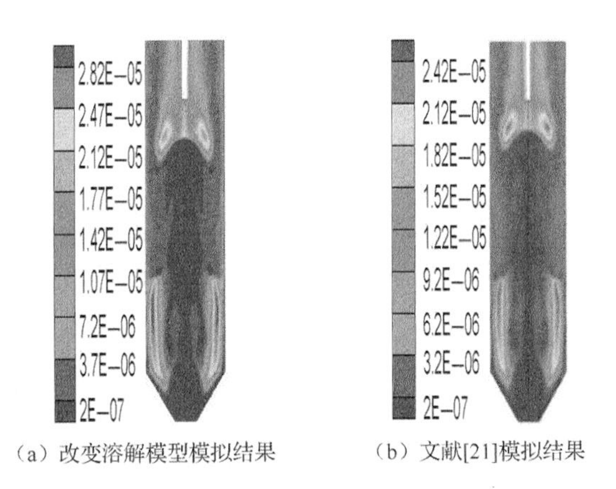

（a）改变溶解模型模拟结果　（b）文献[21]模拟结果

图 7-13　脱硫产物体积分数分布图

由图 7-14 可知，脱硫反应产物 $CaSO_3$ 的体积分数随径向距离的增大先增加后减小，随着床高的增加而增大，当床高 z=0.09m 时达到最大值 2.82×10^{-5}。这是因为喷射区与环隙区界面 $CaSO_3$ 生成速率出现最大值，故此处 $CaSO_3$ 体积分数最大。随着床高的增加，生成的 $CaSO_3$ 被气体带动向上运动在较高床层处汇聚。床高 z=0.06m 与 z=0.09m 时，环隙区 $CaSO_3$ 体积分数几乎相等，这与上述分析结果相吻合。

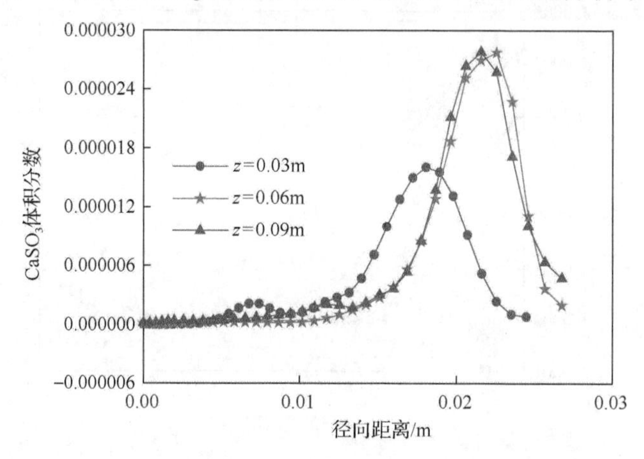

图 7-14　脱硫反应产物（$CaSO_3$）体积分数在不同床高处的径向分布图

图 7-15 为相同条件下喷动床内脱硫率实验值与模拟值对比图，在相同的模拟条件下，Ca/S=3.1∶1，料浆含水量为 40kg，进口表观气速为 $1.2U_{ms}$，进口气体温度为 520K，脱硫剂的直径为 28.4μm，当脱硫反应达到化学平衡状态时，脱硫率的实验值为 99%，文献[21]模拟值为 71.8%，本节模拟值为 75.75%，本次模拟误差约为 25%，表明本模拟采用的模型较合理。由于粉-粒喷动床内脱硫反应过程的复杂性及现有模型的缺陷性，需要进一步完善，以实现粉-粒喷动床多相反应过程更精确的仿真。

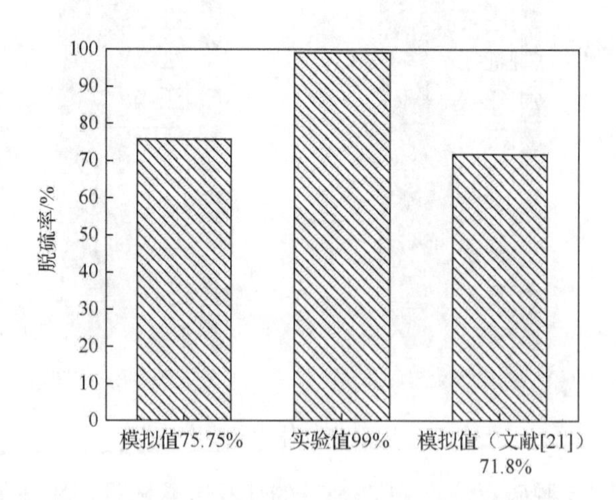

图 7-15　相同条件下喷动床内脱硫率实验值与模拟值对比

7.4　料浆含水量对脱硫反应过程影响的数值模拟

7.4.1　模拟工况简介

料浆含水量的物理意义为单位千克干基脱硫剂所含有水的质量数，故单位为kg。料浆含水量与喷动床内的水分、水汽化速率、料浆的流动性及反应中物质的溶解速率有密切的关系，进而对传质、传热有重要的影响，因此很有必要分析料浆含水量与喷动床内脱硫率的变化关系。为了能够全面了解料浆含水量对粉-粒喷动床内脱硫率的影响规律，本节选取了 5 个不同含水量，通过 CFD 数值方法模拟计算了喷动床水汽化和脱硫反应过程，分析了喷动床内水汽化速率、脱硫反应速率随料浆含水量的变化关系。

本节模拟的粉-粒喷动床的尺寸、网格划分及边界条件、参数设置与 7.2 节和 7.3 节完全一致。本节分别取含水量值为 30kg、40kg、50kg、60kg、70kg 进行模拟计算。

7.4.2　模拟结果分析

1. 不同含水量水汽化模拟结果

图 7-16 为不同含水量下水汽化速率分布云图，由图可以看出，当含水量不同时，水汽化速率均为喷射区最大。随着含水量的增加，水汽化速率逐渐降低。这是因为当含水量增加时，喷动床内水分含量增加，而气相温度不变，即所提供的热量是一定的，这导致水相温度不能达到汽化所需的温度，从而水的汽化速率降低。

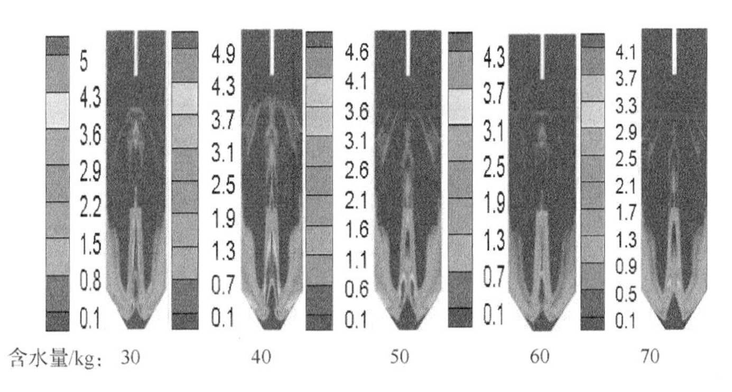

图 7-16　不同含水量下水汽化速率（v_w:kg/（$m^3\cdot s$））分布云图

图 7-17 为喷动床内水汽化速率在不同含水量下的径向分布情况，取三个高度

对水汽化速率进行分析。由图可知，当 z=0.03m，含水量为 30kg、40kg 时，水汽化速率较大；含水量为 50kg、60kg、70kg 时，水汽化速率随径向距离的增加逐渐减小，趋于定值。在喷射区水汽化速率较大的原因是此区域水相体积分数较小，气体温度较高。随着径向距离的增大即在环隙区水相体积分数最大而温度较低，因此该区域水汽化速率几乎为定值。z=0.06m 时，含水量越大，水汽化速率越小。z=0.09m 时，水汽化速率随含水量的变化很小，几乎为零。这是因为此高度位于喷泉区底部，该区域液相水的体积分数较小，故水汽化速率几乎为零。综上所述，含水量越小，水汽化速率越大。

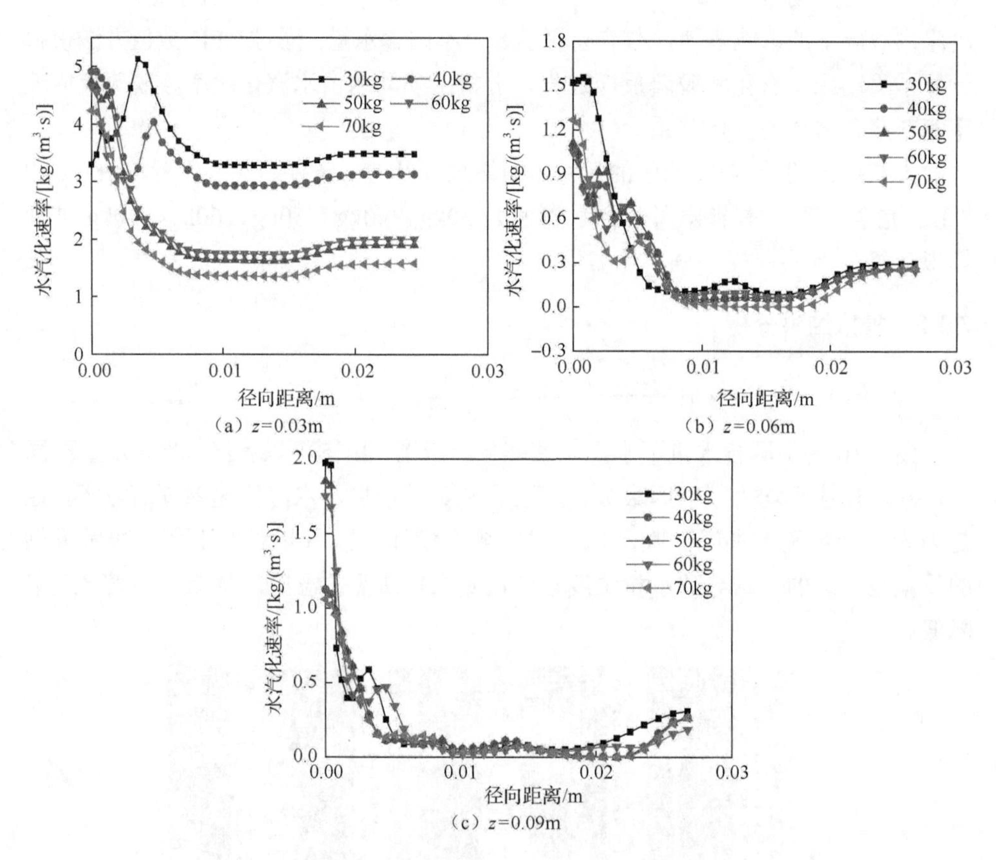

图 7-17　含水量不同时喷动床内水汽化速率径向分布

2. 不同含水量脱硫反应模拟结果

图 7-18 为不同含水量下脱硫反应产物（$CaSO_3$）生成速率分布云图。由图可知，当含水量不同时，喷动床内脱硫反应产物生成速率分布趋势整体上一致，脱硫反应产物生成速率均在环隙区最大。在含水量从 30kg 变为 70kg 的过程中，

脱硫反应产物生成速率呈现先增大后逐渐减小趋势。喷动床特有的流动结构使得颗粒依次通过喷射区、喷泉区、环隙区，再通过高温烟气进入喷射区，从而形成极有规律的内循环。由于喷射区、喷泉区气体速度大，颗粒获得较多的动能，因此颗粒在床层内的停留时间变短，进而烟气与附着在颗粒表面的料浆反应时间变短。当喷动床达到稳定喷动时，环隙区有大量的颗粒堆积，从而增加了颗粒与气体的接触面积，延长了其接触时间，使得环隙区脱硫反应产物生成速率最大。

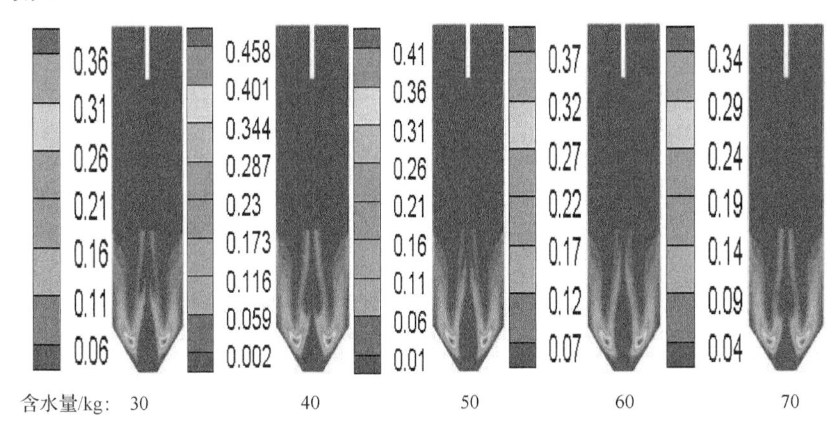

图 7-18　不同含水量下脱硫反应产物（$CaSO_3$）生成速率分布云图

为了进一步了解喷动床内部反应的具体情况，取三个不同高度对脱硫反应产物生成速率进行了定量分析。图 7-19 为含水量不同时，脱硫反应产物（$CaSO_3$）生成速率沿径向分布情况。由图可知，在床层高度 z 为 0.03m 和 0.06m 时，在喷射区脱硫反应产物生成速率沿径向距离逐渐增大，在喷射区与环隙区界面出现最大值。随着含水量的增加，脱硫反应产物生成速率先增加后减小，当含水量为 40kg 时，z 为 0.03m 和 0.06m 时分别达到最大值 0.46kg/（$m^3 \cdot s$）和 0.07kg/（$m^3 \cdot s$）。这是因为在脱硫反应中，水作为一个很重要的反应媒介，对脱硫反应产物生成速率有很大的影响。当含水量增加时，粉-粒喷动床内存在大量的水，有更多的二氧化硫和氢氧化钙溶解于水中，且由前面的分析可知，水汽化速率降低，这使得烟气与脱硫剂的接触时间变长，有利于脱硫反应的进行，但过多的水使得液相传质阻力增大，因此脱硫反应产物生成速率减小。在床高 z=0.09m 处，粉-粒喷动床内脱硫反应产物生成速率差别很小。综合分析得出，脱硫反应产物生成速率随含水量增大先增加后减小，当含水量为 40kg 时脱硫效果最佳。环隙区颗粒浓度较大、运动缓慢使得气液接触面积大、接触时间长，故在环隙区脱硫反应产物生成速率最大。

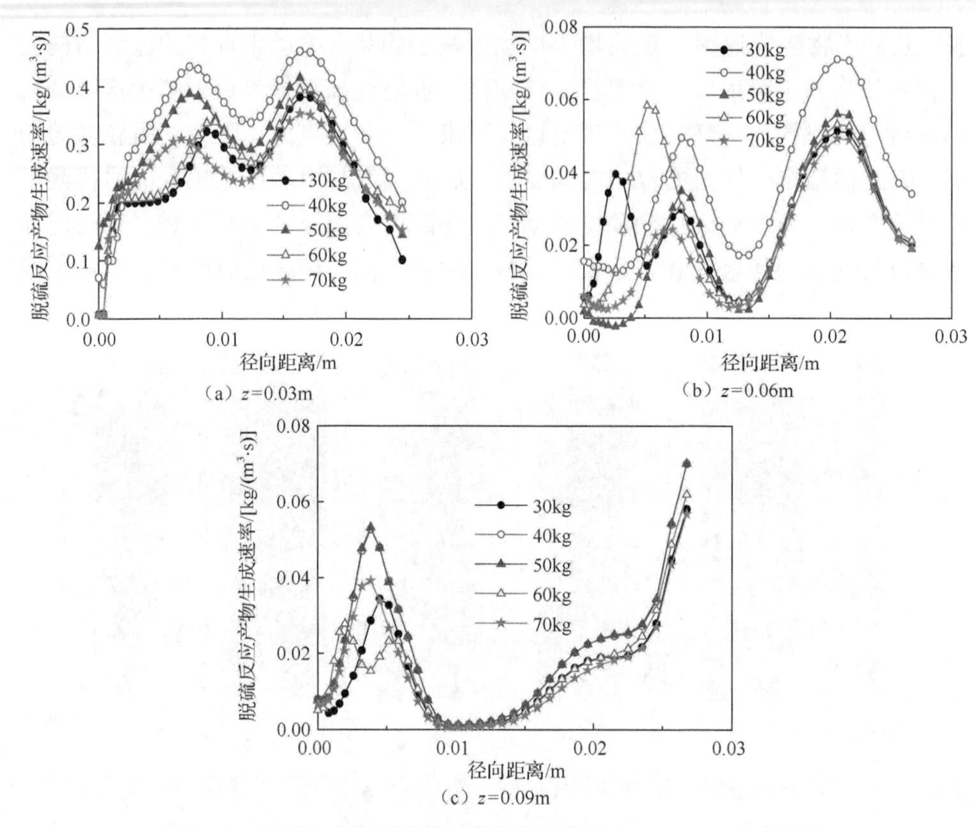

（a）z=0.03m　　（b）z=0.06m

（c）z=0.09m

图 7-19　不同含水量下脱硫反应产物生成速率（v_{CaSO_3}）径向分布

图 7-20 为脱硫反应产物（$CaSO_3$）在不同含水量下的体积分数分布云图。由图可知，当含水量为 40kg 时环隙区脱硫反应产物体积分数达到最大值。由于含水量为 40kg 时喷动床内脱硫反应产物生成速率最大，且环隙区为脱硫反应的主要区域，因此环隙区在此含水量下脱硫反应产物体积分数最大，最后脱硫反应产物通过颗粒之间的碰撞、摩擦在较高床层处汇集，被气体带出床层。

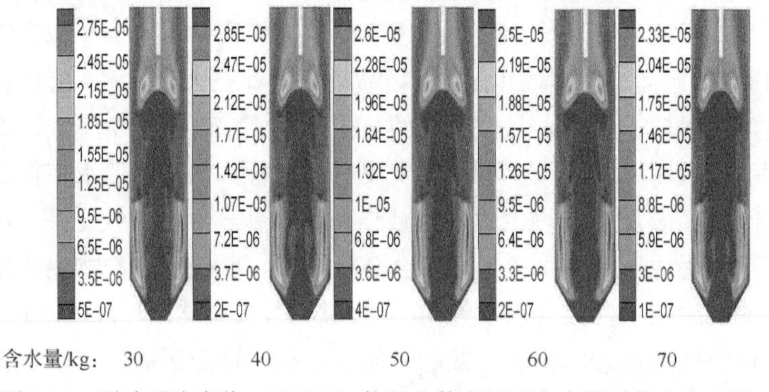

含水量/kg:　30　40　50　60　70

图 7-20　脱硫反应产物（$CaSO_3$）体积分数在不同含水量下的分布云图

图 7-21 为不同料浆含水量时脱硫率对比图。在相同的模拟条件下，随着含水量的增加，脱硫率先增加后减小。这是因为当料浆含水量由 30kg 增加到 40kg 时，水的增加使得二氧化硫和氢氧化钙溶解量增大，从而喷动床内脱硫反应速率逐渐增加；继续增加料浆含水量时，含水量的继续增加会显著降低料浆脱硫剂浓度和水相温度，进而降低了喷动床内水汽化速率，并导致脱硫反应速率降低。同时，含水量的增加使液相传质阻力相应增加，不利于脱硫反应进行。当含水量为 40kg 时脱硫率模拟值达到最大值 75.75%。

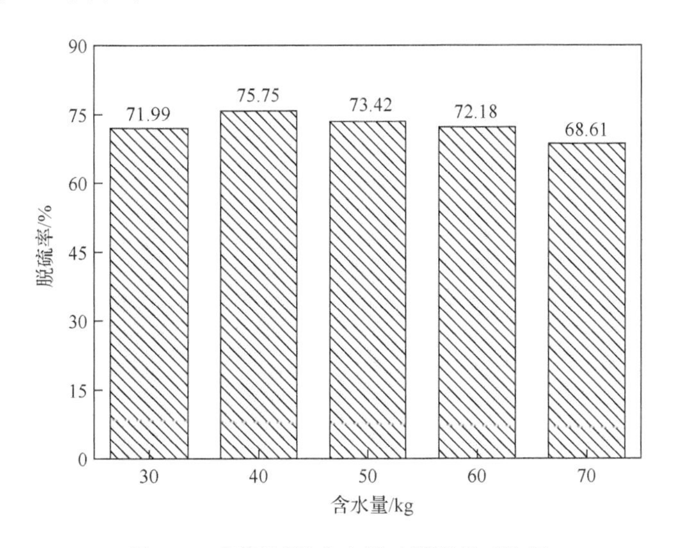

图 7-21 不同料浆含水量时脱硫率对比图

7.5 进口气体温度对脱硫反应过程影响的数值模拟

7.5.1 模拟工况简介

在粉-粒喷动床半干法烟气脱硫过程中，SO_2 的脱除反应是放热反应，它是烟气脱硫过程的核心环节。其中温度作为一个不可忽略的影响因素，具有重要的研究价值。温度过高会使气体和脱硫剂的溶解度发生变化，从而影响脱除效果。温度过低使烟气不易扩散，达不到烟气排放标准。因此，研究合适的进口气体温度范围，使喷动床既能有较高的脱硫率，又能满足烟气排放要求，对于工业脱硫过程尤为重要。由于实验条件的局限性和烟气脱硫反应自身的复杂性，近年来，随着计算机技术的迅猛发展，数值模拟具有可以解决以上难题、节约时间等优点，成为一种较理想的为工业生产和实际操作过程提供理论参考依据的研究方法。

本节模拟采用的喷动床几何尺寸、网格划分、初始边界条件和参数设置均与7.2节和7.3节相同。通过7.4节的模拟得知含水量为40kg时脱硫率最高，因此本节研究采用含水量为40kg，进口气体温度分别为480K、500K、520K、540K、560K进行数值模拟研究。

7.5.2 模拟结果分析

1. 不同进口气体温度对水汽化模拟结果的影响

从图7-22可以看出，水汽化的主要区域为喷射区及环隙区外侧，其次为喷泉区。随着进口气体温度的升高，水汽化速率升高。由于含水量一定，当进口气体温度升高时，水将从气相获得更多的热量，其温度升高，加快了汽化速率，故随着进口气体温度的升高，水汽化速率增加。

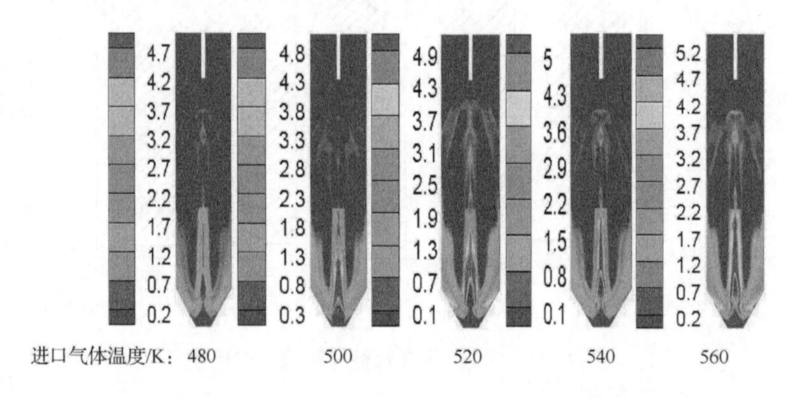

图7-22　不同进口气体温度下水汽化速率（v_w:kg/（m^3·s））分布云图

2. 不同进口气体温度对脱硫反应模拟结果的影响

图7-23为不同进口气体温度下脱硫反应产物（$CaSO_3$）生成速率分布云图，由图可知，脱硫反应产物生成速率随着进口气体温度的增加而降低。这是因为：一方面，进口烟气温度升高，水汽化速率增大，即有更多的水发生汽化，而水在脱硫反应中是很重要的媒介，当含水量减少时，脱硫剂和烟气中的二氧化硫在水中的溶解量降低，这使得脱硫反应产物生成速率降低；另一方面，由双膜传质理论可知，温度的升高降低了气体的溶解度，这增加了气膜传质推动力，更多的气体通过气膜在气-液界面溶解，进一步增加了气体与脱硫剂接触的可能性与反应面积，脱硫反应产物生成速率增加。综合这两方面的因素，得出脱硫反应速率随着温度的升高而减小，即脱硫过程主要受脱硫剂和二氧化硫溶解过程的影响。

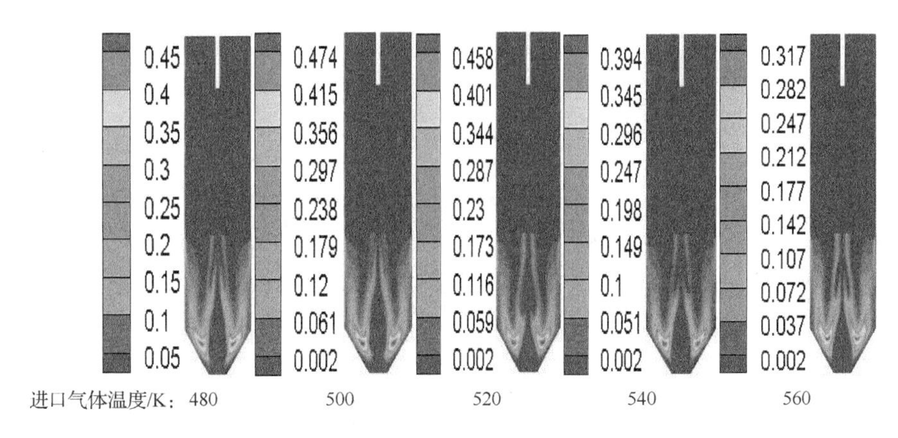

图 7-23　不同进口气体温度下脱硫反应产物（$CaSO_3$）生成速率（v_{CaSO_3}:kg/（$m^3 \cdot s$））分布云图

图 7-24 为脱硫反应产物（$CaSO_3$）在不同进口气体温度下的体积分数分布云图，由图 7-24 可知，进口气体温度为 480K 时脱硫反应产物体积分数最大，为 2.91×10^{-5}。脱硫反应产物体积分数与脱硫反应产物生成速率具有对应关系。SO_2 的吸收为放热反应，该吸收过程与温度有直接关系。过高的温度会抑制 SO_2 的吸收，使得生成的脱硫反应产物分解，故温度的升高不利于反应向产物生成的方向进行。

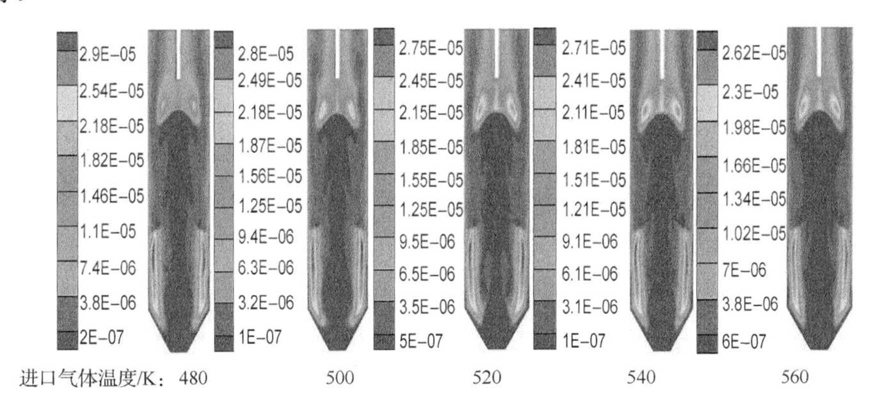

图 7-24　脱硫反应产物（$CaSO_3$）在不同进口气体温度下的体积分数分布云图

由图 7-25 可知，在其他工况相同的条件下，当进口气体温度为 480K 时脱硫率最高为 84.23%。当料浆含水量一定时，进口气体温度的增加使得脱硫率下降，但进口气体温度不能太低。过低的进口气体温度易使固体颗粒黏结、团聚，因水分蒸发不完全而导致湿壁结垢，且不利于烟气的排放，这给后期烟气的处理和设备的清理带来了麻烦。过高的进口气体温度不能达到预期脱硫效果，成本也相应地提高了。因此为了获得较理想的脱硫率，进口气体温度应控制在较低的范围之内。

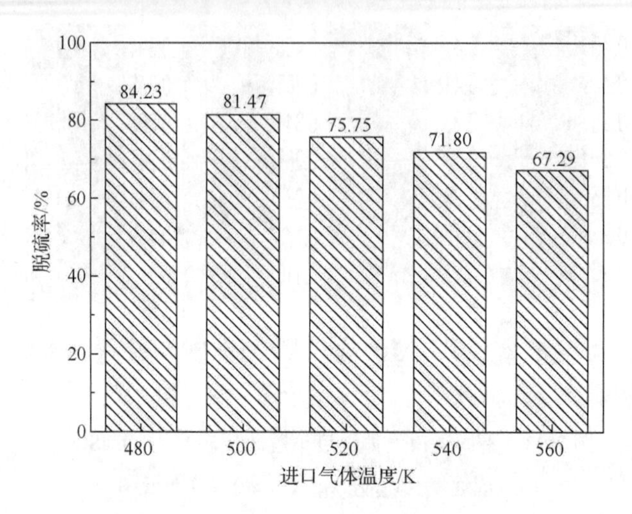

图 7-25　不同进口气体温度下脱硫率对比

7.6　表观气速对脱硫反应过程影响的数值模拟

7.6.1　模拟工况简介

在粉-粒喷动床半干法烟气脱硫中，表观气速是影响脱硫效果的重要因素。表观气速较小可增加烟气在床内停留时间，进而增加 SO_2 吸收反应时间，提高脱硫率。表观气速的增大会增加物料的处理量，也使得颗粒间碰撞剧烈，脱硫反应产物易从颗粒表面脱离，过大的表观气速易使物料破碎，达不到预期目标。因此，研究一个合适的表观气速值对脱硫系统的安全、合理、经济运行具有一定的指导价值。本节模拟的喷动床尺寸及其他设置与 7.2 节和 7.3 节相同。模拟所取的表观气速值分别为 $1.0U_{ms}$（U_{ms} 为入口最小气速）、$1.1U_{ms}$、$1.2U_{ms}$、$1.3U_{ms}$、$1.4U_{ms}$。

7.6.2　模拟结果分析

当计算时间大于 5s 时，5 个工况下床层内颗粒均处于稳定状态，故取 t=5s 为研究对象。图 7-26 为 t=5s 时不同表观气速下喷动床内颗粒体积分数分布云图，随着表观气速的增加，喷泉高度逐渐增高且气体在喷射区的通道变宽，即喷射直径变大。这是因为随着表观气速增大，颗粒获得动能后将在曳力和重力的共同作用下向上运动至喷泉区，因此喷泉高度增加。同时，在气体入口喷嘴尺寸不变的情况下，气体的动能越大，对颗粒的推动力越大，有助于加强与环隙区颗粒的横向混合。

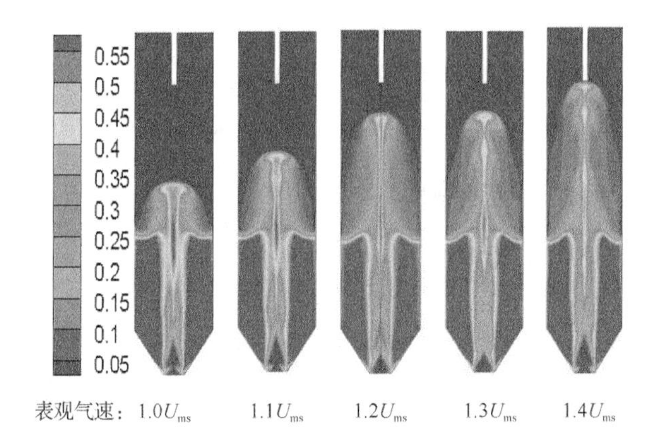

图 7-26　t=5s 时不同表观气速下喷动床内颗粒体积分数分布云图

图 7-27 为 t=5s 时不同表观气速下喷动床内颗粒轴向速度分布云图。从图中可以看出，当表观气速不同时，颗粒轴向速度均为喷射区最大，环隙区最小。在喷射区，随着床高的增加，颗粒轴向速度从正值减小为零。这是因为在喷动床喷射区气体速度最大，颗粒通过气体带动向上运动，故颗粒轴向速度在喷射区最大。气体提供给颗粒动能后，床层越高气体速度越小，颗粒所获得的曳力越小，此时重力大于曳力，占主导地位，颗粒减速向上运动直到速度为零，然后颗粒从两边回落到环隙区，由于在此过程中颗粒一直向上运动，故其轴向速度为正值。在喷泉区，颗粒向下运动，因此该区域颗粒轴向速度为负值。在环隙区颗粒体积分数较大，且气体和颗粒运动方向相反，气体对颗粒的运动造成阻碍，故该区域颗粒轴向速度很小。当表观气速增加时，颗粒将从气体获得更多向上运动的动能，因此喷射区的颗粒轴向速度逐渐增加。

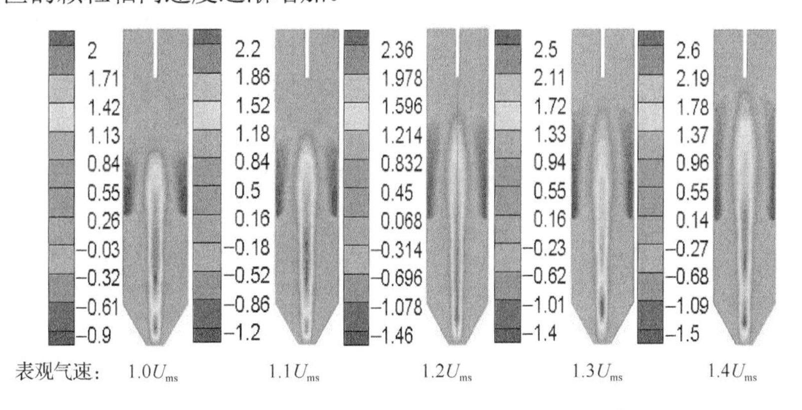

图 7-27　t=5s 时不同表观气速下喷动床内颗粒轴向速度分布云图

图 7-28 为 t=5s 时不同表观气速下喷动床内颗粒径向速度分布云图。当表观气速增大时，喷泉区、环隙区颗粒径向速度变大。表观气速的加大增加了气相和

颗粒相的湍动程度，有效促进了气固两相间的径向混合。同时，在喷泉区外侧颗粒体积分数越小，表观气速越大，颗粒运动越剧烈，故颗粒径向速度增加。

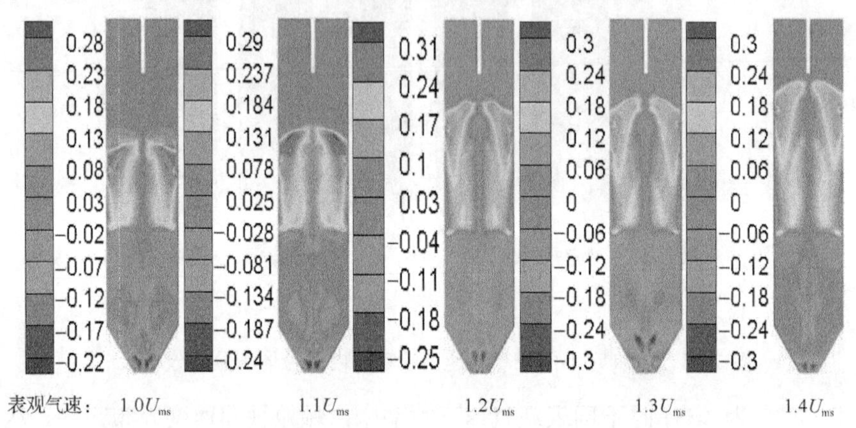

图 7-28　t=5s 时不同表观气速下喷动床内颗粒径向速度分布云图

1. 不同表观气速对水汽化模拟结果的影响

图 7-29 为喷动床内水汽化速率在不同表观气速下的分布云图。由图可知，随着表观气速的增加，水汽化速率逐渐减小。表观气速的增加使得气体的停留时间变短，气体未与水分充分传热就离开床体，水分没达到汽化所需的温度，故水汽化速率减小。

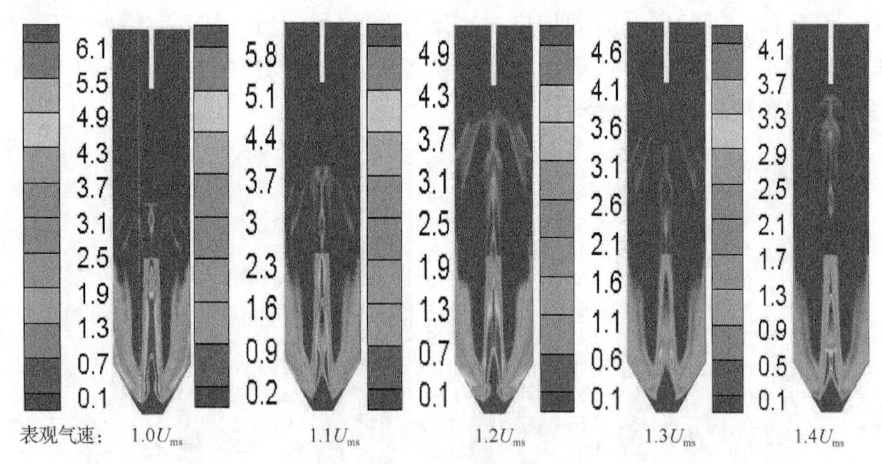

图 7-29　不同表观气速下喷动床内水汽化速率分布云图（v_w/［kg/（m^3·s)］）

图 7-30 为不同床高处水汽化速率在不同表观气速下的径向分布情况。由图可知，当床高为 0.03m，表观气速为 $1.0U_{ms}$ 和 $1.1U_{ms}$ 时，水汽化速率较大；随着表观气速的持续增加，水汽化速率先增大后减小。在床层高度为 0.06m 处，随着表

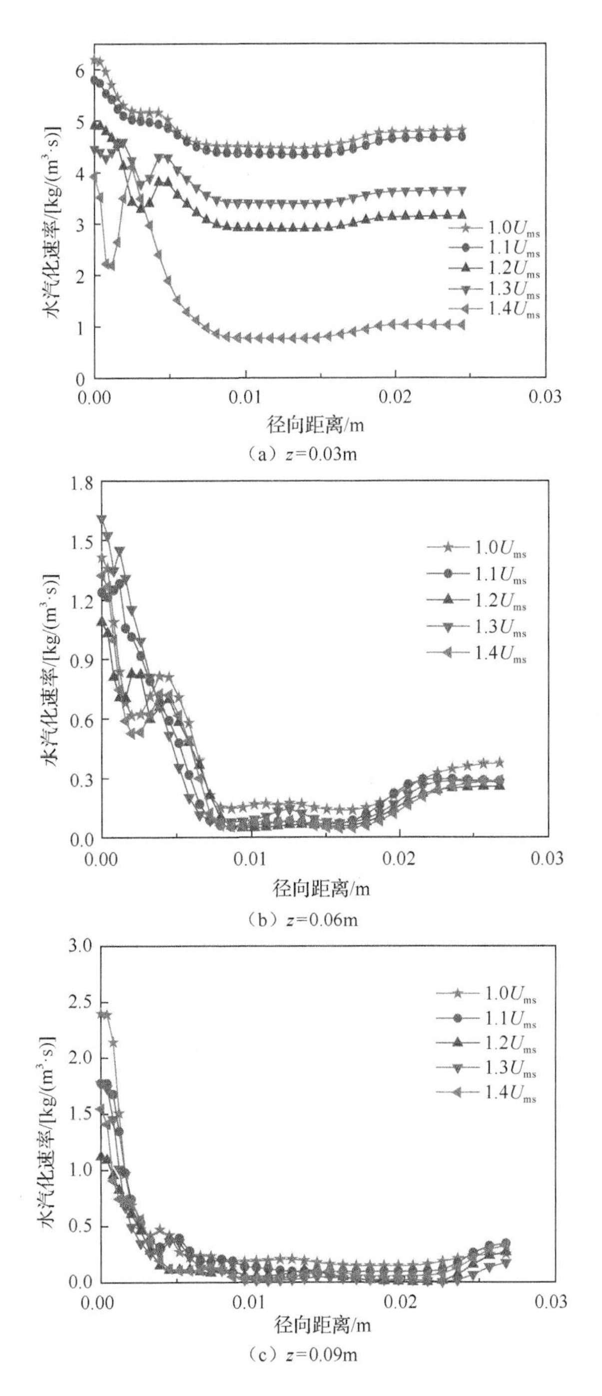

（a）z=0.03m

（b）z=0.06m

（c）z=0.09m

图 7-30　不同床高处不同表观气速下水汽化速率径向分布

观气速的增大水汽化速率逐渐减小。表观气速较小时喷动床内气体、颗粒及液相水接触时间较长，且此高度接近气体入口，气体温度高，这都有利于水的汽化。在床层高度 z=0.09m 处，距离气体入口较远，气相温度较低，5 个工况下水汽化速率都较小且差别很小。在床层高度为 0.03m、0.06m 处，在不同的表观气速下，水汽化速率沿径向距离的增大呈现波动降低的趋势。因近壁面处气体流量较环隙区大，故水汽化速率都随径向距离的增加而减小，在靠床壁处略有所增加。

2. 不同表观气速对脱硫反应模拟结果的影响

图 7-31 为脱硫反应产物（$CaSO_3$）生成速率在不同表观气速下的分布情况。由图可知，当表观气速为 $1.0U_{ms}$ 时，脱硫反应产物生成速率在环隙区达到最大值，为 0.61kg/（m^3·s），随着表观气速的增加，其值降低。当表观气速为 $1.0U_{ms}$ 时，气体运动不剧烈、环隙区颗粒体积分数较大，在喷动床内气体与颗粒表面的料浆停留时间较长，增加了烟气与脱硫剂的反应时间，使得 SO_2 的吸收反应进行得更彻底，故该区域脱硫反应产物生成速率最高。

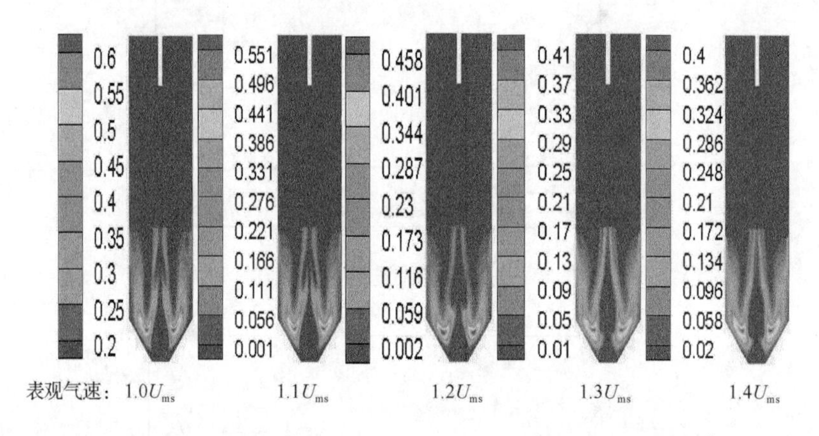

图 7-31 不同表观气速下脱硫反应产物（$CaSO_3$）生成速率（v_{CaSO_3}:kg/（m^3·s））分布云图

图 7-32 为不同高度处脱硫反应产物（$CaSO_3$）生成速率在不同表观气速下沿径向的分布情况。由图可知，在不同高度处，不同表观气速下脱硫反应产物生成速率随径向距离变化规律一致，均在环隙区出现峰值。虽然表观气速的增加提高了气、液、固三相间的湍动程度和传质系数，即提高了脱硫率，但同时也使得反应时间变短，SO_2 吸收不彻底，降低了脱硫率。烟气在喷动床内的停留时间是影响烟气脱除的主要因素，占主导地位。综合分析，脱硫反应产物生成速率与表观气速变化呈负相关。

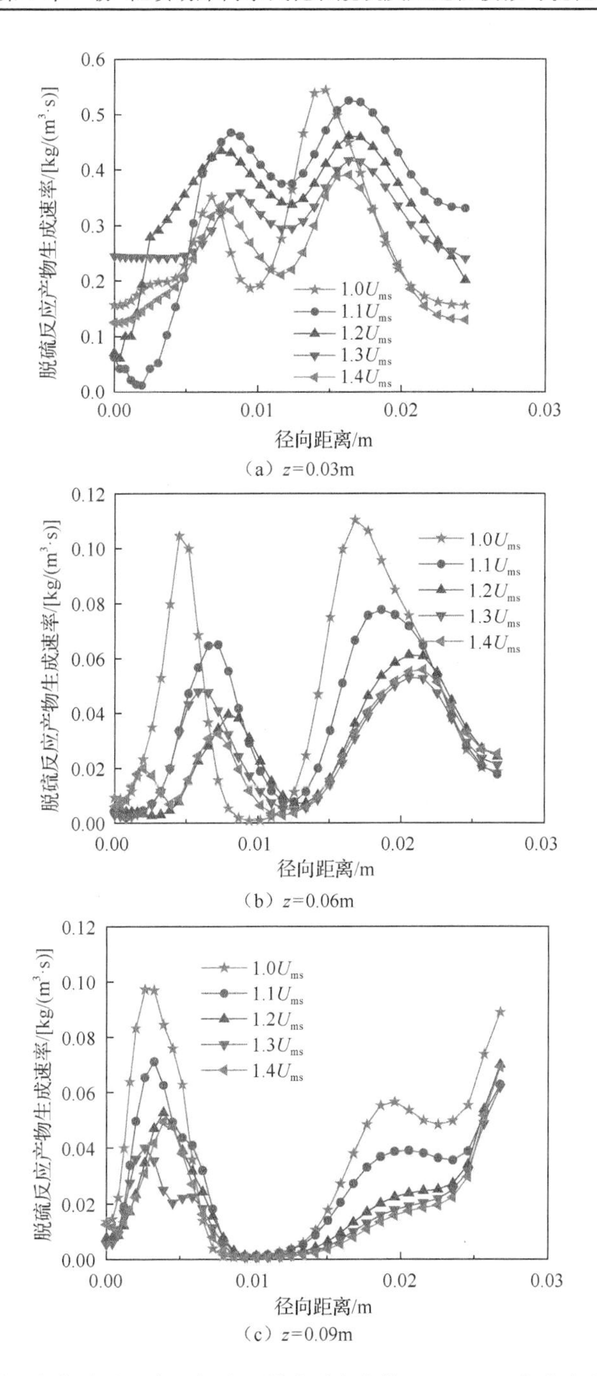

图 7-32　不同高度处不同表观气速下脱硫反应产物（$CaSO_3$）生成速率径向分布

图 7-33 为脱硫反应产物（$CaSO_3$）体积分数在不同表观气速下的分布情况。由图可知，随着表观气速增加，脱硫反应产物体积分数减小。当表观气速为 1.0U_{ms}

时，脱硫反应产物生成速率最大，故脱硫反应产物体积分数最大。此外，由图还可看出，随着表观气速的增加，出口处脱硫反应产物体积分数减小。由于气速越大，颗粒间的摩擦碰撞越剧烈，脱硫反应产物从颗粒表面掉落，气速越大带出床层的脱硫反应产物越多，故出口处脱硫反应产物体积分数较小。

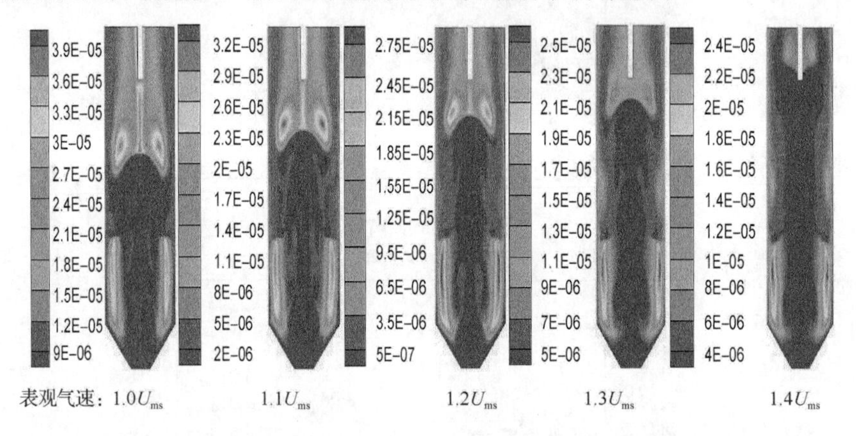

图 7-33　不同表观气速下脱硫反应产物（$CaSO_3$）体积分数分布云图

图 7-34 为表观气速不同时床内颗粒体积分数轴向分布情况，由图可知，颗粒体积分数在喷嘴处为零，随着轴向高度的增加而增加，最后急剧下降为零。这是因为颗粒在气体提供的曳力带动下向上运动，不断堆积，故颗粒体积分数随轴向高度增加而增加，当颗粒上升到一定高度后，曳力小于重力，颗粒开始向上减速运动，此时颗粒体积分数减小，直到速度为零后从两边回落形成喷泉区，这时颗粒体积分数降至最小值。由图也可看出，表观气速越大，颗粒运动高度越高，即喷泉高度越高。

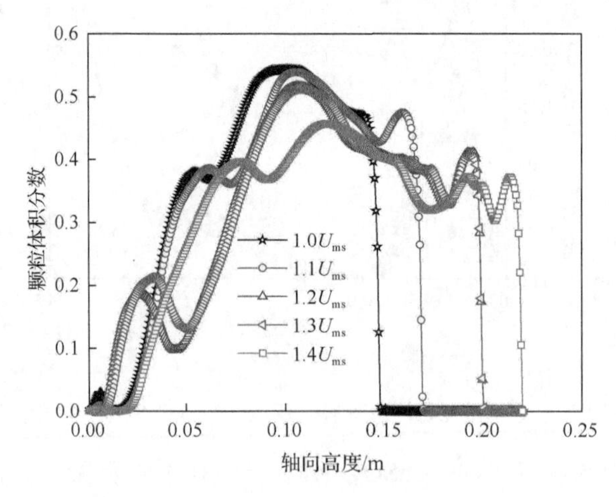

图 7-34　表观气速不同时床内颗粒体积分数轴向分布

图 7-35 为表观气速不同时脱硫率对比图，由图可知，在相同的情况下，随着表观气速的增加，脱硫率逐渐减小。当表观气速为 1.0U_{ms} 时脱硫率最大，为 87.05%，但此速度为喷动床最小喷动速度，在实际工业操作过程中，可能达不到要求的处理量。因此应综合考虑各方面因素确定最佳表观气速，使得既能达到较满意的脱硫效果，又有可观的处理量。

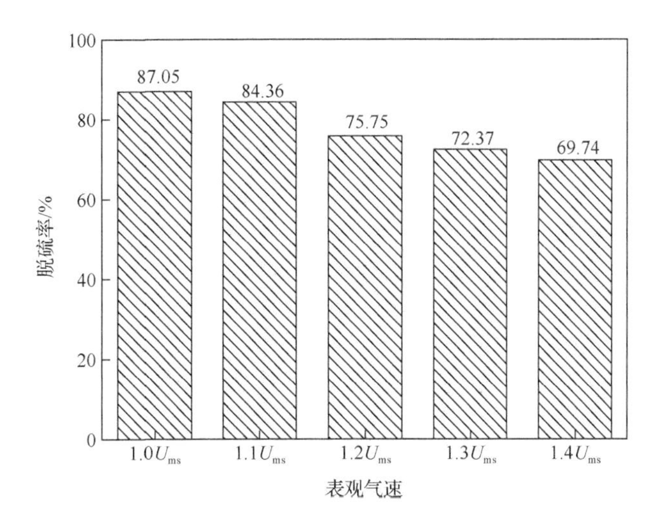

图 7-35　不同表观气速下脱硫率对比

图 7-36 为不同表观气速下脱硫率和烟气处理量，由前面分析可知，表观气速越小脱硫率越高，但当表观气速较小时烟气处理量也较小。由图 7-36 可知，当表观气速为 1.2U_{ms} 时脱硫率和烟气处理量都较高，故 1.2U_{ms} 为最佳表观气速。

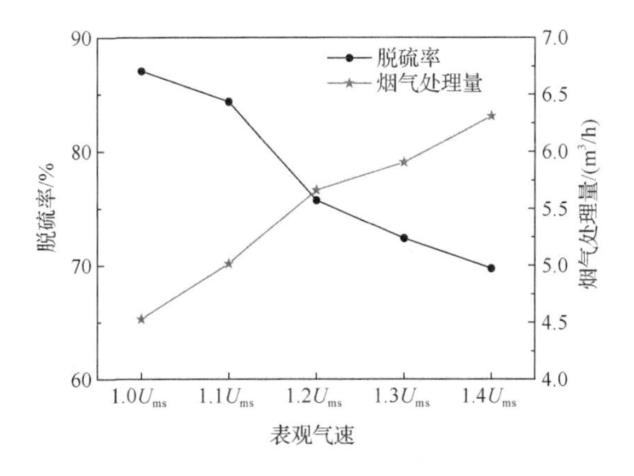

图 7-36　不同表观气速下脱硫率和烟气处理量

7.7　强化结构粉-粒喷动床内水汽化过程

7.7.1　模型建立和参数设置

图 7-37 为带纵向涡发生器喷动床、带旋流器喷嘴喷动床和整体式多喷嘴喷动-流化床的结构示意图。网格划分为三维非结构化网格，网格数量依次为 311784 个、221037 个和 357469 个。喷动床结构尺寸参数设置如表 7-4 所示。

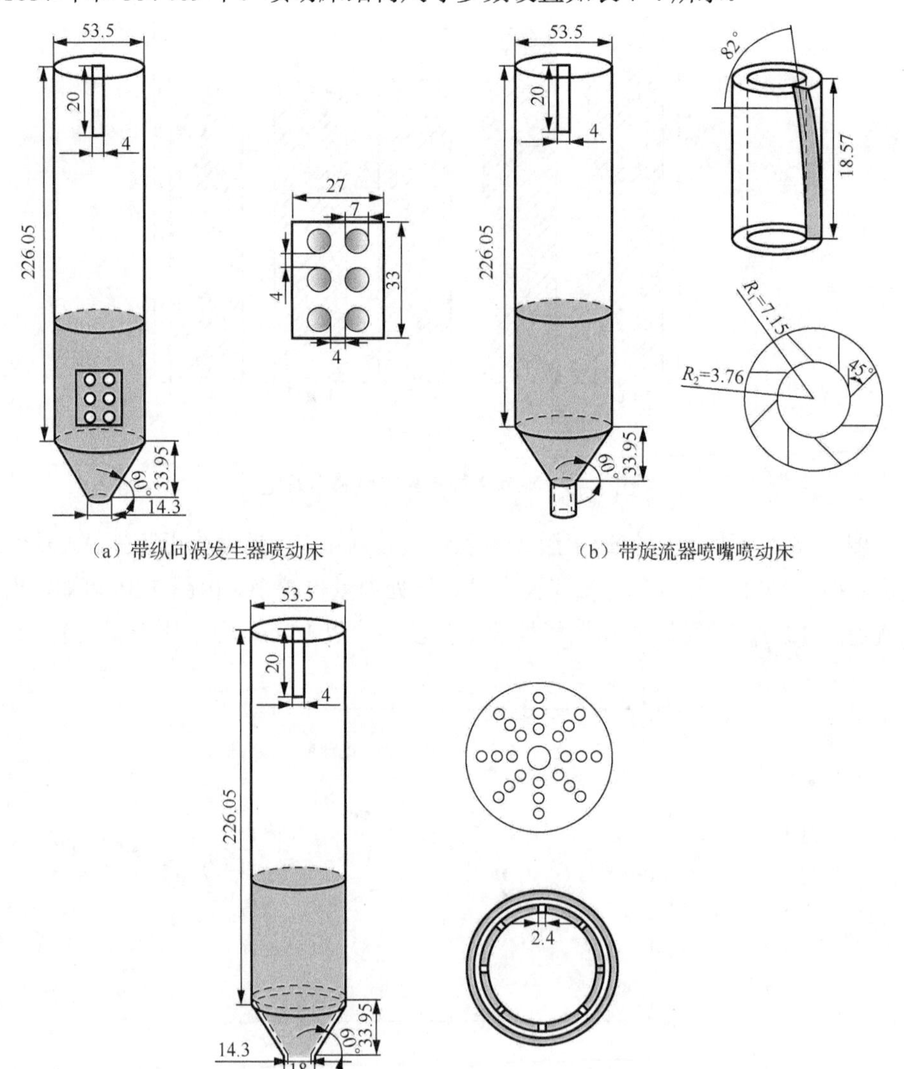

（a）带纵向涡发生器喷动床　　（b）带旋流器喷嘴喷动床

（c）整体式多喷嘴喷动-流化床

图 7-37　喷动床结构示意图（单位：mm）

表 7-4　喷动床结构尺寸参数设置

喷动床	参数	参数值
整体式多喷嘴喷动-流化床	两侧射流分布环垂直距离	24mm
	侧喷嘴直径 D_j	2.4mm
	每排侧喷嘴数量 N_r	3 个
	侧喷嘴垂直距离	8.46mm
	主喷嘴直径 D_i	18mm（外），14.3mm（内）
带纵向涡发生器喷动床	纵向涡行距 H_R	11mm
	纵向涡半径 R	7mm
	纵向涡球心距离 D	7mm
	纵向涡数量	（3×2）个
	纵向涡分布板尺寸	33mm×27mm
	纵向涡安装高度 H_L	69mm
带旋流器喷嘴喷动床	旋流器叶片倾斜角γ	82°
	旋流器叶片入口角β	45°
	旋流器叶片数量 N	8 个
	旋流器叶片宽度 L_i	6.5mm
	旋流器叶片厚度 L_j	0.5mm
	旋流器叶片长度 L	37.6mm
	旋流器喷嘴外径 D_1	14.3mm

7.7.2　气固两相流数值模拟分析

流动达到稳定时带纵向涡发生器喷动床、带旋流器喷嘴喷动床、整体式多喷嘴喷动-流化床和常规喷动床内颗粒体积分数云图如图 7-38 所示。由图发现，常规喷动床形成了经典的三区结构（喷泉区、环隙区和喷射区），但结构优化后的喷动床在喷射区形成鼓泡状态，喷泉高度低于常规喷动床。这是因为气体在旋流器叶片的作用下呈螺旋状上升，气体向四周扩散，进入喷射区时损失了部分动能，导致气体对颗粒的作用减小，形成鼓泡状态，对应喷泉高度也有所降低。此外，旋流器叶片还促进了气相和颗粒相之间的径向混合，从而改善了气体入口处颗粒的积聚。纵向涡发生器和挡板的共同作用导致颗粒向上运动的摩擦力增加，抑制了颗粒的动能，形成鼓泡状态，从而喷泉高度较常规喷动床有所降低。多喷嘴结构分散了气体入口处的动能，导致能量耗散增加。

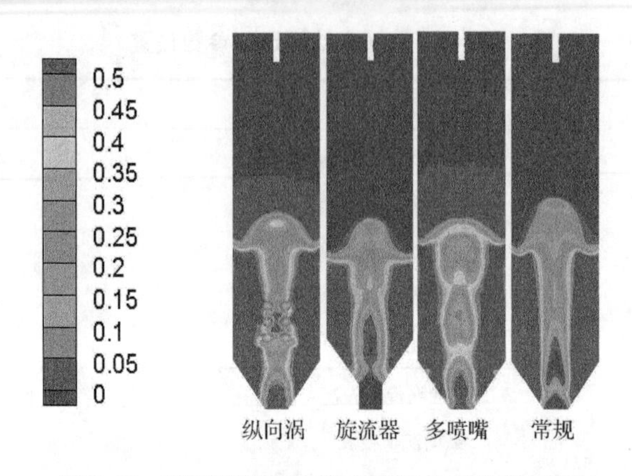

图 7-38　不同结构喷动床内颗粒体积分数云图

图 7-39 为不同结构喷动床内颗粒体积分数轴向分布曲线，能够详细显示不同喷动床内喷泉的高度。常规喷动床的喷泉高度为 0.15254m，带旋流器和纵向涡发生器喷动床的喷泉高度约为 0.14034m。整体式多喷嘴喷动-流化床喷泉高度最低，为 0.13424m。值得注意的是，在 0.05m 的中心轴位置（纵向涡安装位置）附近，带纵向涡发生器喷动床的颗粒体积分数发生了剧烈变化。这是因为纵向涡发生器和挡板的共同作用阻碍了颗粒沿挡板垂直方向的运动，造成了一些颗粒的堆积。综合分析表明，旋流器叶片和多喷嘴对喷泉高度的抑制作用较大，其次是纵向涡发生器。此外，多喷嘴结构驱动气固相之间的径向混合，改善了锥形区内颗粒的聚集。

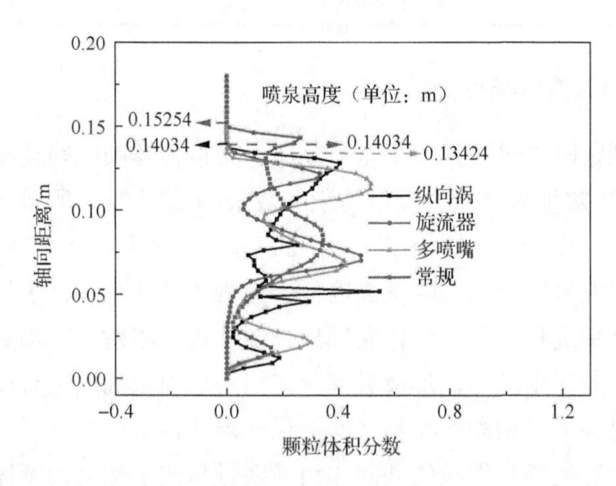

图 7-39　不同结构喷动床内颗粒体积分数轴向分布曲线

图 7-40 为不同结构喷动床内颗粒和气体径向速度分布云图。对比颗粒和气体的径向速度分布情况，发现速度沿中心轴对称分布，方向相反。在喷泉区颗粒具

有较高的径向速度，而气体较高的径向速度主要分布在喷泉区和喷射区。此外，引入不同构件后，颗粒和气体径向速度沿轴向的变化次数（沿轴向的环形运动次数）都有明显增加。这一现象再次表明，不同构件的加入可以促进颗粒与气体的径向混合，提高环隙区内颗粒径向分布的均匀度。带旋流器和多喷嘴喷动床中气体的径向速度分布相似。多喷嘴喷动-流化床在锥形区具有较大范围的高速气体分布，可以有效地扰动颗粒。由于常规喷动床无外部结构产生扰动作用，因此在喷泉区速度高于其他三种喷动床。

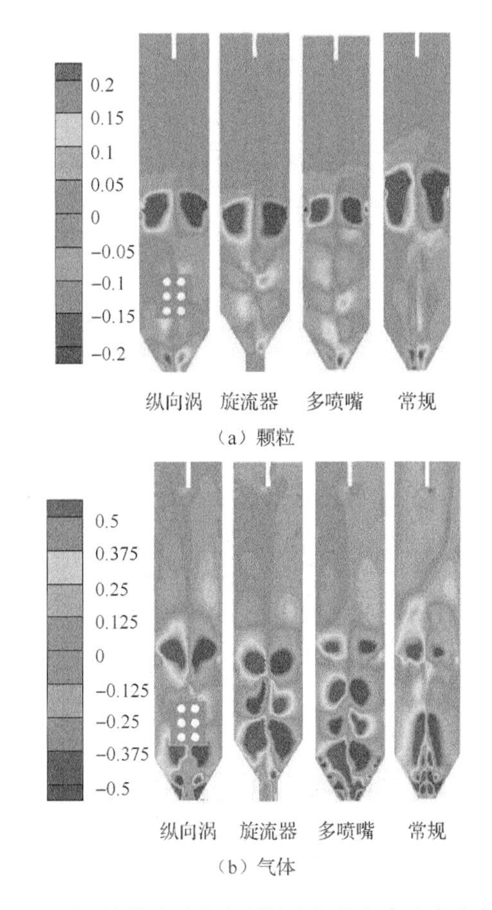

图 7-40　不同结构喷动床内颗粒和气体径向速度分布云图

图 7-41（a）为不同结构喷动床内颗粒轴向速度分布云图。可以清楚地观察到，环隙区颗粒的轴向速度低于喷射区，且沿中心轴的速度呈先增大后逐渐减小的趋势。颗粒轴向速度的增加源于气体推动力的作用。随着高度的增加，当颗粒的重力作用大于外力作用时，速度逐渐减小，直至减到零。比较四种不同结构喷动床的颗粒轴向速度，发现常规喷动床的速度明显高于加入不同构件的喷动床，表明常规

喷动床的颗粒轴向动能损失较小，床内颗粒的轴向速度较高。图 7-41（b）为不同结构喷动床内气体轴向速度分布云图。颗粒在气体的推动下向上运动，气体轴向速度与颗粒轴向速度分布趋势大致相同。与常规喷动床相比，引入不同构件后，气体轴向速度在喷射区底部最大，沿中心轴逐渐减小，在喷泉区增加。沿中心轴速度降低是因为气体受到低密度气体、旋流器叶片和多喷嘴的阻碍和分散作用。随着时间的推移，气体到达颗粒层的顶部，受颗粒重力的阻碍较小从而气体速度增加。在带旋流器喷嘴喷动床中，旋流器叶片对气体产生湍流作用，增加了湍动强度，导致高气速的分布范围在喷嘴处较宽。

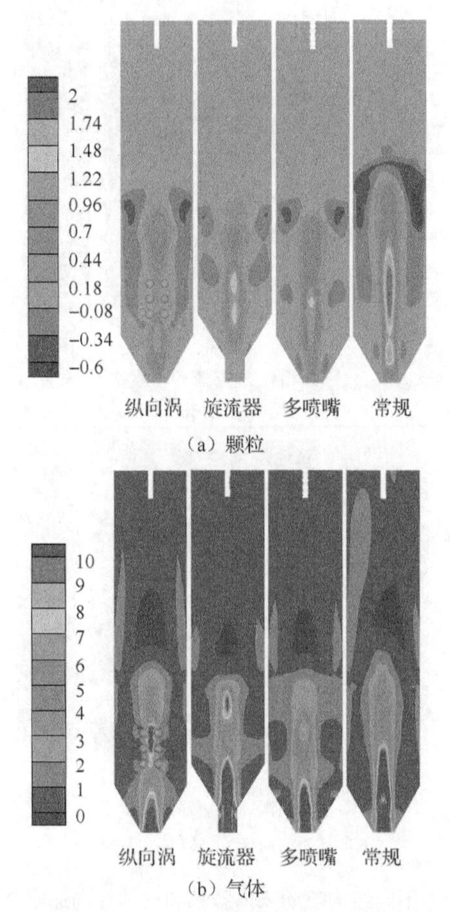

图 7-41　不同结构喷动床内颗粒和气体轴向速度分布云图

颗粒拟温度描述了颗粒速度波动的强度，揭示了颗粒在床层中流动的稳定状态。图 7-42 显示了不同床层高度下喷动床内颗粒拟温度的径向分布。从图中可以看出，在锥部与柱部的交界处（z=0.04m），旋流器叶片对颗粒的扰动作用较大，颗粒间碰撞频繁，导致颗粒拟温度较高。由于高颗粒浓度，环隙区沿径向距离的颗粒拟温度变化不大，接近于零。在床层高度 z=0.08m 处，常规喷动床中的颗粒拟温度明显高于其他喷动床，表明不同构件的加入可以降低颗粒脉动强度，增强床内颗粒流动的稳定性。纵向涡发生器安装高度在 0.08m 附近，其涡流效应促进了颗粒脉动强度，增强了气固相径向混合。由于喷泉区中心（z=0.12m）的粒子浓度较低，粒子之间的碰撞较少，其颗粒拟温度基本为零。在喷泉区壁面附近，不同构件的加入降低了颗粒脉动的强度，增强了流动的稳定性。总体而言，多喷嘴结构对颗粒流动稳定性的增强作用最为明显。

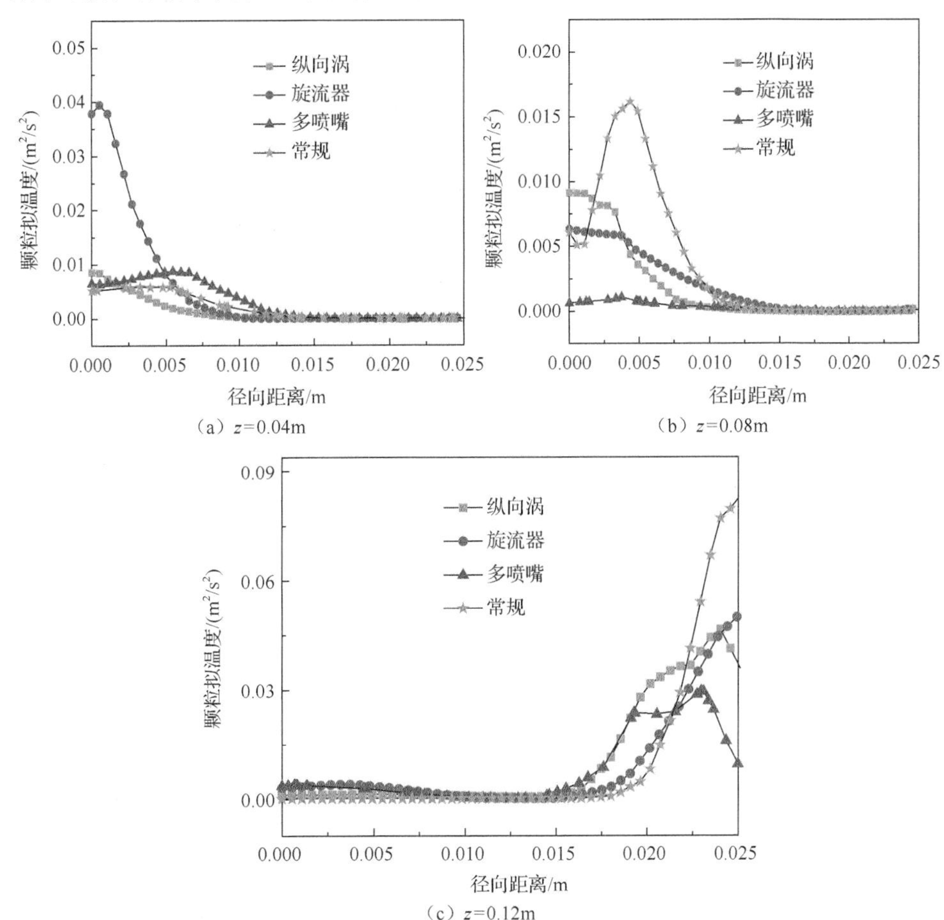

图 7-42　不同床层高度下喷动床内颗粒拟温度沿径向距离分布曲线

气体湍动能是评价气体动力学行为的有力依据之一。它是衡量气体流速波动强度和揭示气体流动稳定性的标准。图 7-43 为不同床层高度下不同结构喷动床内气体湍动能沿径向距离分布曲线。在常规喷动床和带旋流器喷嘴喷动床中，当床层高度为 0.04m 时，即在喷射区和环隙区的交界处，气体作用于高密度颗粒，气流的脉动强度增加，气体湍流动能达到最大值。在床层高度为 0.08m 时，受纵向涡发生器涡流效应的影响，喷射区气体速度脉动强度增大，气体湍动能较大。随着床层高度的增加（z=0.12m），由于常规喷动床的喷泉高度更高，相应的气体湍动能更大。

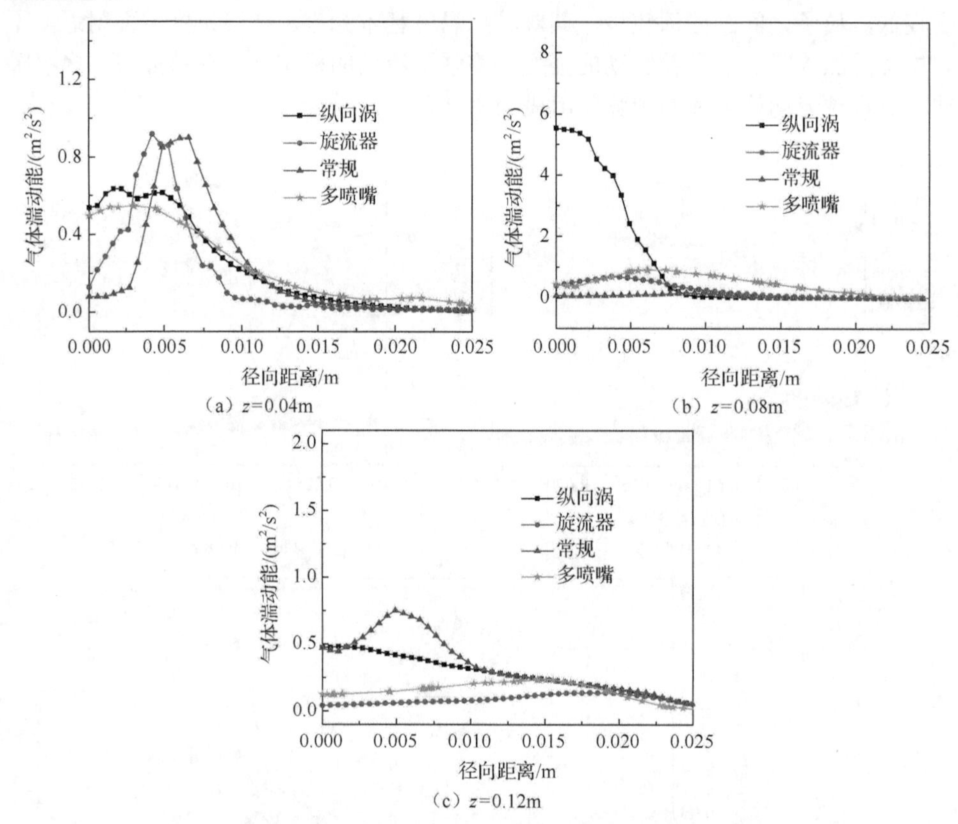

图 7-43　不同床层高度下不同结构喷动床内气体湍动能沿径向距离分布曲线

7.7.3　水汽化数值模拟分析

带纵向涡发生器喷动床、带旋流器喷嘴喷动床、整体式多喷嘴喷动-流化床和常规喷动床内水体积分数云图如图 7-44 所示。水沿着导向管下降，首先聚集在喷泉区的顶部。在向上运动的颗粒和气流的共同作用下，水被分散并沿床壁流入环隙区。随后，在气流和颗粒的共同作用下，所有的水都涂覆在环隙区颗粒表面。

水汽化过程伴随着相间的热传递，图 7-45 为气体温度沿径向距离分布曲线。从图中可以看出，在不同高度下，喷动床内的气体温度都表现出相似的变化趋势。常规喷动床在喷射区气体温度最高，环隙区气体温度低于其他结构改造后的喷动床。沿着径向距离，加入不同构件后喷动床内气体温度变化不大。这是因为在常规喷动床中，气相是连续喷射的，导致在喷射区热损失低，气体温度高。进行结构改造后，气体与颗粒的横向混合增强，喷射区气体温度降低，而环隙区气体温度升高。

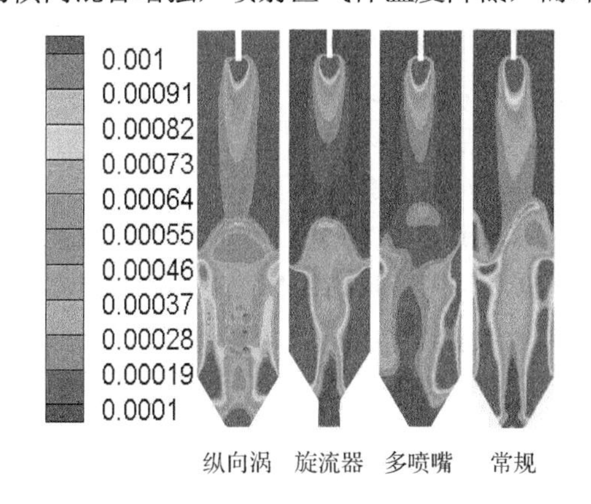

图 7-44　水体积分数云图

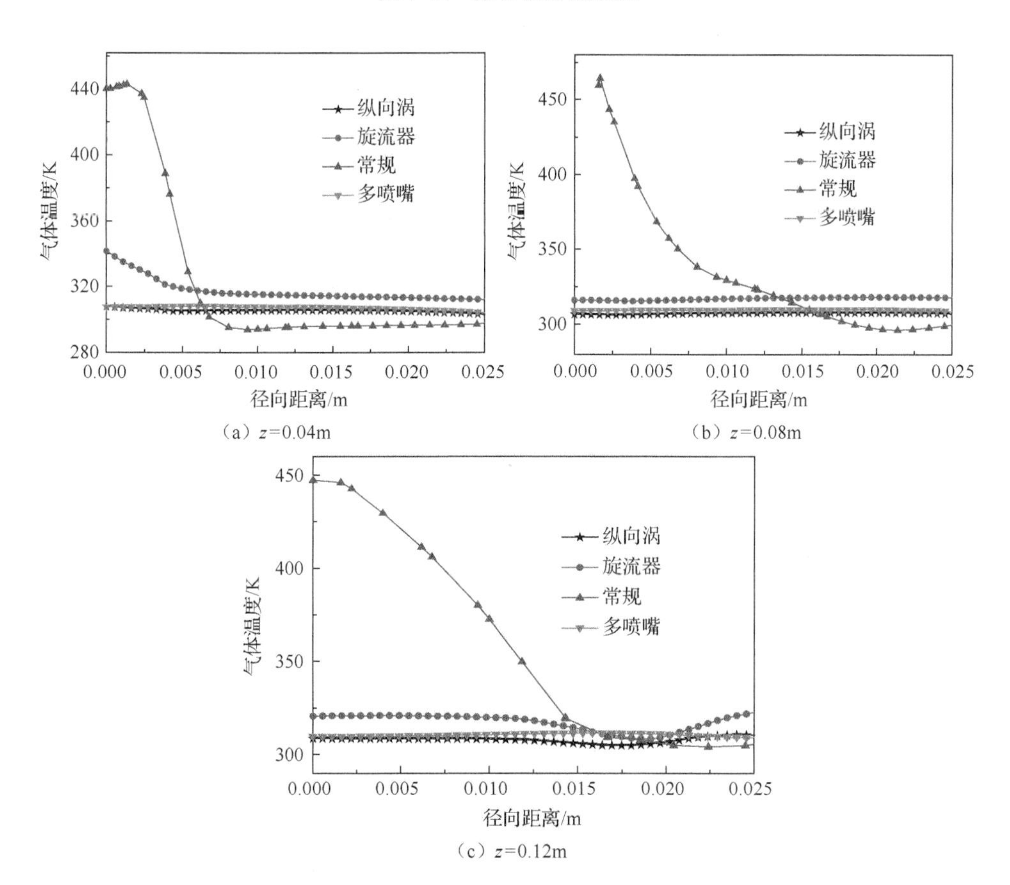

图 7-45　气体温度沿径向距离分布曲线

图 7-46 为液体温度在不同床层高度下的径向分布。在床层高度为 0.04m 和 0.08m 处，喷动床中喷射区和环隙区交界处的液体温度较高。这是因为该区域同时存在高温气体和液体，热量在液体和气体之间传递。在环隙区，不同结构喷动床内气液充分混合，气体将热量传递给液体，液体温度升高。其中带旋流器喷嘴喷动床内液体温度最高，说明旋流器叶片促进了气液两相间的热传递，对汽化反应的促进作用最为明显。在床层高度为 0.12m 处，即喷泉区所在高度，常规喷动床和带纵向涡发生器及旋流器喷嘴喷动床靠近壁面的液体含量较少，相间的传热量较低，这导致液体温度沿径向距离逐渐降低。由于多喷嘴喷动-流化床喷泉直径较大，液体温度沿径向距离逐渐升高后又逐渐降低。

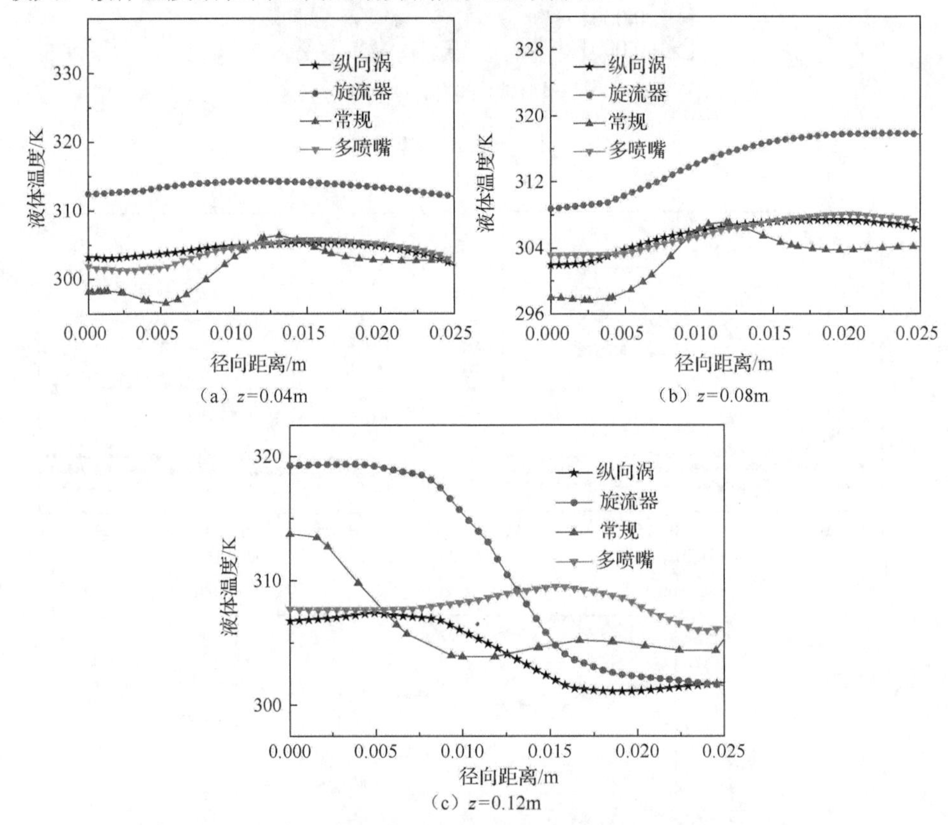

图 7-46　液体温度在不同床层高度下沿径向距离分布曲线

气体带动颗粒向上运动并将热量传递给颗粒，从而导致不同喷动床内颗粒温度的径向分布（图 7-47）与气体温度径向分布相似。由于气液固三相充分混合，在 0.04m 和 0.08m 床层高度下不同构件喷动床内颗粒温度沿径向距离变化缓慢。其中带旋流器喷嘴喷动床的颗粒温度最高，这再次表明相间的传热越高，对汽化反应的促进作用也越明显。

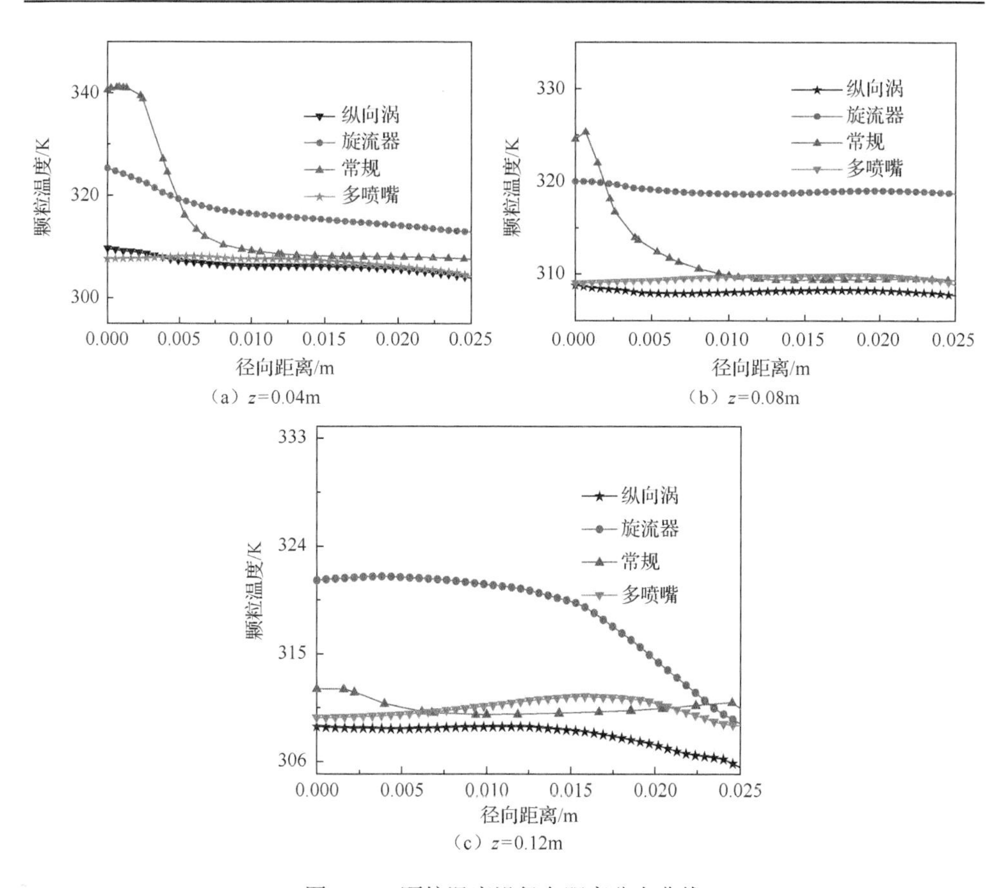

图 7-47　颗粒温度沿径向距离分布曲线

图 7-48 为不同喷动床内水汽化速率分布云图。观察云图发现，纵向涡、多喷嘴和旋流器构件的添加显著促进了汽化反应。纵向涡、旋流器叶片和多喷嘴主要促进发生器及侧喷嘴附近和整个喷射区内水的汽化。值得注意的是，不同构件的加入还明显加速了环隙区中水的汽化。此外，为了详细分析水汽化速率的分布状况，图 7-49 显示了不同床层高度下不同喷动床内水汽化速率的径向分布曲线。从

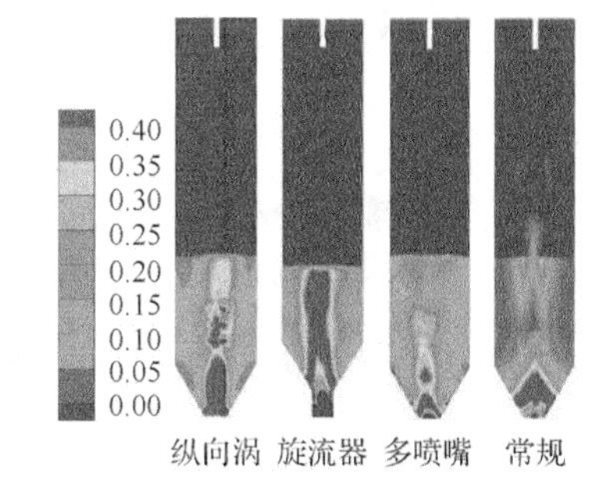

图 7-48　不同喷动床内水汽化速率分布云图

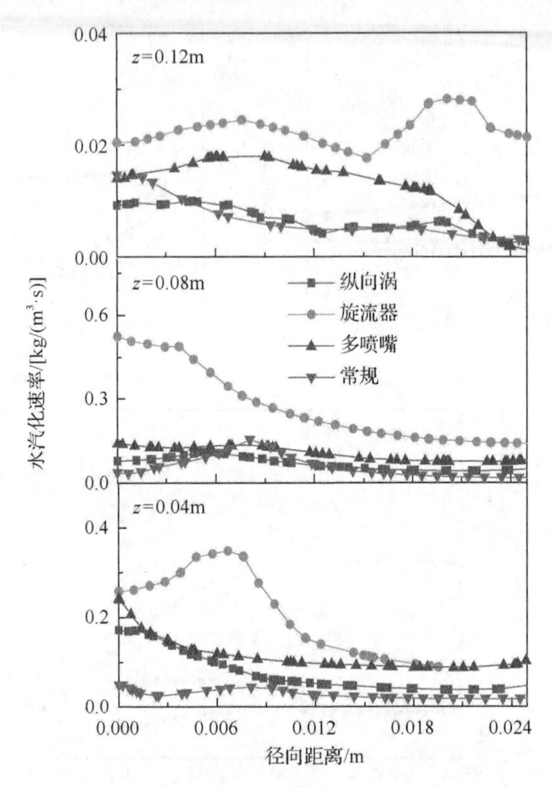

图 7-49　不同床层高度下不同喷动床内水汽化速率沿径向分布曲线

图中可以看出，在不同床层高度下，水汽化速率从高到低的顺序是带旋流器喷嘴喷动床＞整体式多喷嘴喷动-流化床＞带纵向涡发生器喷动床＞常规喷动床。

图 7-50 为不同喷动床内液含率分布云图。液含率可用于表征水汽化程度。气体中的气态水含量越高，汽化的水就越多。通过对比发现，环隙区顶部液含率较

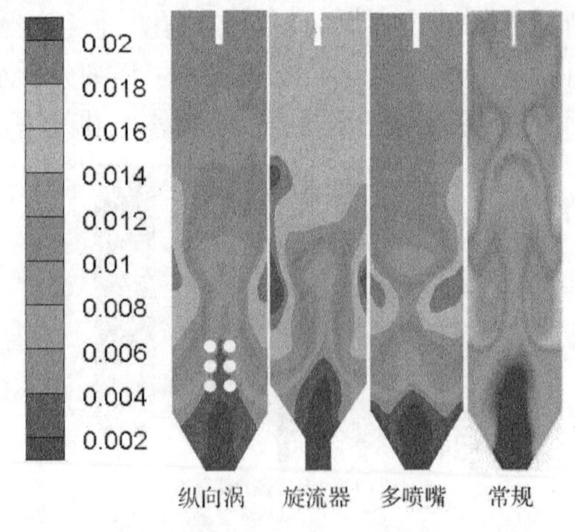

图 7-50　不同喷动床内液含率分布云图

大，加入强化构件后，液含率较常规喷动床显著增加。图 7-51 为不同喷动床出口液含率随时间的变化曲线。随着时间的增加，出口液含率逐渐增大。由于流动不稳定性，出口液含率出现波动状况是合理的。波动幅度随时间增加逐渐减小并最终趋于稳定。带旋流器喷嘴喷动床的出口液含率约为 0.01925，带纵向涡发生器喷动床、多喷嘴喷动-流化床和常规喷动床的出口液含率分别约为 0.01437、0.01656 和 0.01056。比较表明，加入不同构件喷动床的出口液含率明显高于常规喷动床。

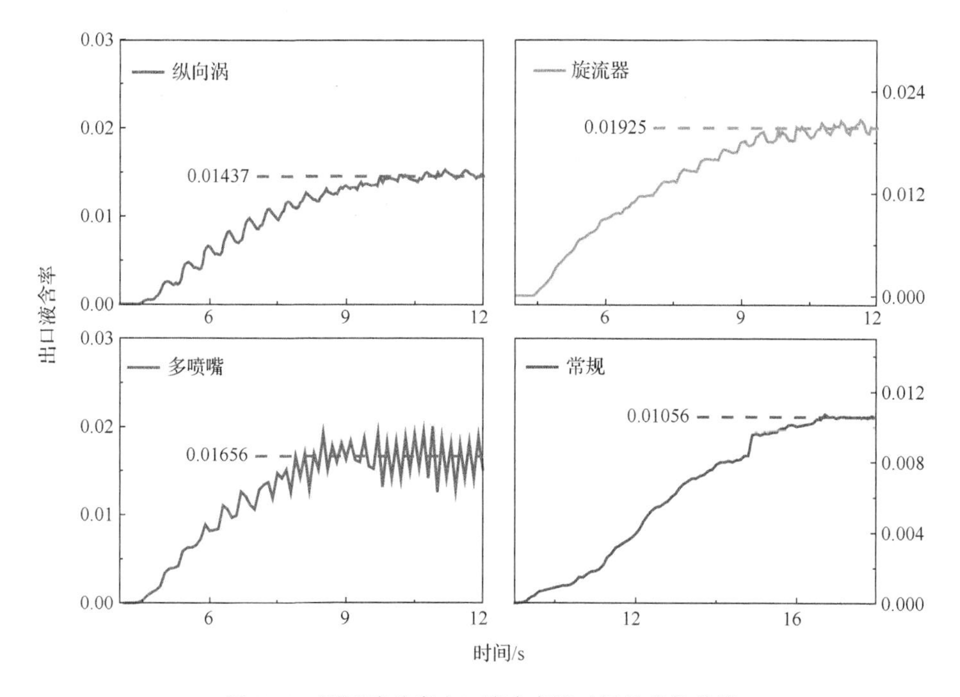

图 7-51 不同喷动床出口液含率随时间的变化曲线

此外，为了定量分析强化构件对水汽化的影响，引入出口强化因子（ω），其公式如下：

$$\omega = \frac{m_{\mathrm{M}}}{m_{\mathrm{N}}} \tag{7-36}$$

式中，m_{M} 和 m_{N} 分别为结构优化喷动床和常规喷动床的出口液含率。带旋流器喷嘴喷动床、带纵向涡发生器喷动床和多喷嘴喷动-流化床的出口强化因子分别为 1.82、1.36 和 1.57，再次表明构件的加入促进了水的汽化。对水汽化的促进作用由大到小依次为带旋流器喷嘴喷动床、多喷嘴喷动-流化床和带纵向涡发生器喷动床。

参 考 文 献

[1] 国家能源局. 清洁能源, 美丽中国新动能——我国能源结构正由煤炭为主向多元化转变[J]. 资源节约与环保, 2018(4): 2.

[2] 董丽彦, 程恺豪, 柳雷, 等. 湿式石灰石-石膏法脱硫增效剂机理研究[J]. 广东化工, 2014, 41(18): 133-134.

[3] 齐笑言, 宋宝华, 刘安安, 等. 提高镁法烟气脱硫副产物氧化速率的实验研究[J]. 环境工程, 2011, 29: 409-411.

[4] 吕丽. 氨法脱硫在锅炉烟气净化中的应用[J]. 能源化工, 2017, 38(2): 75-79.

[5] MBANGO M K G, 宋存义, 周向. 双碱法用于烧结烟气脱硫中再生实验的研究[J]. 环境工程, 2012, 30(3): 127-130.

[6] 骆锦钊. 海水法烟气脱硫排水水质的估算和分析[J]. 电力环境保护, 2007, 23(2): 19-22.

[7] 汤宗慧, 徐光. 电子束半干法烟气净化技术[J]. 华东电力, 2003, 31(8): 9-10.

[8] 李红英, 周长丽, 王海英. 干法烟气脱硫技术的进展及其应用分析[J]. 辽宁化工, 2007, 36(8): 540-542.

[9] 孙丽娜, 李凯, 汤立红, 等. 常见金属氧化物烟气脱硫研究进展[J]. 化工进展, 2017, 36(1): 181-188.

[10] 高建. 喷雾干燥法烟气脱硫技术研究[D]. 南京: 南京工业大学, 2004.

[11] MA X X, KANEKO T, XU G, et al. Influence of gas components on removal of SO_2 from flue gas in the semidry FGD process with a powder-particle spouted bed[J]. Fuel, 2001, 80(5): 673-680.

[12] MA X X, KANEKO T, TASHIMO T, et al. Use of limestone for SO_2 removal from flue gas in the semidry FGD process with a powder-particle spouted bed[J]. Chemical Engineering Science, 2000, 55(20): 4643-4652.

[13] MA X X, KANEKO T, GUO Q M, et al. Removal of SO_2 from flue gas using a new semidry flue gas desulfurization process with a powder-particle spouted bed[J]. The Canadian Journal of Chemical Engineering, 1999, 77(2): 356-362.

[14] 陈国庆. 多级喷动脱硫塔内雾化与蒸发过程的数值模拟研究[D]. 哈尔滨: 哈尔滨工业大学, 2008.

[15] SAZHIN S S. Advanced models of fuel droplet heating and evaporation[J]. Progress in Energy and Combustion Science, 2005, 32(2): 162-214.

[16] 龚明. 粉-粒喷动床半干法烟气脱硫多相传递、反应特性与多尺度效应数值模拟研究[D]. 西安: 西北大学, 2011.

[17] RANZ W E, MARSHALL W R. Evaporation from drops, part I [J]. Chemical Engineering Progress, 1952, 48(3): 141-146.

[18] NEWTON G H, GRANLIC J. Modeling the SO_2-slurry droplet reaction [J]. American Institute of Chemical Engineers Journals, 1990, 36(12): 1865-1872.

[19] RUHLAND F, KIND R, WEISS S. The kinetics of the absorption of sulfur dioxide in calcium hydroxide suspension[J]. Chemical Engineering Science, 1991, 46(4): 934- 946.

[20] LEWIS W K, WHITMAN W G. Principles of gas absorption [J]. Industry Engineering and Chemistry, 1924, 16(12): 1215-1220.

[21] 牛方婷. 粉粒喷动床半干法烟气脱硫反应的数值模拟及气固两相流动 PIV 实验[D]. 西安: 西北大学, 2017.

[22] 钟伟飞. 石灰消化工艺参数及氢氧化钙溶解速率实验研究[D]. 杭州: 浙江大学, 2004.